SCHWERE PANZER DER WEHRMACHT

VON DER 12,8 CM FLAK BIS ZUM JAGDTIGER

Michael Fröhlich

Motor buch Verlag

Einbandgestaltung: Frank Zähringer.

Bildnachweis: Siehe Kapitel »Literatur- und Bildnachweis«.

ISBN 978-3-613-03806-6

1. Auflage 2015

Sie finden uns im Internet unter www.motorbuch-verlag.de

Lektorat: Joachim Köster
Innengestaltung: Anita Ament
Druck und Bindung: Print Consult GmbH, München
Printed in Slovakia

Inhalt

Vorwort

Schon während des Entstehens der Arbeit »Kampfpanzer Maus, der überschwere Panzer Porsche Typ 205« wurde klar, dass eine Reihe von Problemen im Interesse der geschlossenen Darstellung dieses Themas nicht aufgegriffen werden konnte. Auch sollten die nach dem Erscheinen des Buches erhaltenen Hinweise und Wünsche der Leser in einem neuen Band eingearbeitet werden. Als verbindendes Element von »Maus« und dem hier behandelten »Jagdtiger« steht die 12,8-cm-Kanone L/55 und ihre Munition. Diese Kanone hatte eine hohe Treffergenauigkeit und Durchschlagsleistung. In der heutigen Zeit ist die Kalibergröße von 120-mm bis 130-mm die Normausstattung im internationalen Panzerbau (natürlich unter anderen technischen Voraussetzungen). So besitzt der Leopard 2A eine 120-mm-Glattrohrkanone L/55. Auch die Zielvorrichtung der 12,8-cm-Kanone war hinsichtlich der Bauform im Zusammenhang mit einem Entfernungsmesser richtungsweisend bis in die heutige Zeit.
Anhand der Geschichte dieser hervorragenden Waffe wird im vorliegenden Buch die Entwicklung der schweren Panzerjäger, der abgeleiteten 12,8-cm-Kanonen und deren Munition beschrieben. Dabei liegt der Schwerpunkt des Bandes in der technischen Beschreibung und der Entwicklung der 12,8-cm-Flugabwehrkanone 40, der daraus entstandenen 12,8-cm-Selbstfahrlafettenkanone 40, bekannt auch als »Sturer Emil«, und der 12,8-cm-Panzerjägerkanone 80, dem »Jagdtiger«. Diese Arbeit erhebt keinen Anspruch auf Vollzähligkeit der Details, sondern ist als Ergänzung der schon vorhandenen Fachliteratur gedacht.
Grundlage hierfür sind vor allem die aufgefundenen Dokumente des Heereswaffenamtes. Zu diesem gehörte die Abteilung »Amtsgruppe für Entwicklung und Prüfung«, die sich wiederum in zwölf Abteilungen der verschiedenen Waffengattungen (Stand 15. August 1943) gliederte. Im Fokus dieser Arbeit liegt die Panzer- und Motorisierungs-Abteilung (Wa Prüf 6), die Artillerie-Abteilung (Wa Prüf 4) sowie die Ballistische- und Munitions-Abteilung (Wa Prüf 1).
Über den Truppeneinsatz des »Jagdtiger« wurden schon einige sehr gute Bücher geschrieben. Es ist nicht das Anliegen, hier die Einsatzgeschichte erneut wiederzugeben, weil dazu nicht mehr viel neues Material aufzufinden ist. Ziel dieser Arbeit ist es, neueste Erkenntnisse zur Entwicklung und zur Technik mitzuteilen sowie falsch Interpretiertes im richtigen Zusammenhang darzustellen.
Ich bedanke mich für die bewährte Hilfe zu diesem Buch bei Wolfgang Fleischer aus Freital, bei Barbara Maiwald für die literarische Unterstützung, bei Heiner F. Duske (Nuts & Bols), Alexander Lüdeke, Dierk Hensel und Peter Müller (Historyfacts) für die Bilder und Dokumente, Herrn Gross vom Porschearchiv, beim Militärarchiv Freiburg, dem Bundesarchiv und dem Tankmuseum Bovington für die Dokumente sowie meiner Familie für die Geduld und Anteilnahme an diesem Buch.

Dresden, 2015

Michael Fröhlich

Einleitung

In diesem Buch wird zuerst auf die Vorgeschichte der 12,7-cm-Marine-Kanone und der 12,8-cm-Flugabwehrkanone 40 L/61 eingegangen. Der daraus entstandene Versuch einer schweren 12,8-cm-Selbstfahrlafette V (Kanone 40) soll genauer beschrieben werden.

Die Kalibergröße von 12,8-cm, angesiedelt zwischen den 10-cm- und 15-cm-Kanonen, wurde für Divisions-, Pak-, Flak-, Marine- und Kampfwagenartillerie zum neuen Maßstab. Zum ersten Mal wurde versucht, eine Vereinheitlichung von Kanonenrohr, Verschluss und Munition zu verwirklichen. Dabei mussten die unterschiedlichen Anforderungen an Heereskanone, Panzerabwehr-Kanone und Kampfwagen-Kanone auf einen Nenner gebracht werden. Die Heeresartillerie wollte maximale Schussweite mit großer Erhöhung und verschiedenen Ladungen. Die Panzerabwehrartillerie wollte wiederum eine niedrige Feuerhöhe, geringe Masse zum schnellen Stellungswechsel und eine hohe Durchschlagsleistung. Die Panzerartillerie bevorzugte neben einer hohen Durchschlagsleistung und einem geringen Gewicht eine hohe Feuergeschwindigkeit und einen geringen Platzbedarf von Kanone und Munition. Daraus entstand ein guter Kompromiss – die 12,8-cm-Kanone L/55 von der Firma Krupp.

Auf Grund der Kriegslage entstanden aber nur die für den Panzerkampfwagen »Maus« bestimmten 150 Stück der 12,8-cm-Kampfwagenkanone (KwK) 44 L/55. Diese Kanonen nehmen in diesem Buch eine zentrale Rolle ein, da nach der Einstellung der »Maus«-Produktion die Kanone komplett für die Panzerjägerkanonen-Produktion übernommen wurde. Die restlichen Kanonen lagerte man als Fernkampfartillerie in Beutelafetten ein, so dass alle Kanonen vom Typ 12,8-cm-L/55 zur Auslieferung gelangten.

In diesem Buch wird detailliert auf die große Anzahl projektierter und letztendlich hergestellter 12,8-cm-Munition eingegangen. Die Inhalte zum vorliegenden Band beruhen zum größten Teil auf chronologisch geordneten Originaldokumenten. Das jeweilige Datum bezieht sich in der Regel auf den Zeitpunkt des Geschehens und nicht auf den Zeitpunkt der Niederschrift. Durch das zeitgleiche Geschehen an verschiedenen Orten und aus verschiedenen Anlässen ergibt sich manchmal eine unvermeidliche Überschneidung bzw. eine Wiederholung im Text.

Der Ursprung – Die 12,8-cm-Flugabwehrkanone 40

Das Kaliber 12,7-cm wurde in den 20er Jahren von der deutschen Reichsmarine erstmals aufgegriffen und folgte damit dem internationalen Trend. Mit dieser Kalibergröße betrat die deutsche Reichsmarine Neuland. Weder an Bord noch an Land hatten sie jemals zuvor ein Geschütz vom Kaliber 12,7-cm verwendet. International kam dieses Kaliber als »Fünf-Zoll-Geschütz« bereits zum Einsatz, zum Beispiel bei den Japanern und den USA. Die Firma Rheinmetall entwickelte eine 12,7-cm-Schnellladekanone C 25 (Konstruktionsjahr 1925) für die Torpedoboote der sogenannten »Raubvogel«- und »Raubtier«-Klasse. Das hohe Gewicht des Geschützes verhinderte jedoch dessen Einführung, weil dadurch das vom Versailler Vertrag vorgeschriebene Deplacement dieser Schiffsklasse überschritten worden wäre.

1933 überging Hitler diesen Vertrag und nach einer Erprobung wurde dieser Geschütztyp als 12,7-cm-Schnellladekanone C 34 für die neue Zerstörer-Generation eingeführt. Das Geschützrohr hatte eine Länge von ca. 43 Kaliber (L/43) und bestand aus Seelenrohr und Mantelstück. Es besaß einen selbsttätigen, selbstspannenden Fallblockverschluss. Die Geschütze standen einzeln auf einem fest montierten Mittel-Pivot mit einem 8 mm dicken Schutzschild für die 10-köpfige Bedienung. Die getrennte Munition musste per Hand geladen und elektromagnetisch oder im Notfall mechanisch abgefeuert werden. Der Richtbereich betrug 2 x 360° seitlich und + 30° bis - 10° in der Höhe. Dieser geringe Höhenrichtbereich machte sie für die Flugabwehr ungeeignet. Die 12,7-cm-Schnellladekanone C 34 war ein zuverlässiges und relativ schnell schießendes Geschütz.

1936 bekam die Firma Rheinmetall den Auftrag für die Entwicklung eines schweren 12,8-cm-Flugabwehr-Geschützes, um Flugzeuge bis in großen Höhen bekämpfen zu können. Dieses Geschütz basierte auf der 10,5-cm-Flugabwehrkanone 38. 1938 entstanden die ersten Versuchsmuster unter der Werksbezeichnung »GBH 63«. Dieses Geschütz besaß noch eine Kreuzlafette, hatte aber noch nicht die für Erdziele entsprechende Zielvorrichtung. Die Erprobung verlief so erfolgreich, dass noch Ende 1938 die ersten 100 Geschütze bestellt wurden. Die Einführung der 12,8-cm-Munition für die Flugabwehrkanone, auch als »Gerät 40« bezeichnet, erfolgte ab 1. April 1939. 1940 erhielt dieses Geschütz offiziell die Bezeichnung »12,8-cm-Flak 40«.

Noch vor Kriegsbeginn begann auch bei der Marine die Entwicklung einer 12,8-cm-Marinekanone (SK-C/41 mit einer Rohrlänge von L/45) in einer Doppel-Drehhaubenlafette und einer 12,8-cm-Schnellladekanone der selben Länge von L/45. Dieses Kaliber wählte die Marine mit Rücksicht auf die einzuführende Einheitsmunition der Luftwaffe. Die Schnellladekanone besaß außer dem Kaliber keine weiteren Gemeinsamkeiten mit der 12,8-cm-Flugabwehrkanone 40. Ende 1941 wurden die ersten vier Geschütze der 12,8-cm-Flugabwehrkanone an die Luftwaffe ausgeliefert, darunter auch eine Variante als Zwillingsgeschütz. Je zwei als »Gerät 40« und »Gerät 44« bezeichneten Flugabwehrkanonen kamen im Juni 1942 zum Beschuss. Der Deckname des Einzelgeschützes, »Gerät 40«, war »Leonard«. Das Zwillingsgeschütz, anfangs

Letzte, noch heute existierende 12,8-cm-Flugabwehrkanone 40/1 auf dem Schießplatz Meppen. Heute ist der Standort in der WTS Koblenz.

noch als »Gerät 44« bezeichnet, besaß den Decknamen »Lebrecht«.
Das Geschütz stand auf einer Pivot (Schwenkzapfen)-Sockellafette und konnte mit Hilfe von elektrischen Richtmaschinen und den dazugehörigen Pittler-Thoma-Hydraulikgetrieben stufenlos im Höhenbereich (- 3° bis + 88°) mit einer Geschwindigkeit von 5,3° in der Sekunde und seitlich (360°) mit einer Geschwindigkeit von 9° in der Sekunde geschwenkt werden. Durch eine automatische Ladevorrichtung erreichte das Geschütz eine Feuergeschwindigkeit von 10 bis 12 Schuss in der Minute. Um diese hohe Feuergeschwindigkeit sicherzustellen, gebrauchte die Luftwaffe, im Gegensatz zu der 12,7-cm-Schnelllade-Kanone mit ihrer getrennten Kartuschen-Munition, Patronenmunition. Als Standard-Munition kam die 12,8-cm-Sprenggranat-Patrone L/4,5 zum Einsatz.
Die Luftabwehr bekämpfte gegnerische Flugzeuge im sogenannten indirekten Richten. Dazu übermittelte ein Übertragungsgerät die vom Kommandogerät ermittelten Schusswerte, also die Geschosslaufzeit, die Seiten- und Höhenwinkel, elektrisch an die Richtmotoren der Flugabwehrkanone. Die verwendeten Strömungsgetriebe gewährleisteten eine korrekte Feineinstellung des Geschützes.
Der Ladekanonier legte die Granatpatrone zuerst manuell in die Stellschale. Beim Schießen auf Luftziele stellte die Zündeinstellmaschine den Zeitzünder entsprechend den vom Kommandogerät ermittelten Werten automatisch ein. Danach übernahm die elektrische Ladeeinrichtung die Patrone und die Kanone wurde geladen. Das Abfeuern der Kanone erfolgte ebenfalls elektrisch. Es gab aber noch die Möglichkeit einer manuellen Abfeuerung. Für die Stromversorgung diente entweder ein Maschinensatz mit 220/380 Volt, 60 kVA oder zwei parallel geschaltete 30-kVA-Maschinensätze. Eine Stromversorgung konnte jedoch auch aus dem Ortsnetz erfolgen.
Die Kanone erreichte eine maximale Schusshöhe von 14,8 km sowie eine maximale Schussweite von 20,9 km. Beim Schießen auf Erdziele richtete man die Kanone mithilfe des »Flakzielfernrohrs 20« direkt auf das Ziel. In der Praxis besaßen wenige stationäre Geschütze ein Zielfernrohr zum direkten Richten, da man dies im Heimatgebiet als unnötig erachtete. Neben der genannten Sprenggranat-Patrone stand bei Bedarf auch eine Panzergranat-Patrone zur Verfügung. Beide Granattypen erreichten eine Anfangsgeschwindigkeit von 880 m/s.
Bei einer maximalen Rohrerhöhung erfolgte ein Rohrrücklauf, je nach Erwärmung der Rohr-Bremszylinder, von 925 bis 1000 mm. Die Lebensdauer des geteilten Rohres betrug anfänglich 1000 Schuss. Durch die Verwendung von hochwertigerem Material erhöhte sich die Lebensdauer auf 2000 Schuss.

Einlegen der 46 kg schweren Sprenggranat-Patrone in die Stellschale der Zündereinstellmaschine 40.
(Foto: BA 101I-629-3502-05)

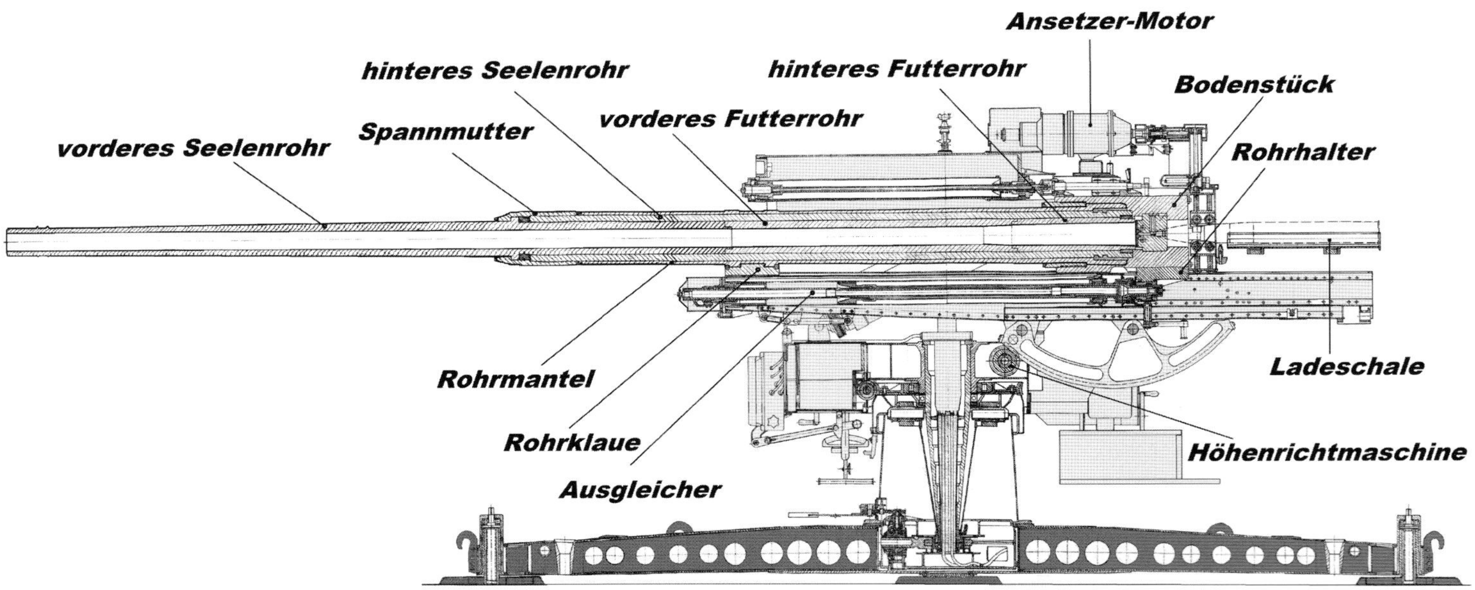

Querschnitt durch den Geschützaufbau der 12,8-cm-Flugabwehrkanone 40, hier noch mit Kreuzlafette.

Das geteilte Rohr hatte den Vorteil, dass die am stärksten beanspruchten und damit eher verschlissenen Teile, wie z. B. das vordere Futterrohr, leicht ausgetauscht werden konnten. Von Nachteil waren die erhöhten Produktionskosten und das höhere Gewicht des Geschützes. Daher war diese Konstruktion nur bei langlebigen Waffen, wie bei der schweren Flugabwehrkanone im Heimatgebiet, vertretbar. Bei Geschützen im direkten Kampf, etwa bei Panzerabwehr- und Kampfwagenkanonen, wirkte sich das höhere Gewicht und der genannte Mehraufwand auf Grund der wesentlich geringeren Überlebenswahrscheinlichkeit auf dem Schlachtfeld nachteilig aus.
Die 12,8-cm-Flugabwehrkanone 40 wurde nicht nur bei der Firma Rheinmetall, sondern auch bei der Firma Krupp, den Skoda-Werken, der Hannoverschen Maschinenfabrik AG (Hanomag) sowie bei der Oberschlesischen Gerätebau GmbH hergestellt. Die Fertigungszeit betrug 15 bis 18 Monate. Die aufwändige Produktion sorgte immer wieder für Probleme. Vor allem bei dem ebenfalls produzierten Zwillingsgeschütz gab es auf Grund der Komplexität des Geschützes immer wieder Störungen im Arbeitsablauf. Aber auch die Herstellung der Panzergranaten sorgte für Schwierigkeiten. Erst Ende 1942 waren die ersten Panzergranaten schussfertig. Diese genügten im Juli 1943 aber noch immer nicht den Beschussbedingungen, da sich öfters die Führungsbänder der Granate während des Schusses lösten und damit das Geschützrohr unbrauchbar wurde.
Der Preis einer 12,8-cm-Flugabwehrkanone 40 mit Sonderanhänger betrug 105.000,- RM. Es entstanden vier Varianten für die Luftwaffe und drei Varianten für die Marine:

- Die **12,8-cm-Flugabwehrkanone 40/1** war ein Geschütz auf der »Bettung 40« und einlastig fahrbar auf dem Sonderanhänger 220. Diese Bettung bestand aus einer Plattenlafette mit vier horizontal ausklappbaren Auslegern. Diese Ausführung blieb wegen des Mehraufwandes in der Herstellung eine Ausnahme und beschränkte sich auf eine Batterie mit sechs Geschützen. Das Gewicht in Feuerstellung betrug 17 t, das Fahrgewicht einschließlich des Sonderanhängers 27 t.
- Die **12,8-cm-Flugabwehrkanone 40/2** war ein Geschütz mit einem ortsfesten Sockel und das am meisten

Ausführung 40/1 auf Sonderanhänger 220.

verwendete Geschütz dieser Art. Das Gewicht in Feuerstellung betrug bei dieser Ausführung 13 t. Der Stellungswechsel konnte nur in zwei Lasten erfolgen. So verlastete man das Rohr auf den Rohrwagen 40 und die Lafette auf dem Sonderanhänger 203. 1945 existierten noch 429 Geschütze dieses Typs. Vier Geschütze gehörten zu einer Batterie. Zum Ende des Krieges besaß eine Batterie zum Teil sechs Geschütze, Geschütz A bis Geschütz F.

Die 12,8-cm-Flugabwehrkanone 40/4 gehörte zu den schweren Eisenbahn-Flugabwehrkanonen und war auf dem Geschützwagen II der Reichsbahn montiert. Das Gesamtgewicht eines Geschützwagens mit der 13 t schweren 12,8-cm-Flugabwehrkanone und der dazugehörigen Munition betrug 61 t. Dazu baute man vierachsige offene Güterwagen nach Abnahme der eisernen Rungen mittels zusätzlicher Auf- und Anbauten und durch den Einbau einer durchgehenden Heizleitung in sogenannte »Sonder-Schienenfahrzeuge« um. In den eingebauten Schränken verteilten sich auch 96 Schuss Munition. In der Feuerstellung blockierte die Bedienung die Federn sowie die Drehgestelle der Wagen und fing die Untergestelle mit ausklappbaren Stützen ab. 1945 existierten noch 212 der 12,8-cm-Geschütze bei den schweren Eisenbahn-Fliegerabwehrkanonen.

Die 12,8-cm-Flugabwehrkanone 44 war als Zwillingsgeschütz generell ortsfest, konnte aber zerlegt auf dem Sonderanhänger 203 umgelagert werden. Die Bezeichnung 44 war irritierend, da der Name des Gerätes üblicherweise mit dem Erscheinungsjahr versehen wurde. Diese Bezeichnung ging darauf zurück, dass zwei zusammenmontierte 12,8-cm-Flugabwehrkanonen 40 eine Zwillings- Flugabwehrkanone ergaben (Flak 4[0] + 4[0] = Flak 44). Um Irritationen zu vermeiden, wurde die Bezeichnung »12,8-cm-Flak 44« ab Oktober 1942, nach der Produktion von zehn Geschützen, gestrichen.[1] Danach erschien dieses Geschütz nur noch unter dem Namen »12,8-cm-Flak 40 Zwilling« in den Akten.[2]

[1] »Steigerung Gerät 40 und 44« OKH Wa J Rü vom 01.06.1942.
[2] Überblick über den Rüstungsstand des Heeres 1940–1944.

12,8-cm-Flugabwehrkanone 40/2, Geschütz F (6. Geschütz), bei Leuna. An der Zündereinstellmaschine 40 ist die eingelegte Granatpatrone erkennbar.

Die Eisenbahnausführung der 12,8-cm-Flugabwehrkanone 40/4.

Da das Geschütz einzeln, aber auch im Doppelschuss abgefeuert werden konnte, erreichte man eine hohe Feuergeschwindigkeit von 20 bis 24 Schuss pro Minute. Die Luftwaffe setzte dieses Geschütz auf den Flak-Türmen der Großstädte Berlin, Wien und Hamburg zu je vier Zwillingsgeschützen ein. Das Gewicht in Feuerstellung betrug 27 t. Das Geschütz benötigte für die 20 Kanoniere und den Geschützführer einen Bedienkreis von mindestens 11 m. Es wurden insgesamt nur 38 der 12,8-cm-Flugabwehrkanonen 40 Zwilling für die Luftwaffe gefertigt. Das Zwillingsgeschütz kostete mit 202.000,- RM entsprechend mehr als das Einzelgeschütz.

Zwillingsgeschütz. (Foto: BA 101I-629-3502-03)

- Die **12,8-cm-Flugabwehrkanone 40M** war das Einzelgeschütz in der Marineausführung. Diese Geschütze befanden sich nicht im Seeeinsatz, sondern dienten im Küstenbereich dem Schutz großer Hafenanlagen und Werften, wie z. B. Kiel oder Bremerhaven. Dabei unterschied die Marine zwischen dem Einzelgeschütz, dem Zwillingsgeschütz und dem Geschütz in einer Panzerkuppel (K.M. 40 in DL [Pzk.]). Äußerlich war die Marineausführung der 12,8-cm-Flugabwehrkanone mit der Ausführung der Luftwaffe identisch.
Da die Marine diese Geschütze auch zum Küstenschutz, also zum direkten Schuss, verwendete, bestand die Möglichkeit der Anbringung eines etwa 4 Tonnen schweren Schutzschildes. Hersteller war die Firma Hanomag. Auch die technischen Daten unterschieden sich nur leicht von der Luftwaffenausführung. So betrug bei der 12,8-cm-Flugabwehrkanone 40M die maximale Schussweite 21,1 km und die Schusshöhe 15,15 km. Die größte Reichweite mit der Sprenggranate war jedoch, genau wie bei der Luftwaffenausführung, durch die äußerste Zerlegergrenze (die Grenze der Zünderlaufzeit von 28,5 s) begrenzt und bedeutete in der Praxis für der Sprenggranate eine Reichweite von 12,8 km.
In Fahrstellung wog das Geschütz 21,9 Tonnen und setzte sich im Gegensatz zur Luftwaffenausführung aus dem Sonderanhänger 205 mit dem Rohr (Gewicht 8,4 t) und dem Sonderanhänger 203 mit dem Fahrgerüst und der Lafette (Gewicht 13,5 t) zusammen.
- Der **12,8-cm-Flugabwehrkanone 40M Zwilling** unterschied sich prinzipiell von der Luftwaffenausführung im Höhenrichtbereich von 0° bis + 88° und dem zusätzlich vorhandenen horizontalen Schussfeldbegrenzer an der rechten Seite.

Die letzte noch existierende 12,8-cm-Flugabwehrkanone 40M Zwilling auf einem Culemeyer-Straßenroller R80-2 in Aberdeen (USA), erbeutet in Bremerhaven-Eckwarderhörne.

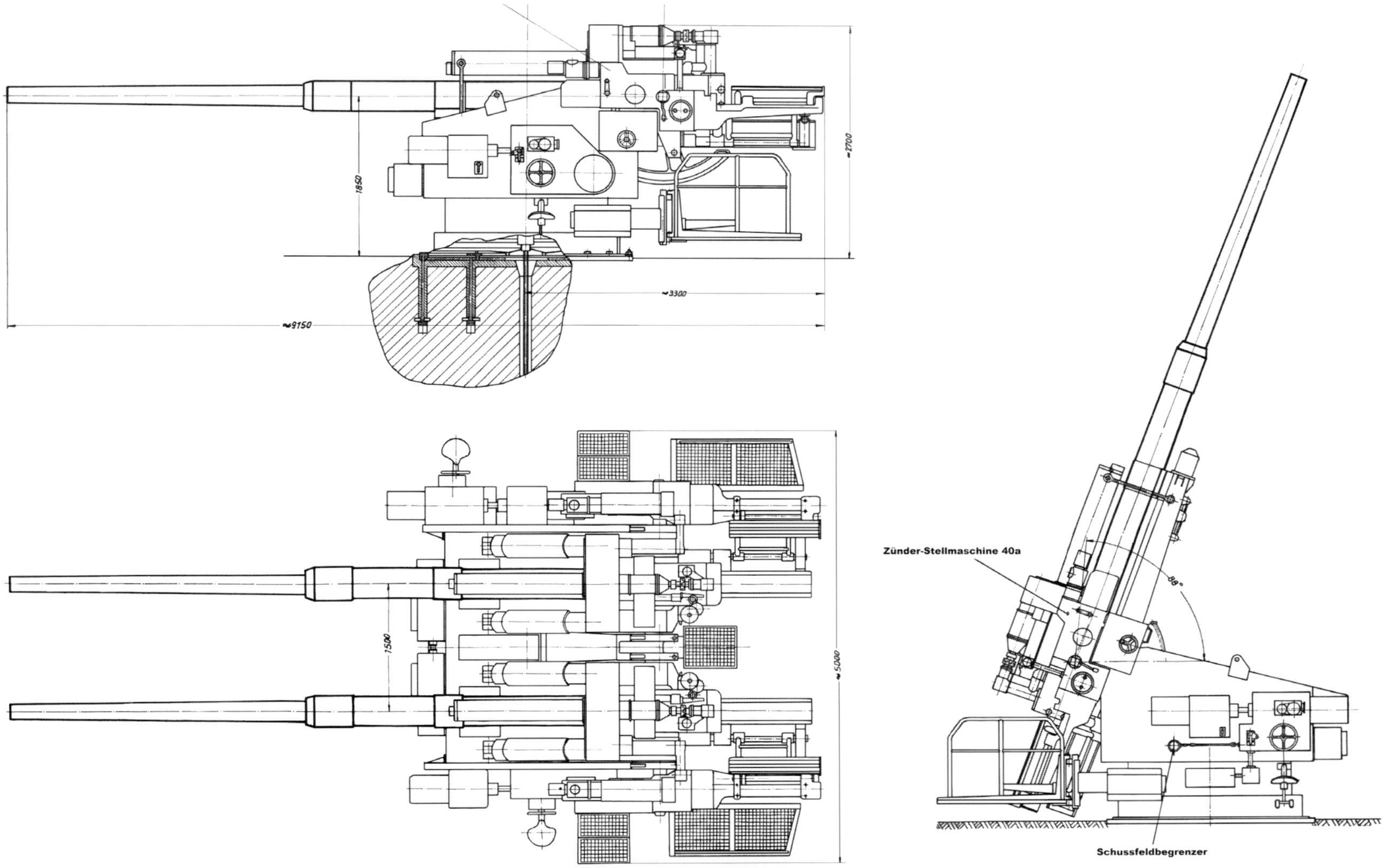

Die 12,8-cm-Flugabwehrkanone 40M Zwilling war identisch mit der 12,8-cm-Flugabwehrkanone 44.

Die dritte Variante, die **12,8-cm-Marine-Kanone 40 in Drehhaubenlafette [12,8-cm-KM 40 in DL(PzK) M 40]**, ein Zwillingsgeschütz, besaß einen Höhenrichtbereich von - 5° bis + 85° und ein Gewicht von 67,1 Tonnen. Davon betrug das Gewicht der Panzerkuppel 24 Tonnen. Ein Unterschied bestand in den Anfangsgeschwindigkeiten der Granaten. So hatte die Sprenggranate der Marine eine Anfangsgeschwindigkeit von 900 m/s. Im Gegensatz zu der 12,8-cm-Sprenggranate L/4,5 der Luftwaffe verwendete die Marine die 12,8-cm-Sprenggranate L/4,9. Es existierten weiterhin noch Granaten mit einer Sonderladung für Anfangsgeschwindigkeiten von 400 m/s und von 650 m/s.[3]

[3] MDV 700 Seekriegsanleitung, Teil 3.

Typ	Länge b. 0°	Breite	Höhe b. 0°	Feuerhöhe	Gewicht	Rückstoß
Flak 40/1	8.810 mm	4.300 mm	3.165 mm	2.325 mm	17.000 kg	
Flak 40/2	8.810 mm	3.600 mm	3.070 mm	2.230 mm	13.000 kg	
Flak 40/4	8.810 mm	3.600 mm	4.135 mm	3.230 mm	13.000 kg	
Flak 40 Zw.	9.150 mm	5.000 mm	2.700 mm	1.850 mm	27.000 kg	
Flak 40 M	9.130 mm	3.600 mm	3.070 mm	2.340 mm	13.000 kg	11–18 t
Flak 40 M Zw.	9.150 mm	5.000 mm	2.700 mm	1.850 mm	27.000 kg	22–36 t
KM 40 in DL	10.900 mm	5.000 mm	5.300 mm	1.780 mm	67.100 kg	60 t

Technische Daten der 12,8-cm-Flugabwehrkanone 40 in Feuerstellung bei 0°.

Die 12,8-cm-Flugabwehrkanone 40 war mit Abstand das leistungsfähigste Fliegerabwehr-Geschütz des Zweiten Weltkrieges. Die später konstruierten und getesteten 15-cm-Flugabwehrkanone 50 (Gerät 50) bzw. Flugabwehrkanone 55 von den Firmen Krupp und Rheinmetall brachten im Verhältnis zum Material- und Gewichtsaufwand keine großen ballistischen Vorteile, so dass man deren Entwicklung nicht weiter verfolgte. Auch der Krupp-Entwurf einer 20,3-cm-Zwillings-Flugabwehrkanone im Panzerturm zur Küstenverteidigung sowie des Gerätes 80/85 als 24-cm-Flugabwehrkanone entstand nur auf dem Papier.

Ab 3. Mai 1944 unternahmen die Luftwaffe und Rheinmetall-Borsig wegen der immer höher einfliegenden Bomberverbände Versuche an einer **»12,8-cm-Flugabwehrkanone 40-Leistungssteigerung«**. Mit einem auf 9,57 m verlängerten Kanonenrohr (L/76) wollten die Konstrukteure eine erhöhte Anfangsgeschwindigkeit der Granate erzielen. Dazu setzte man ein zylindrisches Vorsatzstück auf.

Eine weitere Variante entstand mit dem **»Gerät 40-konisches Rohr«**. Das Bodenstück entsprach der auch als »Gerät 40« bezeichneten 12,8-cm-Fliegerabwehrkanone 40 mit dem Hülsendurchmesser von 163 mm. Das Geschütz besaß eine Mündungsbremse mit Bohrungen. Den Drall erhöhte man auf 8°30‘. Mit Hilfe eines aufgeschraubten, konischen Vorsatzstücks vom Kaliber 12,8-cm auf das Kaliber 9,8-cm erreichte man mit Flanschgeschossen, sogenannten K-Geschossen, eine Anfangsgeschwindigkeit aus einem neuen Rohr von 1290 m/s.

Diese hohe Anfangsgeschwindigkeit erlaubte neben einer größeren Schusshöhe auch eine geringere Flugzeit des Geschosses und dadurch einen geringeren Vorhalt beim Schuss auf Flugziele. Dies bedeutete eine Leistungssteigerung gegenüber der 12,8-cm-Flugabwehrkanone 40 von etwa 37 %. Damit betrug die Flugzeit auf 10 km Höhe mit einem gebrauchten Rohr etwa 11,4 s. Gegenüber dem »Gerät 40-Leistungssteigerung« fand bei der Verwendung eines konischen statt des zylindrischen Vorsatzrohres eine Verbesserung um 23 % statt.

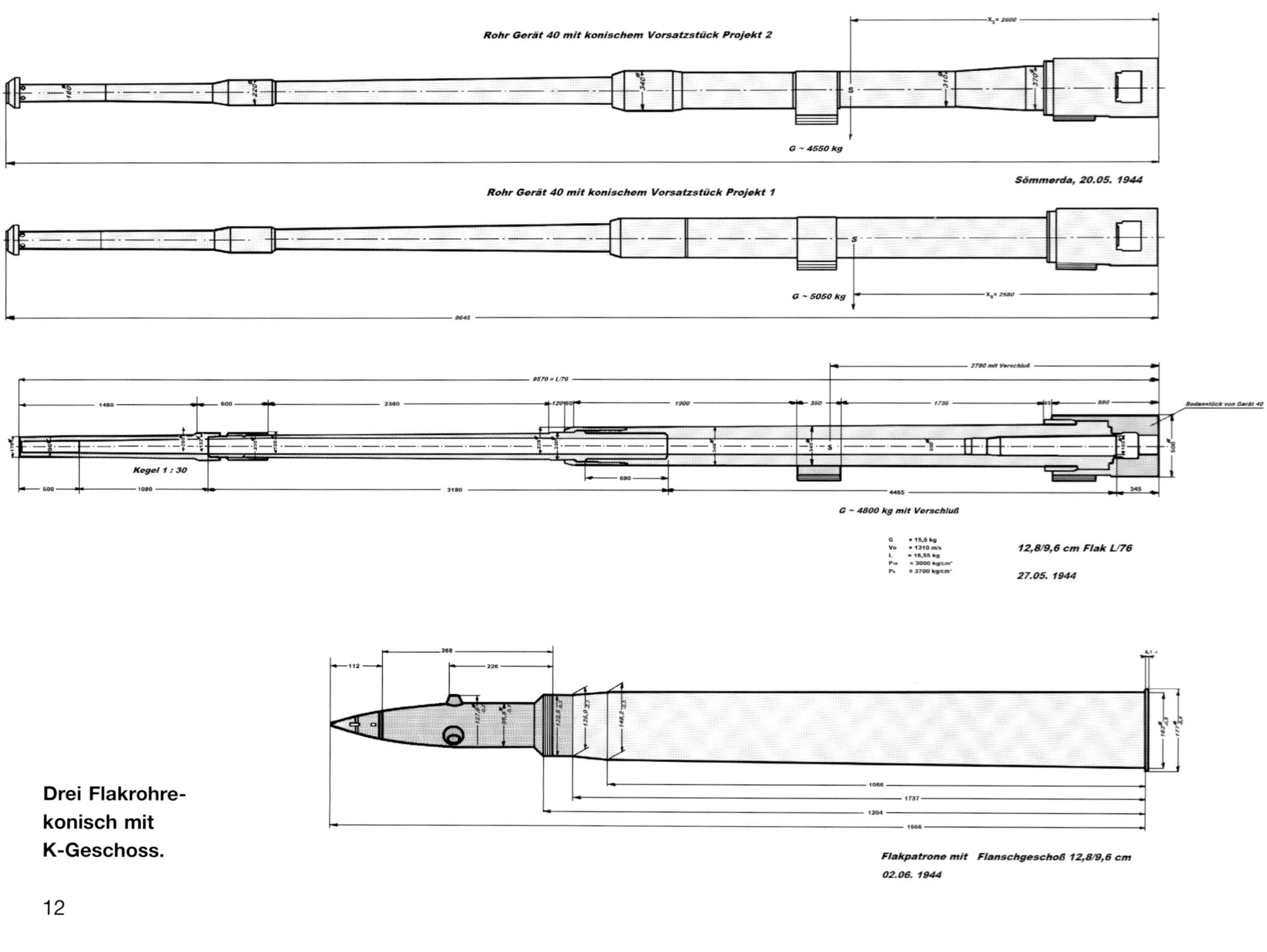

Drei Flakrohre-konisch mit K-Geschoss.

Es entstanden zwei Entwürfe, die sich nur in der Verwendung von einem Rohrmantel und damit auch im Gewicht (5050 kg und 4550 kg) unterschieden. Dieses konische Endstück unterlag einem sehr hohen Verschleiß, weshalb man das Vorsatzstück leicht austauschbar plante. Auf Grund der verschlechterten Material- und Kriegslage war an eine Neuproduktion dieser Ausführung überhaupt nicht mehr zu denken. Ende 1944 entwarf die Firma Krupp noch eine **12,8-cm-Flugabwehrkanone 45**. Diese unterteilte die Luftwaffe in

- die Flugabwehrkanone 45/1 (Einzelgeschütz),
- die Flugabwehrkanone 45/2 (Zwillingsgeschütz),
- die Flugabwehrkanone 45/4 (Eisenbahngeschütz).

Die wichtigsten Maßnahmen der Entwickler betrafen die Änderung der Granatführung beim »Gerät 40« von 5°30' auf 6° Drall und die Vergrößerung der Treibladung von 10 kg auf 16,5 kg. Dies geschah durch eine Vergrößerung des Hülsendurchmessers von 163 mm auf 176 mm. Diese Abmessung entsprach der projektierten 15-cm-Flugabwehrkanone 50 und auch der neuen 12,8-cm-Einheitskartusche. Als Sprenggranate setzte die Luftwaffe eine – von der Kriegsmarine entwickelte – zapfenförmige Granate mit einer Kaliber-Länge von L/5 ein. Diese erreichte eine Anfangsgeschwindigkeit von 930 m/s. Anfang 1945 konstruierten die Firmen noch einzelne Probeteile – wie Bodenstücke und Verschlussteile – für dieses Geschütz.

Ab Februar 1945 erfolgte nur noch eine »Entfeinerung« und Vereinfachung der produzierten 12,8-cm-Flugabwehrkanone 40, um damit den Herstellungs- und Materialaufwand zu minimieren. Als Termin für die neuen Nachschub-Listen wurde der 20. Februar 1945 genannt. Neue Entwürfe entstanden nur noch für eine »Bettung 45«, eine neue Ladebühne und eine neue Zieleinrichtung. Die Firma Bamag stellte zum Ende des Krieges noch einige Versuchsrohrbremsen für dieses Geschütz her.

Insgesamt entstanden 1.125 Stück der 12,8-cm-Flugabwehrkanone 40 für die Luftwaffe[4]. Von der 12,8-cm-Flugabwehrkanone 40M produzierte die Firma Hanomag bei einer Monatsproduktion von fünf bis sechs Geschützen mehrere 100 Stück.

[4] »Zahlenübersicht der Jahresproduktion« 1940 bis 1944 (RH 8 I 2598).

Eine zerstörte 12,8-cm-Flugabwehrkanone 40/2 bei Gelsenkirchen-Buer. Rohrmündung, Verschluss und Ansetzer sind von der Mannschaft gesprengt worden.

Der »Sture Emil« als 12,8-cm-Kanone 40 Panzer-Selbstfahrlafette (auf VK 3001[H])

Die erfolgreiche 12,8-cm-Flugabwehrkanone 40 weckte auch das Interesse beim Heer. Dieses benötigte noch eine schwere Kanone zur Unterstützung der Infanterie bei Angriffen auf schwere Bunkeranlagen, wie z. B. der Maginot-Linie. Deshalb wurde 1939 mit der Entwicklung von schweren Selbstfahrlafetten begonnen. Am 26. Mai 1941 fand auf dem Berghof eine Besprechung zwischen Hitler, Dr. Todt, Dr. Porsche, Direktor Hacker und verschiedenen Herren vom Heereswaffenamt zum Thema Panzerwagenproduktion und Panzerabwehr statt. Unter Punkt VIII wurde aufgeführt:

»Die Selbstfahrlafetten 10,5-cm und 12,8-cm sind neben ihrer Bedeutung für die Bekämpfung von Bunkern für die Abwehr stark gepanzerter Kampfwagen, wie sie von England und Amerika zu erwarten sind, von großer Bedeutung. Sie sind daher zu fördern. <u>Zusatz:</u> 10,5-cm (Pz. Sfl.) ist mit zwei Stück an die Truppe geliefert. Das erste Versuchsstück der 12,8-cm (Pz. Sfl.) kommt August 1941 zur Lieferung. Bezüglich des Bedarfs ist Verbindung mit AHA (Allgemeines Heeresamt – d. A.) *aufgenommen.«*[5]

Dazu sollte die Firma Henschel zwei Fahrgestelle bereitstellen. Die Firma Rheinmetall bekam einen Vertrag über die dazugehörigen vier 12,8-cm-Kanonen auf Basis der Flugabwehrkanone 40. So baute man die modifizierten Flugabwehrkanonen in zwei vorhandene Panzerwannen vom Prototyp des Durchbruchspanzers VK 3001(H) ein.

Zwei Fahrgestelle des VK 3001 (H) mit der internen Nummer 1 und Nummer 3 verlängerte man um je eine Laufrolle, um die ehemalige 12,8-cm-Flugabwehrkanone samt des benötigten Rohr-Rücklaufs aufnehmen zu können. Das Fahrzeug Nummer 2 verblieb als Versuchsträger bei der Firma Henschel in Haustenbeck (Sennelager).

[5] Protokoll vom 26. Mai 1941.

Eine Panzer-Wanne der Versuchskonstruktion VK 3001 (H) bei der Firma Henschel.

Die fertigen 12,8-cm-Geschützaufbauten für die Selbstfahrlafetten.

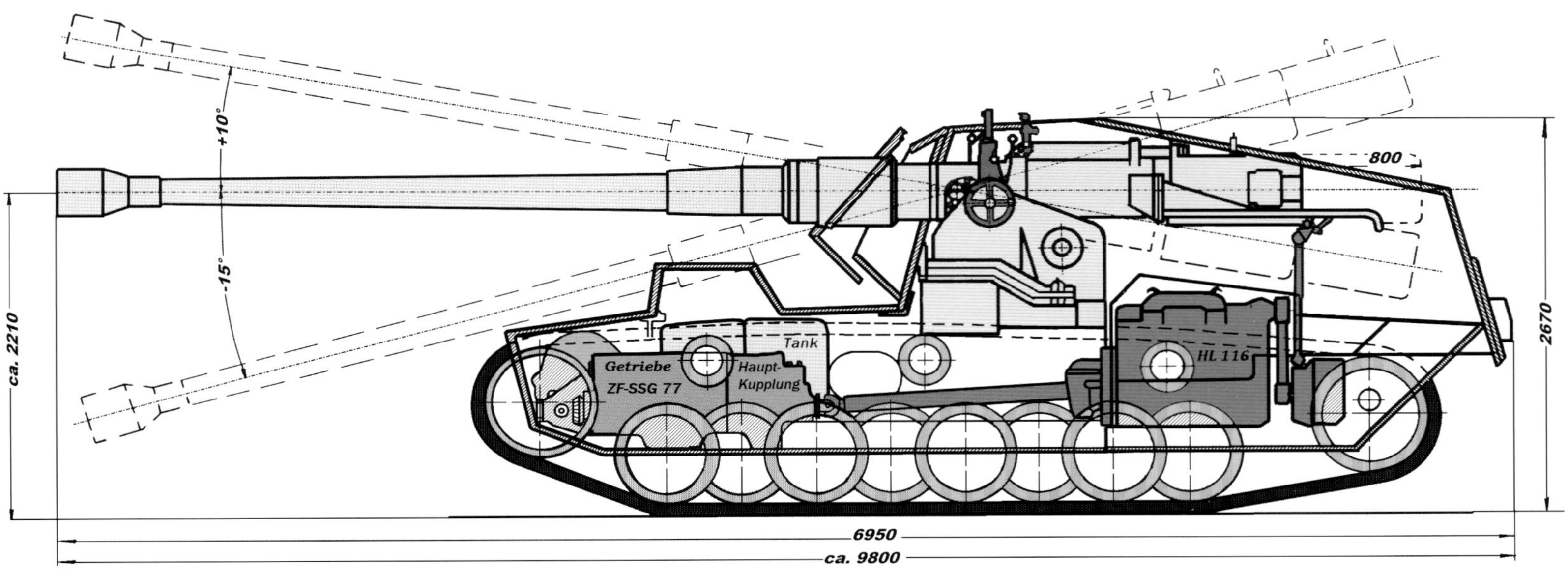

Nach Umbau der Panzerwanne in eine 12,8-cm-Panzer-Selbstfahrlafette.

Die als »Panzerselbstfahrlafette V« bezeichnete 12,8-cm-Selbstfahrlafette L/61 hatte eine Gesamtlänge von 9,8 m, war 3,18 m breit und 2,67 m hoch. Der Motor befand sich im Kampfraum direkt unter dem Bodenstück der Kanone. Um ausreichend Bewegungsfreiheit zum Bedienen des Geschützes zu haben, waren am Kühlsystem des Motors Änderungen notwendig geworden. So musste der Kühler tiefer gelegt werden. Der Motor war dadurch der höchste Punkt im Kühlkreislauf, was eine spezielle Kühlwasser-Entlüftung erforderlich machte. Die Frischluft für die Motorkühlung saugte das Gebläse unter der Lafette an. Die Abluft des Motors entwich aus den beiden Hutzen im Heck.

Der eingesetzte Motor war eine Sonderausführung der Firma Maybach. Der Maybach-Motor HL 116s arbeitete als 4-Takt-Otto-Motor. Er leistete 300 PS bei einer Motordrehzahl von 3300 U/min. Dieser 670 kg schwere 6-Zylinder-Reihenmotor mit einem Hubraum von 11 Liter passte nicht in das »Baukastensystem« der Firma Maybach. Für einen 6-Zylinder-Motor hatte er einen sehr großen Hubraum, den sonst nur 12-Zylinder-Motoren gleicher Leistung besaßen. Mittels einer Dreischeiben-Trockenkupplung erfolgte die Kraftübertragung über eine Kardanwelle nach vorn zu dem 6-Gang-ZF-Getriebe (Typ Aphon SSG 77). Das Lenkgetriebe (Typ L 320 C) sowie die beiden Planetengetriebe mussten wegen der höheren Masse und der verlängerten Kettenauflage niedriger übersetzt werden. Eine mechanische, selbstverstärkende Innenbackenbremse der Firma Perrot sorgte für die nötige Verzögerung und funktionierte zugleich als Feststellbremse.

Beim Fahrwerk verstärkten die Konstrukteure die beiden letzten Drehstäbe, da neben dem höheren Eigengewicht des Fahrzeugs von 36 Tonnen auch die starken Rückstoßkräfte der 12,8-cm-Kanone kompensiert werden mussten. Die Drehstäbe, entwickelt nach dem bekannten Porsche-Patent, hatten ungleich starke Köpfe und konnten individuell eingestellt werden. An der jeweils ersten und an der jeweils letzten Laufrolle befand sich ein Stoßdämpfer der Firma Hemscheidt.

Die geschachtelten, gummibandagierten Laufrollen (Größe 700/98-550) waren an geschmiedeten Kurbelarmen befestigt. Auf der linken Seite waren diese Kurbelarme schiebend und auf der rechten Seite schleppend angeordnet. Die Kette vom Typ Kgs 520/160 besaß eine Breite von 520 mm. Jedes

Die erste fertiggestellte 12,8-cm-Selbstfahrlafette bei Rheinmetall am 9. März 1942.

der 85 Kettenglieder pro Seite besaß einen mittig durchbrochenen Führungszahn. Die Kettenauflage betrug ca. 3,6 m. Das ergab einen Bodendruck von 0,96 kg/cm².
Die Höchstgeschwindigkeit betrug 19,6 km/h. Der Kraftstofftank befand sich in der Wanne neben dem Fahrer und fasste 450 Liter Benzin. Diese Menge ermöglichte auf befestigten Wegen eine Reichweite von 170 km. Weitere Fahrleistungen erbrachten eine Steigfähigkeit von 30°, eine Kletterfähigkeit von 0,8 m und eine Watfähigkeit von 1,05 m. Das erste Fahrzeug hatte noch eine separate Kuppelattrappe neben der Fahrerkuppel. Diese entfiel bei dem zweiten Fahrzeug. Darunter befand sich nicht, wie zu vermuten, der Funkerarbeitsplatz, sondern die Öffnungen zum Füllen der Betriebsmittel.
Die eingebaute 12,8-cm-Kanone 40 wog mit Verschluss 4,3 t und hatte einen Höhenrichtbereich von - 15° bis + 10°. Der Seitenrichtbereich betrug 7° nach rechts und 5° nach links. Die Länge des Rohres mit Mündungsbremse war 8,32 m und überragte den Fahrzeugbug um 2,7 m. Wegen der niedrig zu haltenden Bauhöhe der Waffe montierte man die beiden Rohr-Bremszylinder und den Rückholzylinder oberhalb der Kanone. Für den reduzierten Rücklauf des Kanonenrohres erhielt das Geschütz im Gegensatz zur 12,8-cm-Flugabwehrkanone eine Zwei-Kammer-Mündungsbremse. Dadurch konnte man den Rücklauf von 1000 mm bei der Flugabwehrkanone auf 800 bis 820 mm reduzieren, was für die Platzverhältnisse im Gefechtsraum von Vorteil war.
Die Fünf-Mann-Besatzung besaß 17 Granaten und 15 Kartuschen als Bereitschaftsmunition. Diese zweiteilige Munition wurde benötigt, da die Patronenmunition der 12,8-cm-Flugabwehrkanone 40 mit 1,49 m Länge im Kampfraum zu sperrig gewesen wäre. Ansonsten entsprachen die verwendeten Granaten denjenigen der Flugabwehrkanone. So kam die 12,8-cm-Sprenggranate L/4,5 zum Einsatz. Das Geschoss hatte ein Gewicht von 26 kg und erreichte eine Mündungsgeschwindigkeit von 880 m/s. Die zweite Geschossart war die 12,8-cm-Panzergranate. Diese Granate verfügte über ein Gewicht von 26,35 kg.
Wie schon im Kapitel der Flugabwehrkanone beschrieben, kam es immer wieder zu Problemen mit den Führungsbändern der 12,8-cm-Panzergranate. Dies traf speziell bei der später eingesetzten 12,8-cm-Panzergranate 43 zu, sodass die Produktion dieser Granaten erst nach Dezember 1942 anlief. Zu einem Zeitpunkt, wo die beiden 12,8-cm-Kanone 40-Selbstfahrlafetten schon nicht mehr existierten. Laut Dienstvorschrift konnte man im Notfall auch mit der 12,8-cm-Sprenggranate gepanzerte Ziele bekämpfen.
Eine Nebelgranate für die 12,8-cm-Kanone 40 befand sich genauso in Entwicklung wie die am 22. Oktober 1942 erprobte 12,8-cm-Hohlladungsgranate. Für alle Granattypen stand eine 0,83 m lange Hülsenkartusche aus Stahl mit 14,47 Liter Treibladung zur Verfügung. Die Kanone 40 verfügte über die Zieleinrichtung 39. Im direkten Richten hängte der Richtschütze das Selbstfahrlafetten-Zielfernrohr an der Lafette ein. Das Fernrohr hatte je eine Entfernungsskala für Spreng- und Panzergranate mit Meterteilungen von 300 bis 3000 Meter. Für das indirekte Richten nutzte der Richtschütze anstelle des Zielfernrohres eine Zusatz-Zieleinrichtung mit einem Rundblickfernrohr.[6]

[6] H.DV. 119/332.

Die 12,8-cm-Panzer-Selbstfahrlafette Kanone 40, Truppenname »Max«, bei der Panzerjäger-Abteilung (Sfl.)521.

Die Panzerstärke der Selbstfahrlafette betrug an der Wannenfront sowie an dem Frontaufbau 50 mm und an der Seite 30 mm. Das Heck hatte eine Stärke von 15 mm. Über dem Kampfraum befand sich kein Panzerschutz. Es konnte jedoch eine Plane gegen Witterungseinflüsse gespannt werden. Diese schwachen Panzerstärken an den Seiten und an dem Heck betonten den Einsatzcharakter als Unterstützungswaffe zur Panzerabwehr und zur Bekämpfung von Bunkern. Für einen Offensiveinsatz war die Panzerung zu schwach; diese Aufgabe musste den stärker gepanzerten Panzern und Sturmgeschützen überlassen werden.
Laut dem Befehl vom 15. Mai 1942 wurden der Panzerjäger-Abteilung 521 die beiden 12,8-cm-Panzer-Selbstfahrlafetten 40 und eine 10,5-cm-Panzer-Selbstfahrlafette IVa zugeteilt. Es ist leider nicht viel über den Einsatz bekannt. Über die als »Sturer Emil« und »Dicker Max« bezeichneten 12,8-cm- und 10,5-cm-Panzer-Selbstfahrlafetten liegt allerdings ein Einsatzbericht eines Oberleutnant Kurt Hildebrandt von der Panzerjägerabteilung (Sfl.) 521 vor, der hier wegen seiner Seltenheit auszugsweise wiedergeben werden soll:

»Endlich scheint es da zu sein, worauf wir alle gewartet haben, endlich stellt sich der Feind nach tagelangem Rückzug zum Kampf, und unsere Kompanie ist diesmal auch dabei. Die beiden anderen Kompanien unserer Abteilung haben mehr Glück gehabt als wir. Seit Anfang Juli, dem Beginn der neuen Offensive, sind sie schon mehrfach mit Feindpanzern zusammengetroffen und haben in diesen drei Wochen 15 Panzer abgeschossen. Umso mehr brennen wir darauf, zu zeigen, dass auch wir mit unseren drei schweren Geschützen, einer 10,5-cm- und zwei 12,8-cm-Selbstfahrlafetten, umzugehen verstehen. Allerdings ist „Max", die eine 12,8-cm-Selbstfahrlafette, heute infolge Motorschadens nicht zur Stelle, aber mit „Moritz" und „Brummbär" werden wir es auch schon schaffen. Dazu noch unsere 4,7-cm-Selbstfahrlafette (tschechische 4,7-cm-Panzerabwehr-Kanone auf Panzer I-Fahrgestell – d. Verf.) *gegen leichte Panzer und infanteristische Ziele, für wahr, wir stellen eine beträchtliche Feuerkraft dar.*
Im Morgenrauen sind wir, ohne auf nennenswerten Widerstand zu stoßen, bis an einen Höhenrand vorgerückt. Vor uns fällt das Gelände leicht ab, um in einer Entfernung von zwei bis drei Kilometern wieder anzusteigen. Der gegenüberliegende Höhenzug ist etwa vier Kilometer entfernt. ... Auf einmal schreit einer der Geschützführer: „Da drüben steht ja ein Panzer" und zeigt dabei auf einen der kleinen vermeintlichen Erdhaufen. Und richtig, die Umrisse eines Panzerturms werden erkennbar. Bald darauf entpuppen sich die anderen „Erdhügel" als Kuppeln von Panzern, mehr als Türme mit dem jetzt deutlich erkennbaren Geschützrohr ragen aber nicht hervor. Wir zählen etwa 30 Panzer, die in einem weiten, offenen Halbbogen um unsre Höhe auf der Lauer liegen.
Fast will es scheinen, als ob der Feind bemerkt hat, dass er erkannt ist, dass sein Versteckspiel ihm nichts mehr nützt. Vielleicht hat er auch bei uns Bewegungen entdeckt, jedenfalls feuern seine Panzer zu uns herüber. Die Entfernung ist jedoch zu weit; die Schüsse sind sehr ungenau und wirkungslos.
Der Geschützbedienung von „Moritz" und „Brummbär", ja der ganzen Kampfstaffel der Kompanie hat sich eine begreifliche Erregung bemächtigt. Man kann es nicht anders als mit Jagdfieber bezeichnen. Doch wir müssen warten, denn die Aufgabe der Panzerjäger-Selbstfahrlafetten ist es nicht, Panzerangriffe zu fahren. Das ist Sache unserer Sturmgeschütze und Panzer.
Nach etwa dreistündigem Warten löst sich drüben ein einzelner Panzer und fährt mit hoher Fahrt in die Mulde auf uns zu. Ehe sich „Moritz" in günstige Schussstellung vorgeschoben hat, ist der Rote schon auf der Sohle der Mulde, in die wir nicht hineinreichen können, ohne auf den Vorderhang zu fahren und uns zu verraten. Aus dem Motorgeräusch und dem Rasseln der Ketten entnehmen wir, dass er jetzt im Talgrund parallel zu unserer Höhe fährt. Ganz offensichtlich soll er uns herauslocken.
Ein kurzer Überblick über das Gelände zeigt dem Kompaniechef, dass der Feind an einem bestimmten Punkt aus der Deckung fahren muss, wenn er in gleicher Richtung weiterfährt. „Moritz" wird dementsprechend in Stellung gebracht, aber der Rote scheint Argwohn geschöpft zu haben. Das Kettenrasseln ist nicht mehr zu hören, nur der Motor brummt weiter. Da, ein Aufheulen des Motors, wir hören ihn anfahren, er nimmt also doch Kurs auf jene gut einzusehende Stelle. Jetzt taucht er auf; ein T 34 ist es. Mit langsamer Fahrt, den Turm zu uns gedreht und unaufhörlich in unsere Richtung feuernd, fährt er die Mulde entlang.
In diesem Augenblick feuert „Moritz" seinen ersten Schuss auf einen Sowjetpanzer. Wir verfolgen gespannt die Leucht-

spur, der Schuss liegt etwa zwei Meter vor dem Kasten. Offensichtlich hat er nichts gemerkt, denn er beschleunigt nicht sein Tempo. Unendlich lange will es uns scheinen, bis sich der zweite Schuss löst. Gleich muss der andere hinter einer kleinen Erhebung verschwinden. Feuer! Diesmal hat der Schuss gesessen. Oder doch nicht? Haben wir uns getäuscht?

Der Panzer rollt ruhig weiter, und wir sehen ihn fast verschwinden, nur sein Turm ragt leicht hervor. Noch ehe wir unsrer Enttäuschung Luft machen können, öffnet sich die Turmluke; ein Roter fällt mehr, als dass er springt, heraus, und fast gleichzeitig schlägt aus dem Turm eine Stichflamme, die in dicken Rauch übergeht. Der Panzer brennt. Also doch Volltreffer! Wir haben aber kaum Zeit, uns unseres Erfolges zu freuen, denn fast gleichzeitig fährt drüben ein zweiter Panzer an und nimmt Richtung auf uns. Er fährt nicht ganz so schnell, auch schießt er nur mit dem Maschinengewehr. Ein KW I ist es. Jetzt macht er halt, schießt zwei - oder dreimal mit seinem Geschütz, fährt wieder an und kommt nach einem zweiten Schießhalt auf etwa 1500 Meter an uns heran.

„Moritz“ hat Stellungswechsel gemacht, jetzt macht sich der Vorteil einer Selbstfahrlafette gegenüber einer eingebauten Panzerabwehrkanone bemerkbar. Im spitzen Winkel steht der KW I vor ihm. Er hat unser Geschütz erkannt, und es beginnt zwischen beiden ein Duell. Die schneller aufeinanderfolgenden Schüsse des Bolschewisten sitzen bedenklich gut, aber ehe er einen Treffer verzeichnen kann, trifft ihn unsere Granate. Wir sehen, dass zwei Mann der Besatzung aussteigen und im Lauf dem jenseitigen Hang zustreben. „Moritz“ zieht sich in eine kleine Senke dicht hinter seiner Feuerstellung zurück, um sich der Feindsicht zu entziehen.

Die zwei Mann des KW I sind inzwischen drüben bei ihren Panzern angelangt, und nicht lange danach kommt ein T 34 in hohem Tempo vom jenseitigen Hang herab. In wenigen Minuten ist er bei dem soeben abgeschossenen KW I, setzt sich knapp vor ihn, Männer springen aus dem Panzer und machen sich am KW I zu schaffen. Ehe wir erfassen, dass sie den beschädigten Panzer abschleppen wollen, setzen sich auch beide langsam in Bewegung. Etwas scheint aber nicht zu klappen, denn nach wenigen Metern halten sie und machen sich von neuem an beiden Panzern zu schaffen.

„Moritz“ ist auf Befehl des Kompaniechefs in seine alte Feuerstellung vorgezogen und schießt auf die um die beiden Panzer herumlaufenden Roten mit Sprenggranaten. Der erste Schuss ist viel zu weit, der Zweite kommt schon näher dem Ziel, aber der Dritte, was ist das? Der T 34 ist durch diesen Schuss am Heck getroffen und steht in wenigen Sekunden in Flammen. Ein T 34 mit einer Sprenggranate in Brand geschossen, und das auf eine Entfernung von 1500 Metern!

Nach einer knappen Stunde ist schon wieder ein T 34 bei dem bewegungsunfähigen KW I. Wieder bemüht sich die Besatzung, ihn abzuschleppen, und auch ihm wird das zum Verhängnis. Mit wenigen Schüssen hat „Moritz“ auch diesen Panzer in Brand geschossen. Alle drei Kolosse liegen dicht beieinander. Ob das Feuer der beiden brennenden T 34 auf den KW I übergreifen wird?

Wir alle nehmen es an, aber auch der Feind muss der gleichen Meinung sein, denn was jetzt geschieht, ist kaum zu glauben. Wieder stößt vom jenseitigen Hang ein Panzer in die Mulde, wieder springt die Besatzung an den KW I, befestigt das Abschleppseil, sitzt auf und muss in jedem Augenblick anfahren.

Als sich „Moritz“ an den Höhenrand in seine alte Feuerstellung schiebt, wird er vom jenseitigen Hang unter wütendes Feuer genommen. Man hat ihn endlich erkannt, und mindestens zehn Panzer haben ihre Rohre auf ihn gerichtet. Die Mehrzahl der Schüsse liegt schlecht, nur ein Panzer scheint sich gut eingeschossen zu haben. Aber diesmal trifft „Moritz“ sofort sein Ziel, schon der erste Schuss ist ein Volltreffer, und auch der dritte T 34, der den KW I abschleppen wollte, brennt lichterloh.

Nun wird es aber höchste Zeit, dass sich „Moritz“ zurückzieht. Wenden kann er nicht, sonst zeigt er sich in seiner ganzen Breitseite. Also Rückwärtsgang. Wir alle möchten irgendwie helfen, dass er sich schneller bewegt, und zittern innerlich bei dem Gedanken, er könnte zu guter Letzt doch noch getroffen werden. Nur noch zehn Meter, und er ist in Sicherheit. Da, ein Einschlag dicht vor ihm, dass er ganz in Staub gehüllt ist. Noch fünf Meter, noch drei Meter, jetzt muss er gleich ganz verschwinden. In diesem Augenblick fegt eine Granate zwischen seinen Ketten unter der Wanne durch und bohrt sich kaum fünf Meter hinter ihm in den Boden. Aber „Moritz“ bleibt unversehrt.

Fünf Panzer hat der Feind bei seinen erfolglosen Unternehmungen verloren. Das ist selbst für die Roten etwas viel. Es wird ruhig, nur hin und wieder fährt ein Panzer drüben auf dem jenseitigen Hang entlang, in die Mulde wagt sich aber keiner mehr. Kurz nach dem Mittagessen bricht mit elementarer Gewalt ein Gewitter über uns her, dass in wenigen Minuten das Gelände in unpassierbaren Schlamm verwandelt. Sämtliche Räderfahrzeuge bleiben stecken, selbst Kettenfahrzeuge haben Mühe, vorwärtszukommen. Diesen Augenblick nutzen die Sowjets zu einem Angriff mit Panzern und Infanterie. Im Schleier des Wolkenbruchs sind sie auf 800 Meter herangekommen. „Moritz“ und „Brummbär“ schieben sich in günstige Schussposition und nehmen die beiden vordersten Panzer unter Feuer. Auch dieses Mal dauert es nur wenige Minuten, bis beide T 34 brennen. Ein Dritter wendet sich zur Flucht, gefolgt von der Infanterie. Er erhält einen Treffer, der ihm den Turm wegreißt.

Morgens um 2 Uhr, kurz vor Tagesanbruch, wird die Kompanie auseinandergezogen. Kaum haben die Selbstfahrlafetten ihre Stellung eingenommen, da hören wir vom Nordosten

Kettengerassel und Aufheulen von Panzermotoren. Alarm! Unsere Augen versuchen, den Frühnebel zu durchdringen. Da, in etwa 1500 Meter Entfernung, tauchen wieder Umrisse eines Panzers auf. Da eines zweiten und dort schon wieder eines anderen. In Scharen brechen die vorsintflutlich anmutenden Stahlkolosse aus dem Nebel hervor. Im Fahren feuern sie aus allen Rohren. Noch ist von unserer Seite kein Schuss gefallen, wir lassen die Sowjets in den Sack herein. „Moritz" und „Brummbär" stehen gut, sie können die Panzer in der Flanke packen. Plötzlich fällt der erste Schuss, und schon erhebt sich ein wahres Schnellfeuer sämtlicher Abwehrgeschütze. In etwa fünf Minuten stehen 14 Sowjetpanzer in Brand und werfen ihren Flammenschein gegen den rötlichen Morgenhimmel. Ein phantastisches, für uns alle unvergessliches Bild.

... wenige Minuten, nach dem ersten Angriff hören wir rechts von uns, wo unsere 1. Kompanie steht, eine wilde Schießerei, und schon ertönt der Ruf: „Feindpanzer von rechts". „Moritz" und „Brummbär" drehen ihnen ihre Rohre entgegen und erledigen vier Panzer. Es ist ein Glück, dass die Panzer links und rechts von uns nicht gleichzeitig, sondern im Abstand von etwa 15 Minuten angegriffen haben, wir wären sonst in eine böse Lage gekommen. ... Sofort hat „Moritz" die Situation erfasst, und in unvorstellbar kurzer Zeit sind auch diese drei T 34 abgeschossen.

Neunundvierzig sowjetische Panzer, fast alle vom Typ T 34, sind an diesem Morgen innerhalb weniger Stunden erledigt. Unsere Abteilung kann davon 29 Abschüsse für sich buchen. Unsere Kompanie hat ihre Feuerprobe bestanden, an zwei Kampftagen hat sie 26 T 34 ohne eigene Verluste vernichtet.«[7]

Zu der im zitierten Bericht als »Brummbär« bezeichneten 10,5-cm-Panzer-Selbstfahrlafette IVa bleibt noch zu sagen, dass nur zwei Geschütze dieses Typs bis März 1941 hergestellt wurden. Laut Oskar Munzel, ehemaliger Oberst und Kommandeur der Panzertruppenschule I Bergen, war die als »Dicker Max« bezeichnete Selbstfahrlafette ursprünglich für den Kampf gegen die britische Festung Gibraltar gedacht. Da aber Spanien den Transit verweigerte, konnte dieses Unternehmen nicht wie geplant stattfinden. So mussten die Produktionspläne aufgegeben werden. Die 3. Panzer-Division erhielt beide Fahrzeuge zu Beginn des Russlandfeldzuges.

Oberst Munzel beschrieb die Fahrzeuge als frontal gut gepanzert, aber seitlich nur gegen Infanteriegeschosse geschützt. Auch die Motorleistung des Maybach-Motors HL 66 schätzte er mit 188 PS als zu schwach ein. Ein Fahrzeug brannte durch die Selbstentzündung der Munition aus. Das zweite Fahrzeug hatte noch erfolgreich einige T 34 abgeschossen (bei der Schlacht um Leningrad) und wurde im Oktober für andere Zwecke wieder abgegeben.[8]

---

[7] »Die soldatische Tat«, Teil 3, Seite 130.

[8] »Die deutschen gepanzerten Truppen bis 1945«, Seite 76.

Die 10,5-cm-Panzer-Selbstfahrlafette IV a, auch »Dicker Max« genannt.

Am 2. und 12. November 1942 erschienen in der Stärkemeldung der Panzer-Jäger-Abteilung 521 nur die zwei 12,8-cm-Panzer-Selbstfahrlafetten zusammen mit drei 4,7-cm- und drei 7,62-cm-Panzerabwehrkanonen-Selbstfahrlafetten.

Am 1. und 2. Dezember 1942 berichtete man nur von einer 12,8-cm-Panzer-Selbstfahrlafette sowie von drei 4,7-cm-Panzerabwehrkanonen-Selbstfahrlafetten und einer 7,62-cm-Panzerabwehrkanonen-Selbstfahrlafette in einem Panzerjäger-Verband unter dem Hauptmann von Langenthal (Adjutant im 21. Panzerregiment). Dieser Verband wurde im Januar 1943 zusammen mit der 6. Armee im Kessel von Stalingrad zerschlagen. Dabei geriet die eine 12,8-cm-Panzer-Selbstfahrlafette zusammen mit einer 4,7-cm-Panzerabwehrkanonen-Selbstfahrlafette äußerlich unversehrt in die Hände der Roten Armee.

Die 12,8-cm- und 4,7-cm-Panzer-Selbstfahrlafette der Panzer-Jäger-Abteilung 521 nach der Niederlage bei Stalingrad.

Die 12,8-cm-Panzerselbstfahrlafette mach der Auswertung in Kubinka

Was mit der zweiten 12,8-cm-Panzer-Selbstfahrlafette geschehen war, lässt sich nur vermuten. Da Oberleutnant Hildebrandt in seinem Artikel von einem Motorschaden berichtete, bestand die Möglichkeit, dass es für diesen ganz speziellen 6-Zylinder-Maybach-Motor keine Ersatzteile gab und die Truppe das Fahrzeug nach Deutschland zurück ins Werk schickte.

Nach der Erprobung und dem typischen Ausschlachten von erbeuteten Fahrzeugen zeigte man die erbeutete 12,8-cm-Panzer-Selbstfahrlafette auf verschiedenen Präsentationen der sowjetischen Bevölkerung. Danach erfolgte die Ausstellung der Fahrzeuge im Testgelände Kubinka bei Moskau. Zunächst stand die Fahrzeugsammlung im Freien und ab 1978 erfolgte die Ausstellung in den Hallen des neu entstandenen Panzermuseums.

Von der noch heute noch existierenden 12,8-cm-Panzer-Selbstfahrlafette mit der Kanone 40 folgen auf diesen Seiten einige detaillierte Bilder. Wegen der vorhandenen einzelnen Panzerkuppel für den Fahrer und der fehlenden Kuppel-Attrappe handelt es sich bei diesem Fahrzeug um »Moritz« aus dem zitierten Einsatzbericht.

Oben die Ansicht von 1942 im Werk der Firma Rheinmetall. Unten das Fahrzeug ohne jegliche äußerliche Anbauteile und Ausrüstungsgegenstände, wie Werkzeug, Antennenfuß und die Reservekettenglieder am Bug.

Der Kampfraum von der rechten Seite im Vergleich zur früheren Ausstattung, wo neben den Munitionshalterungen noch eine Maschinenpistole mit Magazintasche und der Ansetzer für die Granaten zu sehen ist.

Im Inneren des Fahrzeugs sieht es genau so leer aus wie in dem danebenstehenden Panzer »Maus«. Alles wurde entfernt, sogar der Fußboden, die Motorabdeckungen und die Einbauschränke der Kartuschen. Im Vergleich dazu die früher vorhandenen Halterungen für Munition und Ausrüstung.

Der Blick zurück zum Einstieg, der Unterschied einst und jetzt. Alles, was sich irgendwie abbauen ließ, fehlt jetzt. Mittig im Fußboden die kleine Öffnung zur Kühlwassereinfüllung.

Ein Blick unter die 12,8-cm-Kanone, auf die Lafette und die Höhenrichtmaschine bis hin zum Kommandantenplatz rechts und dem Richtschützenplatz links. Oben sind gut die Motorabdeckung und die beidseitigen Kartuschen-Schränke zu erkennen.

Die beiden markanten Rohrbremsen und der Vorholer der 12,8-cm-Kanone sind gut sichtbar, ebenso die Durchblicköffnungen des Richtschützen und des Kommandanten. Auf dem historischen Bild sind die optischen Ausrüstungen des Richtschützen mit der Zieleinrichtung 39 und dem Zielfernrohr sowie das Scherenfernrohr des Kommandanten nochmals zu sehen.

Der geschlossene Keilverschluss im Detail. Unten sind Höhen- und Seitenrichtrad des Richtschützen gut zu erkennen. Unten die Aufnahme und Justiereinrichtung der optischen Zielvorrichtung und daneben unter dem Bodenstück der ehemalige Motorraum.

Wenn man unter das Geschütz sieht, erkennt man die Drehstäbe sowie links und rechts die Stoßdämpfer der letzten Laufrollen. Interessant ist, dass an der Stelle, wo der 6-Zylinder-Maybach-Motor saß, der Drehstab und Wannenboden ausgeglüht zu sein scheinen. Ein Motorbrand? Die Öffnung im Wannenboden diente beim Ölwechsel zum Ablassen des alten Motoröls. Unten der Blick zum Heckeinstieg, dem hinteren linken Stoßdämpfer und den beiden Kettenspannern.

Unter der Fahrerkuppel ist der geöffnete Fahrersichtblock (ohne einen Glasblock) zu sehen. Oben ist ein Stück der Fahrerluke zu erkennen. Gut zu sehen ist zudem der Verstellhebel der dreistufigen Panzerblende vor dem Sichtblock.

Vorn links und rechts sind die beiden vorderen Stoßdämpfer der Firma Hemscheidt an den Drehstäben zu sehen. An der Stirnwand die Halterungen für das Lenkgetriebe und Pedalhalterungen. Die Kardanwelle führte vom Motor im Heck nach vorn zu dem Getriebe. Vom mittigen Getriebe gingen links und rechts Wellen zu den noch vorhandenen Trommelbremsen und Vorgelegen.

Die Innenbackenbremse der Firma Perrot mit Bremszylinder und Entlüftungsrohr. Diese funktionierte gleichzeitig als Feststellbremse. Ganz links eine der Lenkgetriebehalterungen.

Die Ansicht auf die Fahrerkuppel sowie auf die Abdeckung der Einfüllöffnungen.

Von oben ist die Fahrerkuppel mit der Panzerblende, dem Sehschlitz nach links und die Fahrerluke zu erkennen. Die Bohrungen gehörten zum Fahrerfernrohr KFF.

Hier die rechte Laufwerksseite. Im Gegensatz zu alten sowjetischen Aufnahmen ist hier das rechte Laufwerk wieder komplett. Damals fehlten mindestens zwei Laufrollen.

Auf diesem Bild ist gut das Staffellaufwerk zu sehen, ein System, wie es beim späteren »Tiger« I übernommen wurde. Es versprach einen niedrigen Bodendruck und gute Laufruhe, neigte besonders bei Schlamm und Frost, aber auch bei Beschussschäden, schnell zum Verklemmen.

Die Kettenspannvorrichtung von innen und außen. Unten ist gut ein Kühlluftaustritt zu sehen. Darunter, in Höhe des sichtbaren Stutzens, befand sich der querliegende Schalldämpfer des Maybach-Motors HL 116.

Die 12,8-cm-Selbstfahrlafette K 40 besaß eine sehr gute Kanone, aber das Fahrgestell des VK 3001(H) stammte von einem Prototyp, der für ein geringeres Gewicht geplant war. Durch den Heckmotor unter dem Geschütz konnte der oben offene Aufbau nicht niedriger gehalten werden. Der Motor mit seinen 300 PS war für die Fahrzeugmasse von 36 t zu schwach. Auch besaß die Mannschaft keine Nahverteidigungswaffe. Ein Nachteil, wie sich später am danebenstehenden 8,8-cm-Panzerjäger »Tiger« P zeigen sollte.
Die beiden Prototypen verursachten sicher große Probleme mit der Ersatzteilversorgung, da im Vergleich zur 10,5-cm-Panzer-Selbstfahrlafette IV a (auf Basis des in großen Stückzahlen produzierten Panzer IV) alle Fahrwerksteile und selbst der Maybach-Motor HL 116 Unikate waren.

Der »Jagdtiger« und die 12,8-cm-Kanonen

Zu Beginn des Krieges mit der Sowjetunion hatte die deutsche Wehrmacht sehr viele einsatzbereite russische 12,2-cm-Geschütze (bis 01. Dezember 1942: 709 Stück leichte Feldhaubitzen 388, 120 Stück Kanonen 390/1, 237 Stück Kanonen 390/2 sowie 580 Stück schwere Feldhaubitzen 396) erbeutet, erprobt und wieder eingesetzt. Diese Geschütze besaßen gute ballistische Eigenschaften und so setzte man sie sofort gegen ihre früheren Besitzer wieder ein. Auf Grund der gemachten Erfahrungen forderte das Heer die Konstruktion vergleichbarer Geschütze dieses Kalibers. Man entschied sich für das Kaliber der 12,8-cm-Flugabwehrkanone 40, um deren Entwicklungsstand zu nutzen und die Munition zu vereinheitlichen. Im Mai 1942 entstanden die ersten Entwürfe für eine 12,8-cm-Kanone mit der Rohrlänge L/47 in Drei-Holm- und später in Kreuzlafette der in Planung befindlichen 15-cm-schweren Feldhaubitze 43.

Das 12,8-cm-Geschütz besaß durch diese Lafetten-Konstruktion einen 360°-Seitenrichtbereich und war damit rundumfeuertauglich. Mit einer maximalen Rohrerhöhung von + 45° stellte die 12,8-cm-Kanone 43, ebenso wie die russischen 12,2-cm-Geschütze, eine Mehrzweckwaffe dar. Die Kanone hatte eine – für Panzerabwehr-Geschütze so wichtige – niedrige Feuerhöhe. Bei der Drei-Holm-Lafette zog man das Rohr während des Marsches um etwa einen Meter zurück. In dieser Fahrstellung lagen ein Holm unter dem Rohr und die beiden anderen Holme V-förmig zusammengeklappt auf einem Protzen-Wagen. Das Gewicht des Geschützes betrug ohne die Räder 6,0 t und in der Feuerstellung 5,57 t.

Um die Rückstoßkraft des Geschützes zu verringern, entstanden verschiedene Mündungsbremsen. Es existierten Entwürfe für 2-Kammer-, 3-Kammer- und sogenannte »Teesieb«-Mündungsbremsen. Bei einer Ladungsmenge von 9,22 kg Treibladung errechnete man mit einer 26 kg schweren Granate eine mögliche Anfangsgeschwindigkeit von 780 m/s. Im Oktober 1942 untersuchte die Firma Krupp die Fertigungsmöglichkeit einer 12,8-cm-Panzerjägerkanone mit einer Rohr-Länge von L/80. Damit hofften die Konstrukteure, eine Anfangsgeschwindigkeit des Vollkaliber-Geschosses von 1100 m/s zu erreichen.

Im Ergebnis stellten die Ingenieure von Krupp fest, dass die Fertigung eines solchen, immerhin etwa zehn Meter langen Rohres erhebliche Schwierigkeiten bereitet. Eine Fertigungszeit von mindestens vier Monaten sowie die Neubeschaffung von speziellen Werkzeugen ließen eine wirtschaftliche Herstellung dieser Geschützlänge nicht zu. Nur als geteilte Ausführung konnte die Herstellung von Rohren dieser Länge sinnvoll sein. [9]

[9] RH 8/2948.

aufgeprotzt

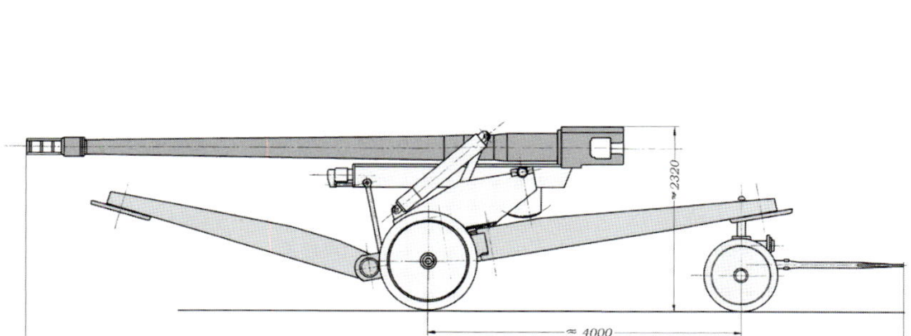

abgeprotzt, Holme spreizen

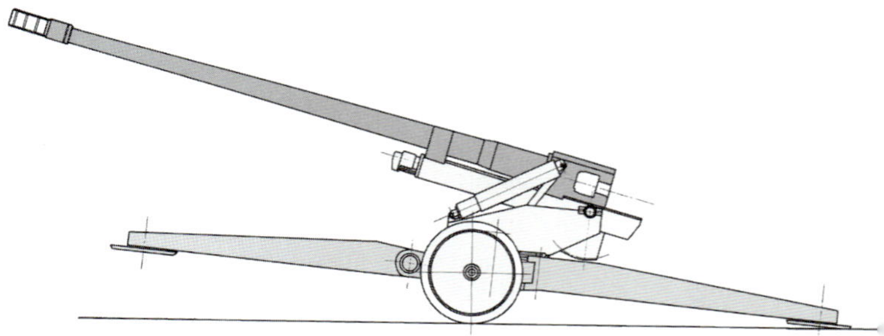

abgelassen, Räder auf Boden

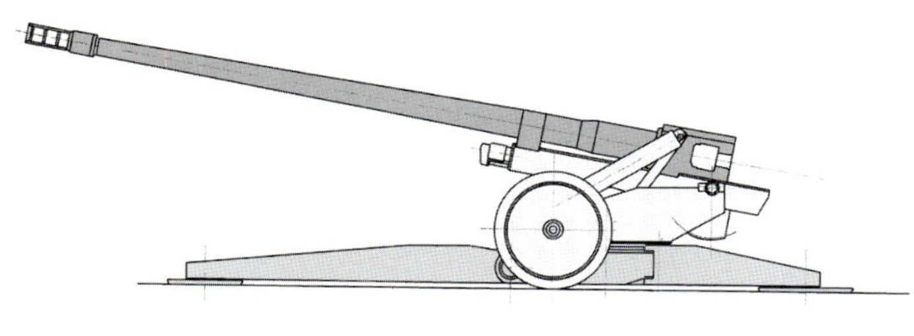

Räder hochgeschwenkt

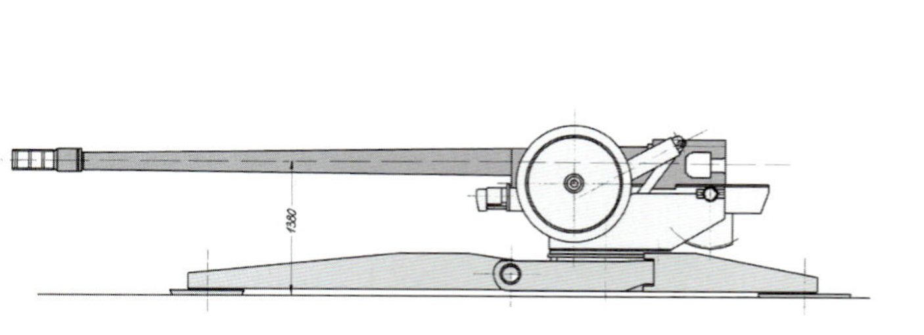

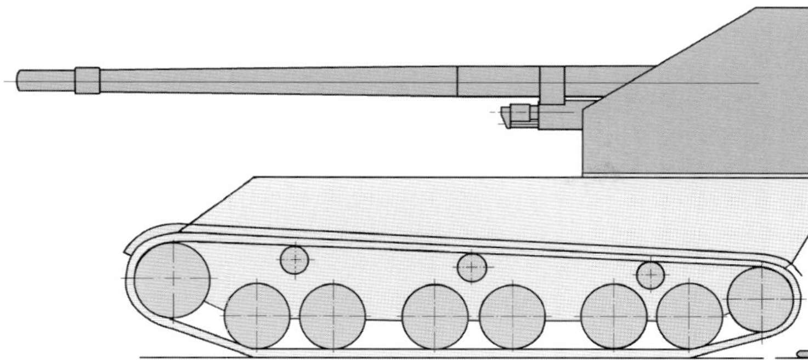

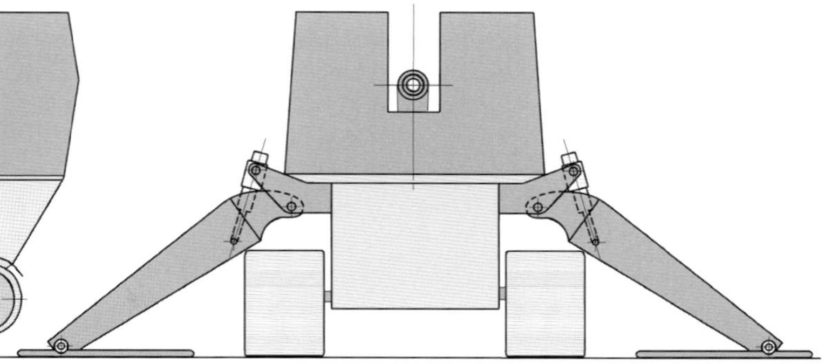

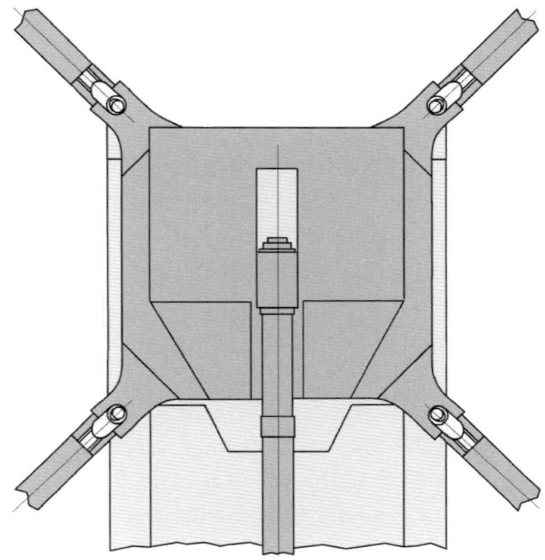

Die 12,8-cm-»Spinne 12« auf Basis des Fahrgestelles des »Leopard«-Prototyps von Porsche.

In dem Gedanken, trotz des hohen Gewichtes die 12,8-cm-Kanone beweglich zu bekommen, sah das Heereswaffenamt die Möglichkeit, diese Geschütze mit einem Kettenfahrwerk zu versehen. Dazu sollten schon vorhandene Panzerwannen zu Waffenträger umkonstruiert werden. Das Amt forderte zudem von den Herstellern eine Absetzbarkeit des Geschützes mit möglichst geringem Aufwand.
Bei der Firma Krupp entstand der Entwurf für die »Spinne 12«. Der Aufbau der Holme bei dieser 12,8-cm-Selbstfahrlafette lässt den Ursprung zu dem Namen »Spinne« erahnen. Das Geschütz konnte, wie gefordert, von dem Unterteil abgesetzt werden. Dazu klappte die Geschützbedienung die vier Holme mittels Spindeln aus. Das Fahrgestell fuhr unter den gespreizten Holmen hervor und das Geschütz konnte auf den Boden abgesetzt werden. Dadurch entstand eine geringe Geschützhöhe und das Fahrzeug konnte in Deckung fahren oder auch weitere Geschütze auf dem Gefechtsfeld transportieren. Die Aufnahme des Geschützes erfolgte dann in der umgekehrten Reihenfolge. Auf einem »Panther«-Fahrgestell entstand noch ein Projekt einer Artillerie-Selbstfahrlafette mit dem Namen »Heuschrecke 12/13«.
Am 10. November 1942 erging ein Auftrag für ein Holzmodell einer 12,8-cm-Kanone auf »Panther«-Fahrgestell unter der Bezeichnung »Grille 12« und einer 12,8-cm-Selbstfahrlafette unter der Bezeichnung »Skorpion 12« an die Firma Krupp. Grundlage war bei beiden Projekten die 12,8-cm-Fliegerabwehr-Kanone 40 (Länge mit Mündungsbremse L/65). Die Selbstfahrlafette besaß ein Gesamtgewicht von 42 Tonnen. Das Geschütz sollte absetzbar sein und eine Kreuzlafette verwenden. Damit konnte bei dem 10 Tonnen schweren Geschütz ein 360°-Seitenrichtbereich möglich sein. Gegenüber dem Geschütz der »Grille« mit 1,17 m Feuerhöhe hatte der »Skorpion« im abgesetzten Zustand eine besonders niedrige Feuerhöhe von 0,8 bis 1 m. Die geteilte Munition entsprach der 12,8-cm-Panzer-Selbstfahrlafette 40. Die Mündungsbremse begrenzte den Rücklauf des Rohres auf 0,8 m. Als Munitionsvorrat hatte man 33 Schuss vorgesehen, davon neun Schuss als Bereitschaftsmunition. Es bestand auch die Möglichkeit, direkt vom Fahrzeug aus zu schießen. Dabei betrug die Feuerhöhe 2,2 m (im Vergleich die »Grille« 2,62 m). Die Seiten- und Höhenrichtgeschwindigkeit betrug je 3° bis 4° je Sekunde, bei einem möglichen Höhenrichtfeld von - 8° bis + 45° und einem Seitenrichtfeld von 360°. Die Dicke des Schutzschildes betrug bei den Selbstfahrlafetten 14,5 mm, ansonsten 2 x 4,5 mm. Es erfolgte noch die Lieferung eines Pantherfahrgestells an Krupp.
Ende 1942 entstand eine überarbeitete 12,8-cm-Kanone 43. Dieses Geschütz hatte ein verlängertes Rohr von L/51 mit einem Gewicht von 2,43 t erhalten. Die Anfangsgeschwindigkeit des Geschosses hatte sich dadurch auf 850 m/s erhöht. Es erhöhte sich aber auch das Gewicht des Geschützes auf 8,1 t in Fahr- und auf 7,1 t in Feuerstellung. Wie vom Heereswaffenamt gefordert, betrug die maximale Schussweite 22 km, die Feuerhöhe 1,33 m.
Als eine spezielle Abart dieses Geschützes entstand die 12,8-cm-Panzerabwehrkanone 43, die mit einer Rohrlänge von L/53 eine 14 kg schwere Treibspiegel-Granate verschießen sollte. Diese Granate sollte die hohe Anfangsgeschwindigkeit von 1175 m/s erreichen. Das Rohr wog durch die etwas größere Länge 2,8 t und der maximale Höhenrichtbereich des Geschützes verringerte sich von ehemals + 45° auf + 30°. Nach dem Bau eines Holzmodells gab man das Projekt wieder auf.

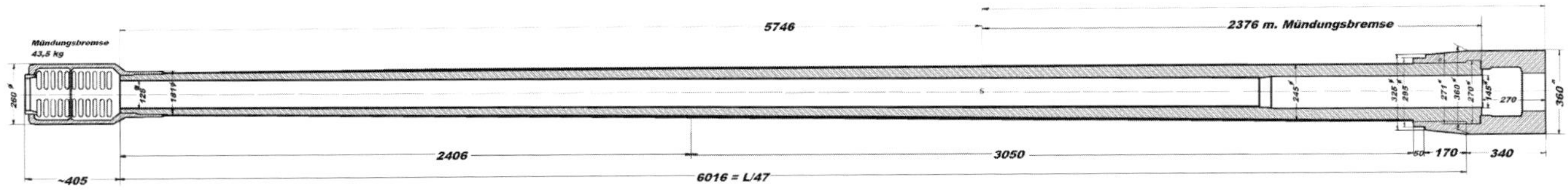

Rohr mit Verschluß und Mündungsbremse	1680 kg nackt
Rohrhalter	11 kg
Rohrklaue	18 kg
Klaue am Bodenstück	5 kg
Lagerbock	6 kg
Schutzbleche	10 kg
Rohr vollständig	1730 kg

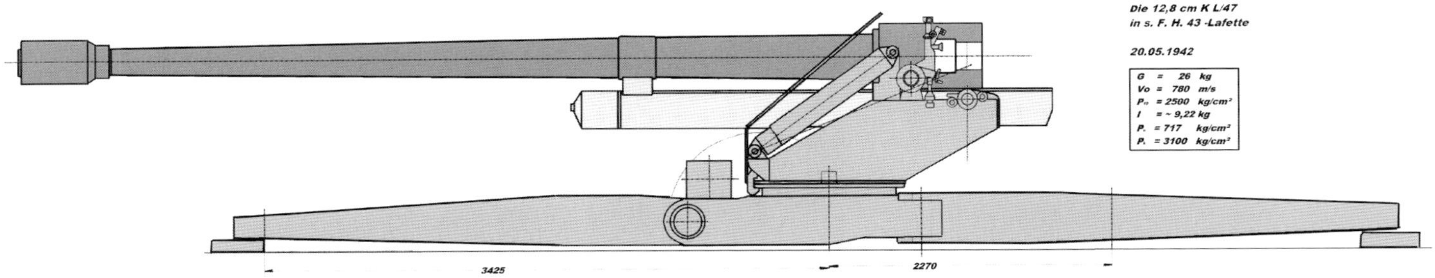

Die 12,8 cm K L/47 in s. F. H. 43 -Lafette

20.05.1942

G	= 26	kg
Vo	= 780	m/s
P_{m}	= 2500	kg/cm²
I	= ~ 9,22	kg
P.	= 717	kg/cm²
P.	= 3100	kg/cm²

Das Jahr 1943

Im Jahr 1942 hatten erste Überlegungen und Entwurfsanfertigungen eine 12,8-cm-Kanone für das Heer ergeben. Anfang Januar 1943 erging die Weisung an die Firmen Friedrich Krupp, Essen, Rheinmetall-Borsig, Düsseldorf sowie an A. G., vormalige Skoda-Werke in Pilsen, zur Entwicklung und Fertigung einer neuen 12,8-cm-Kanone 43. Dabei sollte eine Vereinheitlichung der 12,8-cm-Kanone 43, der 12,8-cm-Panzerabwehrkanone 43, der 12,8-cm-Sturmkanone (gemeint war ein Sturmgeschütz auf Tigerfahrgestell) und der 12,8-cm-Kampfwagenkanone bei Rohr und Munition erfolgen. Als Basis legte das Heereswaffenamt ein von Krupp entworfenes 12,8-cm-Rohr mit einer Länge von L/ 55 und rund 3,5 t Gewicht zugrunde. Dieses Rohr erlaubte bei gleicher Inneneinrichtung, gleichem horizontalen Flachkeilverschluss und bei gleicher Spannschraube die Verwendung gleicher Rohteile für Rohr und Bodenstück für alle geplanten vier Geschütze. Die Firmen Rheinmetall und Skoda hatten ihre Lafetten-Konstruktionen auf das neue Rohr abzustimmen. Die Firmen sollten auf Grund des hohen Rohrgewichtes versuchen, die Lafette sehr leicht zu konstruieren.

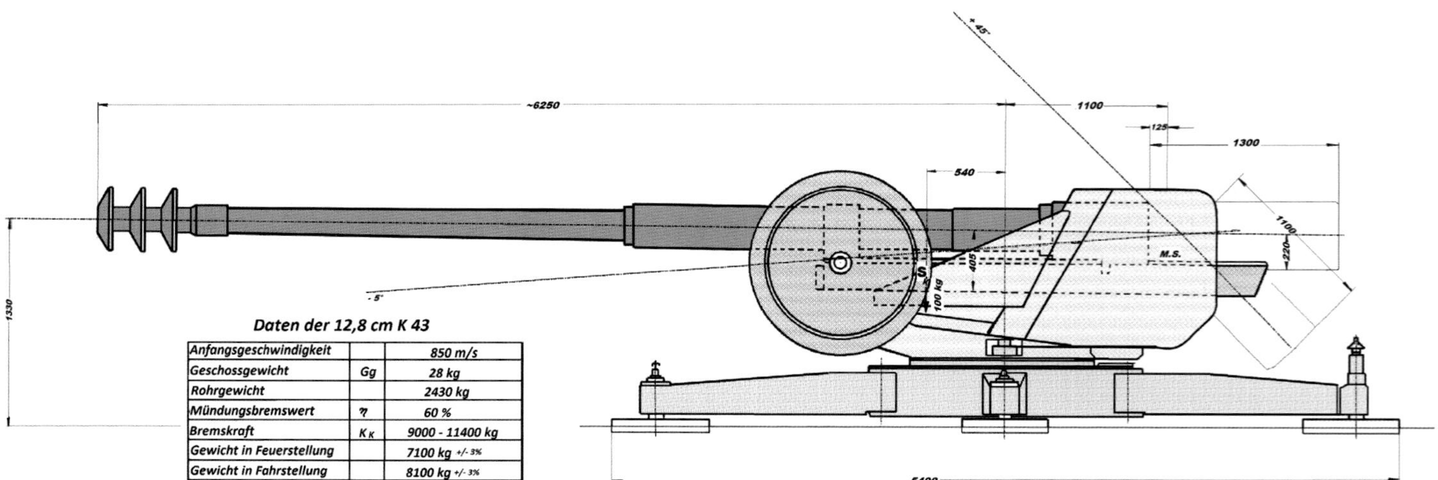

Daten der 12,8 cm K 43

Anfangsgeschwindigkeit		850 m/s
Geschossgewicht	Gg	28 kg
Rohrgewicht		2430 kg
Mündungsbremswert	η	60 %
Bremskraft	Kk	9000 - 11400 kg
Gewicht in Feuerstellung		7100 kg +/- 3%
Gewicht in Fahrstellung		8100 kg +/- 3%
Schussweite		22000 m

12,8 cm K 43 von 06.01.1943

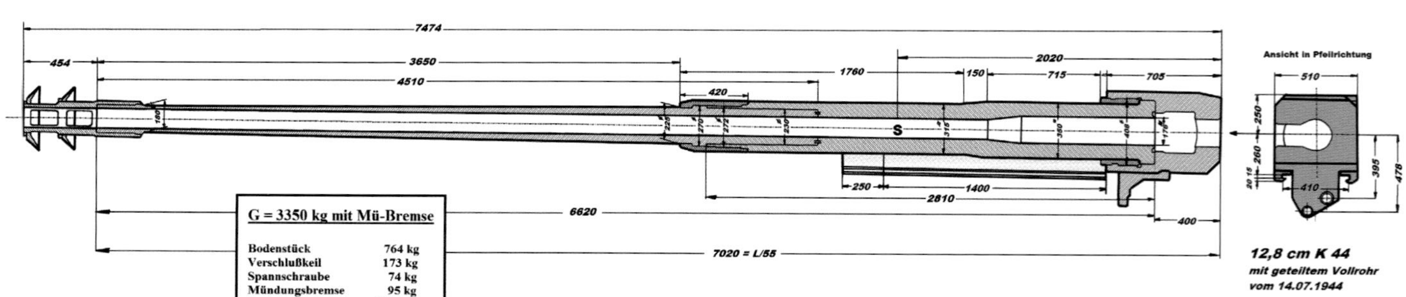

G = 3350 kg mit Mü-Bremse

Bodenstück	764 kg
Verschlußkeil	173 kg
Spannschraube	74 kg
Mündungsbremse	95 kg
Vollrohr-Bodenteil	1370 kg
Vollrohr-Mündungsteil	740 kg

12,8 cm K 44 mit geteiltem Vollrohr vom 14.07.1944

Die drei Firmen sollten vordringlich zwei Varianten untersuchen:

1. ein Geschütz mit Mündungsbremse
   - für eine 26,5-kg-Sprenggranate
     mit einer Anfangsgeschwindigkeit von 940 m/s mit großer Ladung,
     mit einer Anfangsgeschwindigkeit von 760 m/s mit mittlerer Ladung und
     mit einer Anfangsgeschwindigkeit von 580 m/s mit kleiner Ladung;
   - für eine 28-kg-Panzergranate
     mit einer Anfangsgeschwindigkeit von 920 m/s sowie einer Durchschlagsleistung von 193 bis 200 mm Panzerstahl auf 1000 m und einer maximalen Schussweite von 24 km.
2. ein Geschütz ohne Mündungsbremse
   - für die 26,5-kg-Sprenggranate,
   - für eine Treibspiegel-Panzergranate von 12 bis 14 kg Gewicht mit einer Anfangsgeschwindigkeit von 1175 bis 1260 m/s. Die Treibspiegelgranate musste mindestens eine Durchschlagsleistung von 205–210 mm auf 1000 m erreichen. Bei schärferem Pulver und einer Anfangsgeschwindigkeit von zusätzlichen 40 m/s (1300 m/s) rechnete man mit 225 mm Durchschlag auf 1000 m und einer maximalen Schussentfernung von 22 km.

Die Forderung nach einheitlicher Munition für diese vier Geschütze bedingte aus Rücksicht auf die Sturm- und die Kampfwagenkanone die Verwendung von Patronenmunition. Da man aber für die Heeres-Kanonen ein Auswechseln oder ein Teilen der Treibladung für erforderlich sah, setzte dies eine Verwendung von Aufsteckmunition oder Hülsen mit herausnehmbarem Boden voraus.

Als Hülsenform legte man die Hülse der 15-cm-Flugabwehrkanone mit 176 cm Durchmesser am unteren Hülsenende zugrunde. Der Hülsenboden besaß einen Durchmesser von 192 mm. Da man jedoch für den Panzerturm und die Selbstfahrlafetten als noch zulässige Rohrlänge die L/55 errechnet hatte, ergab sich daraus eine Patronenlänge von 1,55 m. Vorsorglich sollten die Firmen auch ein Rohr mit langem, schlankem Ladungsraum und etwa 2,8 t Gewicht untersuchen. Bei einem Hülsenboden-Durchmesser von 154 mm ergab sich bei dieser Variante eine Patronenlänge von ca. 2,0 m, was nicht akzeptabel war (s. auch Kapitel über die 12,8-cm-Munition).

Für den allgemeinen Geschützaufbau bevorzugte das Heereswaffenamt eine zweiachsige Lafetten-Konstruktion. Dabei konnten die Fahrgestelle fest an der Lafette verbleiben. Allerdings mussten beschädigte Laufwerksteile schnell austauschbar sein.[10]

[10] RH8/2852.

Am 12. Januar 1943 fiel auch die Entscheidung zu der zu verwendenden Kanone für den Panzerkampfwagen »Maus«. Statt der 15-cm-Kanone mit der Länge von L/38 kam die genannte 12,8-cm-Kanone L/55 zum Einsatz. Die 15-cm-Kanone blieb allerdings weiterhin eine Option, die man sich offenhalten wollte. Als Ziel sollte die Durchschlagsleistung von 250 mm auf 1000 m mit einer 14 kg schweren, als Sondergeschoss bezeichneten Treibspiegel-Granate erreichbar sein. Die 12,8-cm-Kampfwagenkanone durfte keine Mündungsbremse haben, da bis auf weiteres Treibspiegelgeschosse nur aus Rohren ohne Mündungsbremsen verschossen werden konnten. Zudem trat bei Geschützen ohne Mündungsbremse kein seitlicher Feuerstrahl aus, der dem Richtschützen sonst nach dem Schuss die Sicht nehmen konnte.

Im Februar 1943 bestellte das Heereswaffenamt bei der Firma Krupp drei vollständige Geräte (12,8-cm-Kampfwagenkanone mit der koaxialen 7,5-cm-Kampfwagenkanone) für den »Maus«-Turm, zwei 15-cm-Kampfwagenkanonen-Rohre L/38 sowie zwei vollständige 12,8-cm-Kanonen-Rohre L/55 für die Sturmkanone auf dem »Tiger«-Fahrgestell.

Am 5. Februar 1943 teilte das Heereswaffenamt im Anschluss an eine Besprechung mit der Firma Krupp die Entwicklungsforderungen für die 12,8-cm Sturmkanone mit:

- Auf Grund einer Besprechung vom 26. Januar 1943 mit dem Reichsminister für Bewaffnung und Munition Speer sollte die Entwicklung eines Sturmgeschützes auf »Tiger« H 3 mit vorverlegtem Motor eingeleitet werden. Den Auftrag zur Entwicklung des Gesamtaufbaues erging an die Firma Henschel & Sohn, Kassel.
- Als Rahmenbedingungen forderte das Heereswaffenamt, dass das Rohr, der Verschluss, der Bremszylinder und der Vorhohler vollständig unverändert von der 12,8-cm-Kampfwagenkanone L/55 des Panzerkampfwagens »Maus« übernommen werden mussten. Ganz besonderer Wert wurde erneut auf die Verwendung eines Rohres ohne Mündungsbremse gelegt, da man eine maximale Durchschlagsleistung nur mit einem Treibspiegelgeschoss zu erreichen gedachte.
- Von dem Panzerkampfwagen »Maus« sollte die 12,8-cm-Sturmkanone des Panzerjägers auch die Rohrausblasvorrichtung übernehmen.
- Für die Lafette mit der Richtmaschine wünschte das Heereswaffenamt eine einfache und raumsparende Bauart. Ein Höhenrichtfeld von - 8° bis + 15° sowie ein Seitenrichtfeld von jeweils 15° beinhaltete eine weitere Forderung. Die elektrische Abfeuerung sollte am Höhenrichtrad erfolgen. Bewährte Teile von schon eingeführten Geschützen mussten übernommen werden.

- Die »Zieleinrichtung 37« für direktes und indirektes Richten wurde zusammen mit dem »Selbstfahrlafetten-Zielfernrohr 5« und dem »Rundblick-Fernrohr 36« verwendet. Die Festlegung der Teilungen in der Optik sollte aber erst erfolgen, nachdem eine Übersicht der zu verwendenden Geschosse vorlag.
- Es durften, außer bei der Elektrik, keine Mangelmaterialien zur Anwendung kommen.
- Das Heereswaffenamt bestimmte für dieses Geschütz die Gerätenummer »5-1209«.
- Die Zeichnungsnummern sollten nach einem neuen System erfolgen, die Gruppennummern analog der 8,8-cm-Sturmkanone 43.
- Wa Prüf 4 vom Heereswaffenamt hatte einen Antrag auf Dringlichkeitsstufe DE für die Entwicklung und Fertigung der Versuchsgeräte zu stellen.
- Das Heereswaffenamt legte den Termin für einen ersten Entwurf auf den 10. März 1943. Auf Grund dessen sollten dann weitere Einzelheiten besprochen werden.[11]

Am 21. Februar 1943 fasste die Firma Krupp die Ziele noch einmal zusammen. Gefordert wurde ein schweres Sturmgeschütz mit einer 12,8-cm-Kanone zur Unterstützung der Infanterie und zur Bekämpfung von ungepanzerten sowie gepanzerten Zielen bis auf eine Kampfentfernung von 3000 Metern. Dabei war für das Heereswaffenamt eine starke Waffe und ein guter Panzerschutz wichtiger als die Geschwindigkeit. Vorhandene Baugruppen von »Panther« oder »Tiger« sollten zur Anwendung kommen. Von dem Panzerjäger erwartete man eine gute Geländegängigkeit, auch im Sumpf und im Schnee. Das Amt forderte darüber hinaus Panzerstärken frontal von 200 mm, seitlich von 100 mm sowie bei Wannenboden und Decke von 50 mm. Dabei sollte das maximale zulässige Gewicht 70 t betragen. Die Firma Henschel bekam die entsprechende Konstruktionsaufgabe gestellt. Man legte den Abgabetermin für die Konstruktions-Zeichnungen auf Ende Juni 1943 fest.

Am 15. März 1943 fand erneut eine Besprechung zwischen Wa Prüf 4, Wa Prüf 1 und der Firma Krupp-AK zum Zwecke der Einheitlichkeit der 12,8-cm-Kanone 43, der 12,8-cm-Sturmkanone, der 12,8-cm-Kampfwagenkanone und einer 12,8-cm-Kanone in Selbstfahrlafette statt. Krupp machte Angaben über die verschiedenen 12,8-cm-Kanonen-Lafetten. So stand für das Geschütz mit Mündungsbremse die 2-achsige Einheitslafette oder die schwere Feldhaubitzen-Lafette mit einem Fahrgewicht von 9,1 t zur Verfügung. Die Stabilität der Lafette erlaubte bei einem Geschossgewicht von 26,5 kg eine Anfangsgeschwindigkeit von 940 m/s. Die Schussweite betrug 24 km und ermöglichte einen Durch-

[11] RH 8/2957.

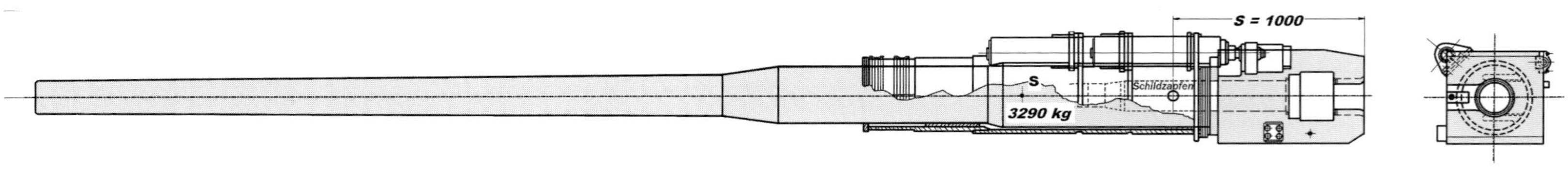

12,8 cm Pjk 80 für "Jagdtiger"

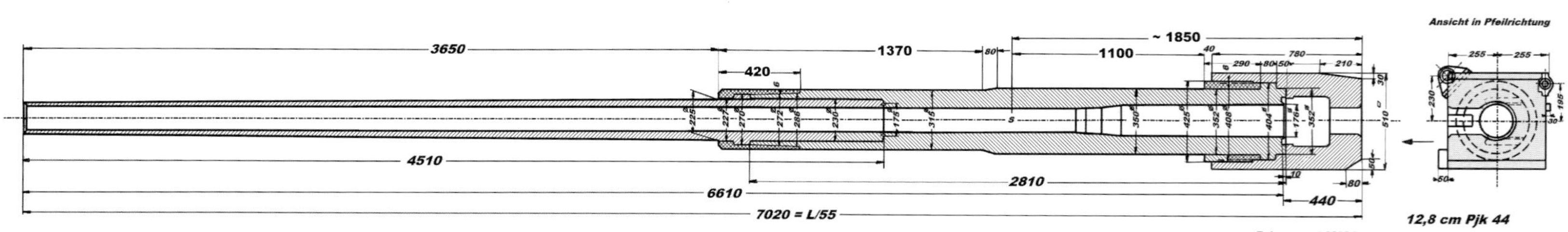

Rohr gesamt 3330 kg

G = 28 kg
Vo = 940 m/s
L = 14,9 kg
Pg = 3000 kg/cm²
Pa = 3600 kg/cm²
Pk = 3700 kg/cm²
Pe = 1040 kg/cm²
Ao = 1260 mt
Ao/R = 382

12,8 cm Pjk 44 mit zweiteiligen Rohr vom 03.07.1944

schlag von 193 bis 200 mm auf 1000 m.
Krupp bot als Alternative zur genannten Lafette noch eine einachsige Lafette mit einem Fahrgewicht von 8,4 t sowie eine zweiachsige Sonderlafette mit einem Fahrgewicht von 8,8 t an. Bei einem Geschütz ohne Mündungsbremse erlaubte die zweiachsige Einheitslafette bei Verwendung einer 12,8/10,5-cm-Treibspiegel-Sprenggranate mit einem Geschossgewicht von 18 bzw. 14,8 kg eine Anfangsgeschwindigkeit von 890 m/s und eine Reichweite von 22 km. Für die 26,5 kg schwere Sprenggranate konnte man bei der Anfangsgeschwindigkeit von 730 m/s eine Reichweite von 16,5 km sicherstellen.
Dabei ging die Firma Krupp von einem Hülsenbodendurchmesser von 176 mm, einer Patronenlänge von 1,55 m und einem Rohrgewicht von 3,5 t aus. Neben dem schon geschilderten Vergleich zwischen den verschiedenen Hülsenboden-Durchmessern sollten noch folgende Fälle überprüft werden:

1. Die Patronenmunition für die Kanone und die Kampfwagenkanone erhält nur zwei Ladungen.
2. Getrennte Munition für Sprenggranaten unter Berücksichtigung von drei Ladungen, und die Verwendung von Patronenmunition nur für die Panzergranate der 12,8-cm-Kanone. Für die Kampfwagenkanone sah man generell die Verwendung von Patronen-Munition vor.
3. Einheitshülsen für Patronierung bei der Kampfwagenkanone und Ansteckmunition bei der Kanone mit dem Ziel, nur einheitliche Munition zu besitzen.
4. Die Sturm-Kanone und Kampfwagenkanone Hülsen mit 176 mm Durchmesser und die Kanone Hülsen mit 154 mm Durchmesser erhalten.
5. Prüfen, ob ein einheitlicher Drallverlauf für Vollkaliber- und Treibspiegel-Granate möglich war.

Danach erfolgte noch die Erörterung des Für und Wider des 12,8-cm-Kalibers. Die Divisionsartillerie bevorzugte auf jeden Fall dieses Kaliber auf Grund der größeren Auftreffwucht am Ziel, während die Panzerabwehrartillerie aus folgenden Gründen zum Kaliber 10,5-cm tendierte:

- Größerer Panzerdurchschlag auf 2000 m.
- Leichteres Patronengewicht und damit größerer Munitionsvorrat.
- Geringeres Geschützgewicht.
- Geringerer Pulververbrauch.

Wa Prüf 1/Pak bestand auf eine Untersuchung der Querschnittsbelastung der Vollkaliber- und Treibspiegelgranaten mit unterschiedlichen Pulversorten. Wa Prüf 1/Divisions-Artillerie forderte die Entwicklung folgender Geschosse:

- Vollkaliber-Panzergranaten,
- Treibspiegel-Panzergranaten,
- Hohlladungs-Granaten,
- Spreng-Granaten,
- Beton-Granaten,
- Minen-Granaten,
- Brand-Granaten,
- Nebel-Granaten,
- Leuchtgeschoss.

Ob allerdings alle Geschosse zur Anwendung gelangen konnten, bedurfte noch einer Klärung. Weitere Bedingungen beinhalteten einen Betondurchschlag von mindestens 40 cm Wanddicke bei den Spreng- und Betongranaten, für die Sprenggranaten einen Aufschlag- und einen Doppelzünder. Zudem benötigte man noch eine Leuchtspur für 3000 m Brenndauer sowie eine Leuchtspur mit Brandsatz.
Inzwischen hatte die Firma Henschel am 12. April 1943 zwei Entwürfe des 12,8-cm-Panzerjägers auf Fahrgestell »Tiger« H Wa Prüf 6 vorgelegt:

A. Der erste Entwurf zeigte den »Tiger-Jäger« mit hinten liegendem Motor.

1. Die Wanne musste um 300 mm verlängert werden.
2. Panzerung: Die Front-Panzerung der Wanne hatte bei 40° Neigung eine Stärke von 150 mm, während der Aufbau vorn bei 60° Neigung 200 mm dick war. Die Seitenpanzerung musste man allerdings von 100 mm auf 80 mm reduzieren, da ein Gewicht von über 70 Tonnen für das Fahrgestell des »Tigers« H nicht tragbar war. Nur durch eine Neukonstruktion des Fahrwerkes waren größere Gewichte möglich, was aber die Einheitlichkeit mit dem »Tiger«-Fahrgestell aufhob.
3. Die Breite des Kampfraumes verkleinerte sich um 40 mm, da man auf Grund der Beschränkung durch das Bahnprofil eine Verbreiterung als nicht zulässig ansah.
4. Eine Zurücknahme der Geschützlagerung und des Aufbaus um 200 mm konnte durch den geplanten Einsatz von getrennter Munition realisiert werden, was auch günstig für die Schwerpunktlage des gesamten Fahrzeuges war.
5. Die Beschränkung durch das Bahnprofil wirkte sich auch auf den Höhen- und Seitenrichtbereich äußerst nachteilig aus. Man verständigte sich beim Seitenrichtbereich auf ein Minimum von 10° beidseitig, da sich die Schwenkmöglichkeit mit dem gesamten Fahrzeug durch das eingeplante Überlagerungslenkgetriebe wesentlich erleichterte.
   Der geplante negative Höhenrichtbereich des Geschützes von 8° wollte man möglichst einhalten. Durch ein Tiefersetzen des Fahrersitzes um 100 mm sowie der Dachplatte über dem Fahrer und einer Zurücknahme der Rohrlagerung samt Geschützpanzerung wurde ein Senken der Kanone um -8° möglich.
6. Die Dachplatte über dem Fahrer und Funker sollte abschraubbar gestaltet sein, um eine gute Zugänglichkeit zum Getriebe zu gewährleisten.

7. Zu klären war noch die Frage der Außenzurrung des Geschützrohres.
8. Den endgültigen Entwurf der 12,8-cm-Kanone sollte die Firma Krupp schnellstens an Oberingenieur Anders von der Firma Henschel schicken.

B. Der zweite Entwurf des »Tiger-Jägers« besaß einen nach vorn verlegten Motor.

Gegenüber der ersten Variante erreichte man, außer der problemlosen äußeren Rohrzurrung, keine Vorteile. Im Gegenteil, das Bahnprofil konnte nicht eingehalten werden, da es keine Möglichkeit gab, den Motor in der Höhe zu verkleinern. Die Folge war, dass sich das Geschütz nicht tief genug senken ließ.

1. Weiterhin musste die Wanne und der Wanneneinbau komplett umkonstruiert werden, was auf Grund der gesetzten Termine völlig ausgeschlossen war.
2. Der Motor ließ sich nur durch Ausbau des gesamten Geschützes und des Aufbaus demontieren.
3. Die Kühlanlage musste ebenfalls neu konstruieren werden.
4. Um Platz für die Kühlanlage zu bekommen, musste der Motor in die Mitte der Wanne gesetzt werden. Dies machte wegen der entstandenen Schwierigkeiten der Kraftübertragung eine Neukonstruktion eines Zwischengetriebes nötig.
5. Auch die Fragen der Be- und Entlüftung sowie der Auspuffführung sah man in diesem Entwurf nicht geklärt.

Zusammenfassend stellten die Teilnehmer fest, dass die Variante A eine weitgehende Vereinheitlichung mit dem Panzerkampfwagen »Tiger« ermöglichte und terminmäßig am günstigsten lag. Den Nachteil des 3-Meter-Rohrüberstandes musste man in Kauf nehmen. Bei der Variante B sahen die Teilnehmer den Vorteil eines geringen 1,3-m-Rohrüberstandes und den Nachteil einer völligen Neukonstruktion des Fahrgestells unter Verzicht der Vereinheitlichung des Laufwerkes und die Nichteinhaltung des Bahnprofils.

Es tauchte auch die Frage auf, ob die Fahrgestelle für den Panzerjäger »Tiger« in dem bisher erteilten Auftrag über die 1036 Fahrzeuge des »Tiger« B enthalten wären. Dies hatte Wa Prüf 6 zu klären.[12]

Die Entscheidung, ob die »Maus« und der »Tigerjäger« getrennte Munition oder Patronenmunition verwenden sollten, konnte man immer noch nicht restlos klären. Wie schon im Text zuvor geschildert, benötigte die Heeressartillerie für die unterschiedlichen Kampfaufgaben verschiedene Ladungsgrößen. Im Fall der 12,8-cm-Kanone war eine kleine Ladung (auch Wurfladung genannt), eine mittlere Ladung und eine große Ladung erforderlich. Um diese verschiedenen Ladungsgrößen zu verwirklichen, benutzte die Artillerie getrennte Munition. Für die Panzerabwehr-Kanone war die einteilige Patronenmunition für eine hohe Feuergeschwindigkeit wichtig. Dies traf zwar auch für die Kampfwagenkanone zu, die allerdings im Panzerturm mit der langen Patrone ein Platzproblem hatte.

[12] RH 8 I/2957.

Am 10. April 1943 teilte Dr. Krüger von der Firma Krupp der Wa Prüf 4 mit, dass Wa Prüf 6 nach wie vor nicht mit der Entscheidung einverstanden war, getrennte Munition für die 12,8-cm-Rohre einzuführen. Es bat um weitere Besprechungen und Untersuchungen zu diesem Problem.

Am 14. April 1943 fand beim Heereswaffenamt in Berlin eine Besprechung zu diesem Thema statt. Daran nahmen die Firmen Krupp und Rheinmetall-Borsig sowie Wa Prüf 1, Wa Prüf 4 und Wa Prüf 6 teil. Dabei wies Wa Prüf 1 auf die unterschiedlichen Forderungen hin:

- Die »Führerforderung« vom Dezember 1942 verlangte 220 mm Durchschlag auf 1000 m,
- Wa Prüf 6 verlangte im September 1942 240/250 mm Durchschlag auf 1000 m,
- Hitler forderte am 4. Januar 1943 für die bevorzugte 12,8-cm-Kampfwagenkanone der »Maus« eine Durchschlagsleistung von 200 mm mit der Panzergranate und 250 mm mit Sondergeschoss, was die Firma Krupp ihm auch zusagte.

Diese Bedingungen Hitlers und die Forderung des Heereswaffenamtes nach einer Vereinheitlichung mit den anderen 12,8-cm-Geschützen brachten erhebliche Schwierigkeiten, die sehr einschneidende Kompromisse nach sich zogen.

Man stellte fest, dass die Durchschlagsleistung einer Treibspiegelgranate mit der 12,8-cm-Kanone L/55 bei einer Anfangsgeschwindigkeit von 1175 m/s bei 220 mm und bei der 12,8-cm-Flak L/61 (mit dem Rohr neuer Ausführung) bei der Anfangsgeschwindigkeit von 1250 m/s bei 240/250 mm lag. Wa Prüf 1 betonte, dass eine Durchschlagsleistung von 220 mm für einen der schwersten Kampfwagen des Jahres 44/45 eigentlich **als zu gering** anzusehen war. Deshalb erfolgte die Anfrage, ob der Panzerkampfwagen »Maus« nicht eine längere Kanone von L/61 (entsprechend der 12,8-cm-Flugabwehrkanone 40) aufnehmen könnte, da letzteres Geschütz den höheren Forderungen genüge.[13]

Die Firma Krupp und Wa Prüf 6 sahen aber dadurch die knappen Termine in Gefahr. Auf keinen Fall könnte an den ersten 50–100 Panzerkampfwagen »Maus« etwas geändert werden. Bei dem schweren Panzerjäger wäre aber eher noch eine Umstellung denkbar. Jede Änderung am Geschütz ziehe erhebliche Änderungen nach sich. Wa Prüf 6 äußerte zum Problem der getrennten Munition, dass man eine Verringerung der Ladegeschwindigkeit noch hinnehmen könnte, aber eine Umstellung auf getrennte Munition wurde wegen der Terminbindung beim Projekt »Maus« bis zum ersten Anlauf

[13] RH 8 I/2957.

im April 1944 als unmöglich angesehen. Ansonsten hätten ab April die schon ausgelieferten Panzerkampfwagen wieder umgebaut werden müssen oder der Nachschub hätte zweierlei Munition an die Front zu liefern gehabt.
Für die normalen Kanonen kam Patronenmunition keinesfalls in Betracht, da dort, wie schon beschrieben, mit verschiedenen Ladungsgrößen gearbeitet wurde. Für den Panzerjäger war die geteilte Munition sogar erwünscht. Als Vorteil der getrennten Munition erwartete man eine längere Lebensdauer der Geschützrohre. Um das Laden mit getrennter Munition zu beschleunigen, sollte eine von der Firma Skoda entwickelte Vorrichtung im Mai 1944 zusammen mit einer Ladeschwinge getestet werden. Die Firma Krupp hatte jedoch erhebliche Bedenken, ob diese Vorrichtung auf den Kampfwagen übertragen werden konnte.
Weiterhin wurde noch die mögliche Verwendung eines leichteren Rohres von 3,05 t Gewicht der Firma Rheinmetall besprochen. Dabei stellten die Teilnehmer der Besprechung fest, dass ein Einbau der leichteren Kanone in den Panzerkampfwagen erhebliche Schwierigkeiten mit sich brächte, obwohl eine Gewichtseinsparung äußerst erwünscht war. Zudem besaß die Rheinmetall-Kanone eine sogenannte Trogwiege, die Kampfwagen- und die Panzerjägerkanone von Krupp jedoch eine sogenannte Jackenwiege, so dass dadurch keine äußerliche Einheitlichkeit der Rohre mehr bestünde. Durch den Übergang zum leichteren Rohr änderte sich ebenfalls der Wiegensitz-Durchmesser. Bei einer möglichen Einlagerung einer 15-cm-Kampfwagenkanone in den »Maus«-Turm musste man die Blende und die Wiegenleitbuchsen mit auswechseln. Eine Einheitlichkeit der Rohteile war dadurch nicht mehr gegeben. Da sich die Panzerkampfwagen »Maus« schon in der Fertigung befanden, hätte die Firma Krupp die ersten Fahrzeuge zu einem späteren Zeitpunkt wieder umrüsten müssen.
Im Zusammenhang mit der Vereinheitlichung und der Führerforderung nach einer Durchschlagsleistung von 250 mm kamen Bedenken auf, denn einen 250-mm-Durchschlag mit der 12,8-cm-Kanone L/55 konnte nur mit einer Hartkern-Treibspiegelgranate erreicht werden. Diese Granaten erforderten aber einen höheren Drall als normale Treibspiegel-Panzergranaten, so dass die Kanonen einerseits sowie die Kampfwagen- und die Panzerjägerkanone andererseits verschiedene Inneneinrichtungen haben müssten. Damit ginge beim Geschützrohr die Einheitlichkeit verloren.
Diese Gemeinsamkeiten bestanden:

- im gleichen Ladungsraum,
- in der gleichen Munition (ausgenommen die Patronenmunition der Kampfwagenkanone),
- in den gleichen Rohbauteilen und eventuell den Bodenstücken.

Als Normalmunition sollte die 12,8-cm-Kanone Spreng- und Panzergranaten erhalten. Wenn es jedoch gelänge, mündungsbremssichere Treibspiegel-Granaten herzustellen, könnte auch die 12,8-cm-Kanone die Treibspiegel-Panzergranate verwenden. Für die Kampfwagen- und die Panzerjägerkanone legte Wa Prüf 6 fest, dass Sprenggranate, Treibspiegel-Panzergranate sowie Hartkern-Treibspiegelgranate zum Einsatz gelangen sollten.
Zum Thema Patronenhülse erfolgte der Hinweis auf die Schwierigkeiten der Fertigung solch großer Hülsen. Die Produktionskapazität konnte nur auf Kosten der Hülsenherstellung für die 12,8-cm-Flugabwehrkanone 40 erfolgen. Da geplant worden war, bis April 1943 nur rund 20 Panzerkampfwagen »Maus« auszuliefern, lag ein Bedarf für rund 10.000 Patronenhülsen vor. Bezüglich einer 900 mm langen Wickelhülse der getrennten Munition bestanden dagegen keinerlei Probleme bei der Herstellung. Wegen der unterschiedlichen Ansichten legten die anderen Teilnehmer der Besprechung Wa Prüf 6 nahe, auf gleichartige Forderungen einzugehen.[14]
Am nächsten Tag konnte man zu der Frage, ob die 12,8-cm-Flugabwehrkanone 40 mit einer Durchschlagsleistung von 250 mm mit einer Anfangsgeschwindigkeit von 1250 m/s und Treibspiegel-Granate nicht doch die bessere Kanone wäre, vermerken, dass die Flugabwehrkanone infolge der zu langen Hülse für das Projekt »Maus« ausschied. Die Hülse der 12,8-cm-Kanone L/55 besaß bei einem Durchmesser von 176 mm eine Länge von 1017 mm, bei der Verwendung von getrennter Munition betrug die Länge der Kartuschenhülse 800 bis 900 mm.
Kritik erfolgte an dem hohen Pulverbedarf der 12,8-cm-Kanone L/55 mit 15 kg Treibladung gegenüber der 12,8-cm-Flugabwehrkanone mit 11 kg Treibladung. Die Firmen Krupp und Rheinmetall sahen aber keine Möglichkeit, bei der kurzen Rohrlänge von L/55 mit weniger Pulver auszukommen, um die geforderte ballistische Leistung zu erreichen.
So erfolgte am 16. April 1943 der »Kriegsauftrag« zur Herstellung für drei vollständige Geschütze für den Panzerkampfwagen »Maus« mit dem Kaliber 12,8-cm und 7,5-cm, zwei Rohre mit Bodenstück und Verschluss für die 12,8-cm-Kanone sowie zwei Schießböcke. Dadurch erweiterte sich der Auftrag vom 13. Februar 1943 um weitere fünf vollständige Geschütze, sodass zehn vollständige Rohre, fünf Vollrohre und ein Rohr-Simulaker hergestellt werden mussten. Diese zehn Geschütze sollten aufgeteilt werden in:

- sechs vollständige Geschütze für die »Maus«-Türme der 0-Serie,
- zwei weitere vollständige Geschütze für Wa Prüf 1 und Wa Prüf 4 in Schießböcken für Schießversuche und die restlichen zwei Geschütze als Reserve.
- Wa Prüf 6 benötigte zusätzlich noch einen kompletten Versuchsturm.

[14] RH 8I/2957.

Schießbock mit beiden vollständigen »Maus«-Geschützen vom Kaliber 12,8-cm und 7,5-cm.

Anlässlich einer Besprechung am 5. Mai 1943 konkretisierten die Teilnehmer die Eckdaten des 12,8-cm-Panzerjägers:

- Das maximale Gewicht von etwa 75 Tonnen sollte nicht überschritten werden.
- Die Hauptbewaffnung stellte die 12,8-cm-Kanone L/55 dar, mit einem Seitenrichtbereich von je 18° sowie einem Höhenrichtbereich von - 8° bis + 15°.
- Als Fahrgestell diente der Panzerkampfwagen »Tiger« II mit dem Motor-Maybach-HL 230, einem Siebengang-Getriebe AK 7-200 ZF und dem Doppelradius-Lenkgetriebe L.

Vom »Tiger« II übernahm der geplante schwere Panzerjäger auch die Drehstabfederung mit den sogenannten gummisparenden Laufrollen. Panzerstärken und Winkel der Wanne entsprachen ebenfalls dem »Tiger« II. Die Panzerung des Aufbaus sollte vorn 100 mm und an der Seiten- und Heckpanzerung 80 mm betragen. Die Panzerstärke des Aufbaudaches lag bei 30 mm. Das Fahrzeug war in seinen Abmessungen 10 m lang, 3,59 m breit sowie 3,47 m hoch. Mit den 800 mm breiten Ketten erreichte der Bodendruck einen Wert von 1,01 kg/cm².

In Kassel erfolgte am 14. Mai 1943 die nächste Besprechung zwischen den Vertretern des Heereswaffenamtes und der beteiligten Firmen. Als Erstes wurde der Entwurf des Gesamtaufbaus gebilligt. Die Firma Henschel empfahl, von Kampfraum, Geschütz, Kugelblende, Kartuschen und Geschoss-Lagerungen bis zum 1. Juli 1943 ein naturgroßes

Der »Tiger« II (Sd.Kfz.182) – auch als »Tiger« B bezeichnet – im Tankmuseum Bovington.

Holzmodell fertigen zu lassen. Die Firma Krupp übernahm dafür das Modell für das Geschütz bis zur Wiegenpanzerung mit Panzerstahlguss-Blende. Bezüglich Entwurf, Modell und Fertigung sollte eine Arbeitsteilung zwischen den Firmen Krupp und Henschel erfolgen.

Der Vorschlag von Wa Prüf 6, die Geschützlagerung in einem Kreuzgelenk auszuführen, lehnten die Beteiligten aus Zeitgründen ab, da der Termin für Ende des Jahres 1943 stand. Auch dem Vorschlag von Henschel & Sohn, Aufbau und Wanne getrennt voneinander bauen zu lassen, konnte man nicht zustimmen, da Wa Prüf 6 Probleme einer wasser- und beschussfesten Verbindung erwartete.

Für die Schwierigkeiten beim Transport der 34 t schweren Wanne im Werk der Firma Henschel musste noch eine Lösung gefunden werden. Ebenfalls bestand noch Klärungsbedarf über die Verbindung der 200 mm starken Geschützplatte mit der Decke der Wanne. Auch sollte der Getriebeausschnitt zur Demontage möglichst weiter vorn liegen, um einen besseren Widerstand gegen waagerechte Beschusskräfte zu haben.

Der nächste Punkt sah vor, das Dach des Kampfraumes abnehmbar zu gestalten. In die Rückwand des Aufbaus wurde eine zweiteilige 70 x 60 cm große Tür zum Geschützaus- und -einbau sowie zum Aufsitzen der Besatzung geplant. Für den Kartuschenauswurf wurde an eine separate Öffnung mit 22 cm Durchmesser gedacht. Wegen des Platzmangels im Kampfraum bedurfte die Position des Kommandanten und dessen Luke noch einer besonderen Untersuchung.

Zur Nahverteidigung mit Maschinenpistolen sah Wa Prüf 6 Öffnungen mit kegligen Stopfen in der gleichen Art vor, wie sie schon im 8,8-cm-Sturmgeschütz auf »Tiger«-Ausführung Porsche verwendet worden waren. Die nächste Besprechung über die Konstruktions-Einzelheiten von Wanne und Aufbau wurde für Mitte Juni 1943 geplant.

Denn für Wa Prüf 6/II ergaben sich noch weitere Fragen und Forderungen:

- Sollte ein Einbau einer MG-Kugelblende erfolgen?
- War die Verwendung eines Scheren-Fernrohres für den Kommandanten geplant?
- Sollten Winkelspiegel in der neuen zweiteiligen und kippbaren Form verwendet werden, damit ein Beobachten bis 50 m vor dem Panzerjäger möglich war?
- Welche Art der Funkeinrichtung würde zur Anwendung kommen?
- Auf indirektes Schießen sollte verzichtet werden.
- Geplant war die Verwendung einer Nahverteidigungswaffe, welche an der Aufbau-Rückwand montiert werden sollte.
- Vorgesehen war ein Kompressor- und Vorratsbehälter für Druckluft als Ausblas-Vorrichtung, wobei die Unterbringung noch untersucht werden musste. Auf einen Aufbaulüfter zum Absaugen der Pulver-Gase wollte Wa Prüf 6 verzichten.

Aber es mussten noch weitere Probleme gelöst werden. Die Montage der Gasschutzanlage System »Dräger« im Kampfraum stand im Konflikt zur Anordnung der Kugelabstützung der Lafette. Die Firma Henschel hatte sich schnell mit der Firma Krupp darüber zu verständigen. Zudem sollte eine Geschützzurrung bei einem Winkel von 6° Erhöhung im Kampfraum erfolgen. Eine zusätzliche Zurrung außerhalb des Kampfraumes musste noch untersucht werden. Zum Schwenkbereich legte sich Wa Prüf 6 darauf fest, dass je 10° Seitenrichtung sowie ein Höhenrichtbereich von - 7,5° bis + 15° ausreichen mussten. Wa Prüf 6/II erhielt eine Lichtpause der Gesamt-Zeichnung im Maßstab 1:20, bei der die Hauptabmessungen und Panzerstärken eingezeichnet waren.

Die Firma Henschel gab in der Nachschrift an, dass das Wannengewicht von 34 t bei einer ungeteilten Ausführung, nach Rücksprache mit Direktor Pertuss, zu einem so großen Problem heranwuchs, dass die Fertigung bei der Firma Henschel in Frage gestellt werden musste. Zum Problem des sehr knappen Verladeprofils beim Bahntransport machte die Firma Henschel den Vorschlag, nach der Verladung die Räder abzunehmen und so das Fahrzeug auf dem Wannenboden abzusetzen. Da aber der erhebliche Zeitaufwand von mehreren Stunden inakzeptabel war, bestand die Möglichkeit, die Drehstäbe der Federung um einige Zähne versetzt einzubauen, um so auf einen großen Teil der Bodenfreiheit zu verzichten. Dabei konnte eine Abstufung um 15-20-25 cm erfolgen.

Am nächsten Tag legte die Firma Henschel der Firma Krupp einen überarbeiteten Entwurf über das Fahrgestell der 12,8-cm-Panzerjägerkanone L/55 vor. Um den Getriebeausbau zu erleichtern, legte die Firma Henschel den Pivotzapfen der Geschützlafette um 12 cm zurück. Die geplante Tieferlegung der Fahrzeugdecke über dem Fahrer um 10 cm konnte die Firma aus konstruktiven Gründen jedoch nur um 5 cm verwirklichen. Damit verkleinerte sich der tiefste Punkt des Höhenrichtbereiches von - 8° auf - 7,5°, was Wa Prüf 6 im Vorfeld akzeptiert hatte.

Man legte weiterhin fest, dass die Geschützlagerung und die Abdeckung des Optikschlitzes wasserdicht ausgeführt sein mussten und dass sich die Öffnung zum Geschützausbau in der Rückwand des Aufbaues zu befinden hatte. Wa Prüf 6 wurde beauftragt, der Firma Henschel eine Zeichnungen über eine »Zieleinrichtung 37« mit Zielfernrohr und über das »Selbstfahrlafetten-Zielfernrohr 5« zu überreichen. Auf indirektes Schießen verzichtete Wa Prüf 6 ausdrücklich, so dass die bisherige, verhältnismäßig komplizierte Abdeckung des Optikschlitzes entfiel.

Die innere 6°-Rohrzurrung sollte so geplant werden, dass sie abklappbar im Kampfraum in einer Nische lag. Entwurf und Einzelteilzeichnung des Wiegenpanzers übernahm, wie beabsichtigt, die Firma Krupp, die Einzelteilzeichnung von der an der Stirnwand befestigten Gusskappe hinter dem Wiegenpanzer übernahm die Firma Henschel.

Wa Prüf 4 hatte Zeichnungen von dem Kompressor und dem Druckbehälter der vorgesehenen Rauchausblasung an die Firma Henschel zu übergeben. Der Antrieb des Kompressors sollte entweder von der Kardanwelle des Fahrzeuges oder von einer Nebelwelle des Getriebes erfolgen.

Die Firma Krupp bekam den Termin, bis Anfang Juli 1943 ein Holzmodell des Geschützes zu fertigen und an die Firma Henschel zu senden. Das erste fertige Geschütz wurde etwa Ende November 1943 in Kassel benötigt, da die Firma Henschel am Holzmodell feststellen wollte, ob eine Standhöhe von 1,63 m ausreichen würde. Gegebenenfalls musste die unter der Plattform gelagerte Munition verlegt werden, um so eine Standhöhe von 1,84 m zu erreichen. Um bei Tauchfahrt ein Eindringen von Abgasen in den Kampfraum zu verhindern, sollte im Fahrzeug ein leichter Überdruck vorhanden sein. Dieser Überdruck wirkte sich auch vorteilhaft auf die Rauchentfernung aus. Als Termin für die Zeichnungsvorlage zwecks Durchsprache der Schweißverbindungen wurde der 15. Juni 1943 bestimmt. Das erste Fahrzeug sollte im Dezember 1943 fertig sein.

Die Firma Henschel war jedoch mit den vorgesehenen Terminen für den Anlauf von »Tiger« II (H2) und dem schweren Panzerjäger nicht einverstanden und forderte einen späteren Anlauf beider Geräte, um bei gleichzeitigem Auslauf der Fertigung des »Tiger« I (H1) die Umstellung auf den »Tiger« II (H2) durchführen zu können. Die Firma Krupp hatte sobald wie möglich eine Flusseisenwanne vom Typ »Tiger« II ohne Anbauteile an die Firma Henschel zu liefern.

Zur Klärung der Fragen »Patronen-Munition« oder »angesetzte Munition« für die 12,8-cm-Kampfwagenkanone und der schweren Panzerjäger-Kanone wurde auf dem Krupp-Schießplatz in Meppen der entscheidende Versuch vorbereitet. Dieser erfolgte am 28. Mai 1943 mit einer 12,8-cm-Flugabwehrkanone 40. Durch dieses Geschütz sollte mithilfe einer Turmattrappe die *»Ladezeiten sowie die Gesamtzeiten vom Beginn des Ladevorganges bis zum Abfeuern bei Verwendung von Patronen- und getrennter Munition festgestellt werden.«* [15]

[15] RH8 I/2957.

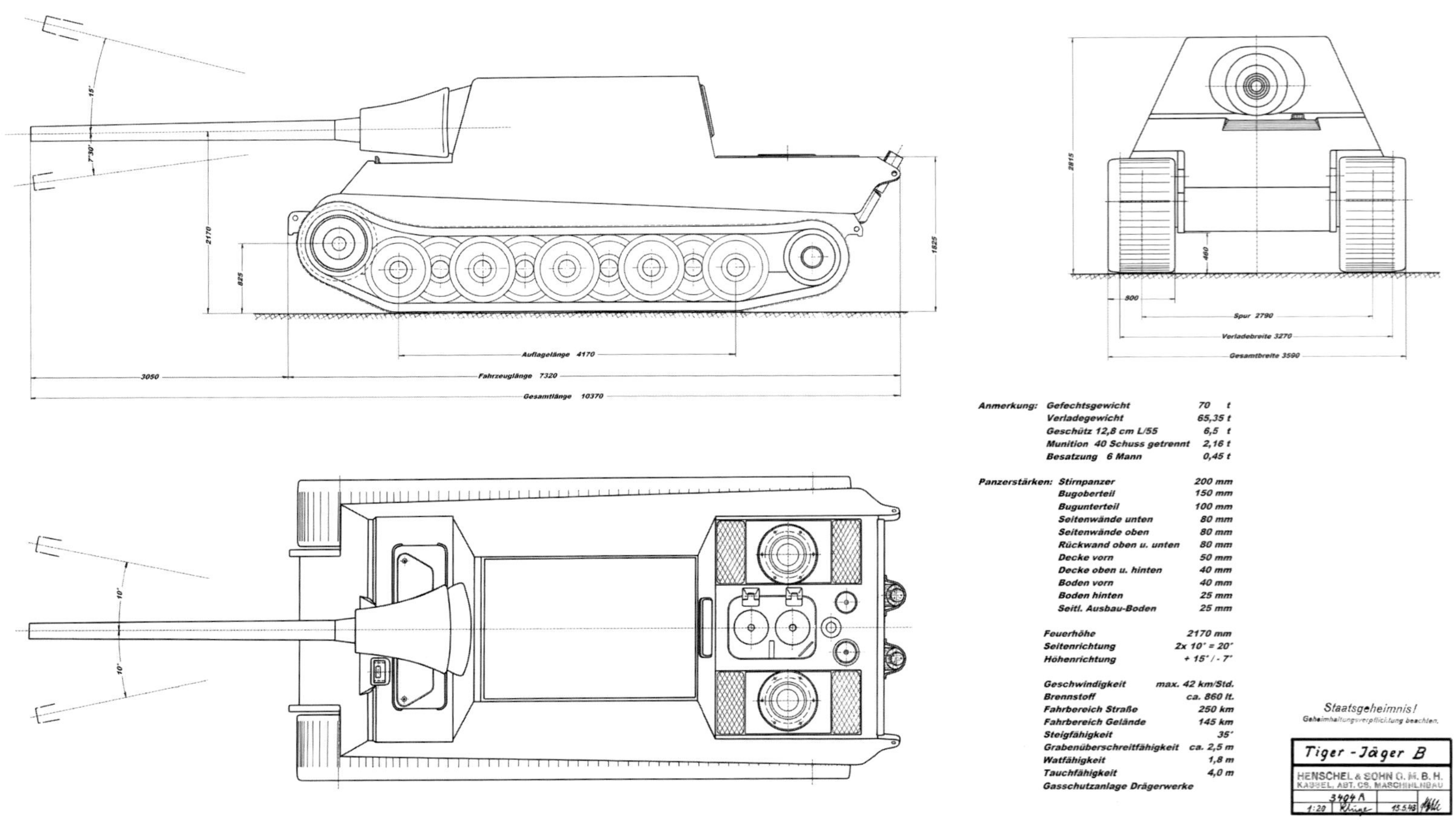

Entwurf des »Tiger«-Jäger B vom 15. Mai 1943.

Dazu wurde das Rohr der 12,8-cm-Flugabwehrkanone 40 in eine 21-cm-Mörserlafette eingelegt. Als Munition standen die 12,8-cm-Sprenggranat-Patronen L/4,5 der Flugabwehrkanone 40 und die 12,8-cm-Sprenggranaten L/4,5 mit Kartuschen der 12,8-cm-Kanone 40 zur Verfügung. Als Ersatz für den Turm der »Maus« baute man als Turmattrappe provisorisch eine Holzverschalung mit den identischen Innenabmessungen und der Munitionslagerung. Statt Ladeschale, Flaschenzug und Laufkatze verwendete Wa Prüf 4 nur eine provisorische Ladeschale und einen Bettungskran.

Im Ergebnis erkannten die Teilnehmer, dass eine eingespielte Bedienung von zwei Mann zum maschinellen Heranführen und Laden der Patrone etwa sechs bis sieben Sekunden benötigte. Sie stellten aber auch fest, dass eine maschinelle Ladeeinrichtung gegenüber dem Laden der Patronenmunition von Hand kaum einen Zeitgewinn brachte. Bei der getrennten Munition benötigte die Bedienung zum Laden von Hand mit Ansetzer (ein Werkzeug zum Einschieben der Granate) vier bis fünf Sekunden länger als beim maschinellen Laden der Patronenmunition. Diese Ladezeit konnte man al-

Die Ergebnisse des Versuchs im Detail:

Ladezeiten	**Gemessene Zeiten (in Sekunden) bei Versuch:**							
	1.	**2.**	**3.**	**4.**	**5.**	**6.**	**7.**	**Als Mittel**
Patrone bereits in Ladetasche, Heranführen der Patrone bis zum Schließen des Verschlusses.	17,0 Sek.	10,5 Sek.						
Patrone in die Ladeschale einlegen bis zum Schließen des Verschlusses.	14,0 Sek.	11,5 Sek.	9,0 Sek.	8,0 Sek.	7,0 Sek.	7,0 Sek.	6,5 Sek.	6–7 Sek.
Patrone von Hand herangebracht (ohne Schale und Kran)	9,0 Sek.	8,5 Sek.	7,0 Sek.	6,5 Sek.				
Getrennte Munition von Hand geladen (mit Ansetzen) 0° Rohrerhöhung	12,0 Sek.	11,0 Sek.	9,5 Sek.	11,0 Sek.	11,0 Sek.			11,0 Sek.
Getrennte Munition von Hand geladen mit Kartusche angesetzt, ~5° Rohrerhöhung	10,0 Sek.	10,0 Sek.	7,5 Sek.					

Gesamtzeiten für einen Schuss vom Laden bis zum Abfeuern	**Zeit für: (in Sekunden)**		**Gesamtzeit (in Sekunden):**		
	Laden	**Richten**	**Gestoppt**	**Errechnet**	
a) Patronenmunition maschinell herangeführt und von Hand geladen (4 Schuss)	7,5 Sek. 8 Sek. 7 Sek. 7 Sek.	6 Sek. 7,5 Sek. 7 Sek. 6,2 Sek.	14,5 Sek. 14,7 Sek. 14,2 Sek. 13,6 Sek.	13,5 Sek. 15,5 Sek. 14 Sek. 13,2 Sek.	
Im Mittel	7,4 Sek.	6,7 Sek.	14,2 Sek.	14,1 Sek.	**~ 4 S/min**
b) Getrennte Munition von Hand geladen (mit Ansetzer) (8 Schuss)	11 Sek. 14 Sek. 16 Sek. 13 Sek. 11 Sek. 11 Sek. 10 Sek. 15 Sek.	7 Sek. 8,2 Sek. 7 Sek. 8,2 Sek. 9 Sek. 5,5 Sek. 6,8 Sek. 6,3 Sek.	17 Sek. K. M. K. M. K. M. 21 Sek. 19,5 Sek. 17 Sek. 22,5 Sek.	18 Sek. 22,2 Sek. 23 Sek. 21,2 Sek. 20,0 Sek. 16,5 Sek. 16,8 Sek. 21,3 Sek.	
Im Mittel	12,6 Sek.	7,2 Sek.		19,8 Sek.	**~ 3 S/min**

lerdings beim Ansetzen mit Hilfe der Kartusche um ein bis zwei Sekunden verringern und kam so auf etwa neun Sekunden. Daher stand fest, dass ein Unterschied von drei oder vier Schuss pro Minute bei der praktischen Feuergeschwindigkeit nicht so gravierend war. Vor allem, wenn der Ladeschütze die Granate direkt mit der Kartusche ansetzte, verkleinerte sich der Unterschied weiter. Bei dieser Lademethode schob der Ladekanonier nicht mit dem Ansetzstück die Granate tief ins Rohr, sondern nur mithilfe der Kartusche. Der eingesparte Arbeitsschritt ermöglichte die genannte Zeitersparnis.
Was allerdings im Detail den Ausschlag für die Entscheidung für getrennte Munition gegeben hatte, wurde nicht übermittelt, aber die Patronenlänge und das hohe Patronengewicht von ca. 50 kg konnten die beiden Ladeschützen im engen Panzerturm auf die Dauer eines Feuerkampfes nicht durchhalten. Ladehilfen waren auf Grund der Raumnot nicht vorgesehen. Die 12,8-cm-Flugabwehrkanone 40 besaß keine Platzprobleme und verfügte deshalb über elektrische Ladevorrichtungen, um eine Feuergeschwindigkeit von 12 Schuss in der Minute zu erreichen.
Am 21. Mai 1943 erhielt die Firma Krupp den »Kriegsauftrag vom Oberkommando des Heeres« über die Lieferung von 100 Stück 12,8-cm-Panzerabwehrkanonen 43 (zuvor noch als »Panzerjägerkanone« bezeichnet) einschließlich Zubehör- und Vorratssachen. In diesem Fall meinte das Heereswaffenamt wirklich nur das Geschütz. Dies musste deshalb betont werden, da die »Datenblätter für Heeres-Waffen, -Fahrzeuge und -Gerät« aus dem Jahr 1944 die »12,8-cm-Panzerabwehrkanone 80« u. a. mit einem Gewicht in Fahrstellung von 74 t beschrieb, gemeint war aber damit der komplette schwere Panzerjäger »Jagdtiger«.
Am 29. Mai 1943 änderte sich die Bezeichnungen der Kampfwagenkanone 43 und der Panzerabwehrkanone 43 auf die Jahreszahl 44; es gab jetzt eine Kampfwagenkanone 44 und Panzerabwehrkanone 44.
Am 5. Juni 1943 empfahl die Abteilung des Heereswaffenamtes »Wa I-Rüstung und Munition« der Firma Krupp, die Umkonstruktion der 12,8-cm-Kampfwagenkanone auf getrennte Munition aus Gründen der Fertigungskapazitäten so zu beschleunigen, dass nicht mehr als 10.000 Patronen für den Panzerkampfwagen »Maus« gefertigt werden mussten.
Zwei Tage später beschloss die Firma Krupp ihr Versuchsprogramm für die 12,8-cm-Kampfwagenkanone der »Maus«: Die Bestellung des Heereswaffenamtes beinhaltete 10 Rohre L/55 (4 Versuchsrohre sowie 6 Stück für die 0-Serie der »Maus«) sowie 120 Rohre L/55 für die Serienfahrzeuge. Das erste Versuchsrohr mit einer Versuchswiege sollte bis Ende August geliefert und Anfang September 1943 mit 25 Schuss angeschossen werden.
Als Versuchsaufgaben legte die Firma Krupp fest:

A. Pulverversuche
- Ladungsbestimmung für Panzergranate 39 L/3,8 zu 28 kg.
- Ladungsbestimmung für Sprenggranate L/4,5 zu 26 kg.
- Ladungsbestimmung für Treibspiegel-Panzergranate 12,8/8,8 cm zu 14,5/9,8 kg.
- Ladungsbestimmung für Hohlladungs-Granate 39 zu 19,5 kg.
- Ladungsbestimmung für Treibspiegel-Granate mit Hartkern 12,8/8,8 cm zu 11,1 kg.

B. Geschossversuche
- Panzergranate 39: Führungsprüfung.
- Sprenggranate L/4,5: Führungsprüfung, Geschosshaltbarkeit.
- Treibspiegel-Granate 12,8/8,8 cm: Führungsprüfung, Treibspiegelversuche.
- Hohlladungs-Granate 39: Führungsprüfung, Geschosshaltbarkeit.
- Treibspiegel-Panzergranate (Hartkern) 12,8/8,8 cm: Führungsprüfung, Treibspiegelversuche.

C. Außenballistische Versuche
- Panzergranate 39: zwei Scheibentreffbilder und ein Bodentreffbild.
- Sprenggranate L/4,5: ein Scheibentreffbild und zwei Bodentreffbilder.
- Treibspiegel-Panzergranate 12,8/8,8 cm: zwei Scheibentreffbilder.
- Hohlladungs-Granate 39: zwei Scheibentreffbilder.
- Treibspiegel-Panzergranate (Hartkern): zwei Scheibentreffbilder.

D. Durchschlagsleistungen
- Panzergranate 39.
- Treibspiegel-Panzergranate 12,8/8,8 cm.
- Hohlladungs-Granate 39.
- Treibspiegel-Panzergranate (Hartkern).

Da man sich entschieden hatte, dass getrennte Munition für die 12,8-cm-Kanone zum Einsatz kommen sollte, war die Sprenggranate L/4,5 mit ihrer zylindrischen Zapfenform (notwendig bei Patronenmunition) nicht optimal. So bestand die Möglichkeit, mit einer günstigeren ballistischen Außenform die Schussweite problemlos auf 24 km zu steigern. Dazu entwarf die Firma Krupp eine 12,8-cm-Sprenggranate L/4,7 mit schlanker Spitze und konischen Zapfen. 200 Versuchsgeschosse sollten von dieser 26,5 kg schweren Granate hergestellt werden.

Wa Prüf 1/IV empfahl, die von der Marine entwickelte 12,8-cm-Sprenggranate L/4,9 mit 28 kg Gewicht zu prüfen. Diese für die 12,8-cm-Marine-Flugabwehrkanone 40M vorgesehene Granate erreichte bei einer Anfangsgeschwindigkeit von 920 m/s eine Schussweite von 25,5 km und wäre schon allein aus Gründen der Vereinheitlichung der Munition in Frage gekommen. Als vollkalibrige Panzergranate wurde die für das »Gerät 40« entwickelte 12,8-cm-Panzergranate 43 vorgeschlagen. Dieses Geschoss wog 28,3 kg, hatte eine größere Länge und besaß einen spitzeren, strömungsgünstigeren Radius als die Panzergranate 39.

Im September 1943 sollte die Lieferung der ersten 12,8-cm-Panzerabwehrkanone 44 erfolgen. Ungeachtet dieser Bestellung orderte das Heereswaffenamt aber auch eine 12,8-cm-Panzerjägerkanone V 121 mit der Länge von L/76 (knapp 10 Meter). Dieses zweiteilige Geschütz konnte mit einer Treibspiegelgranate auf 1000 m Schussentfernung und 60° Auftreffwinkel 260–280-mm-Panzerung durchschlagen. Dabei wurde von einer Anfangsgeschwindigkeit von 1130 m/s ausgegangen. Das Geschützgewicht betrug 11 t und erreichte bei einer Rückstoßkraft von 16 Tonnen damit einen Rohr-Rücklauf von 1000 mm. [16]

Die Firma Krupp unternahm im November 1943 auf dem Schießplatz Meppen mit diesem Geschütz noch Schussversuche, aber vor allem der große Rohrüberstand beim Panzerjäger sowie die damit verbundene Kopflastigkeit, das höhere Geschützgewicht und die damit einhergehende Aufgabe der angestrebten Vereinheitlichung aller 12,8-cm-Geschütze ließen dieses Vorhaben im Endeffekt scheitern.

Am 15. September 1943 fanden Schießversuche mit verschiedenen 12,8-cm-Panzergranaten mit der 12,8-cm-Kampfwagenkanone 44 und der oben genannten 12,8-cm-Panzerjägerkanone (L/76) in Meppen statt. Die 26,4 kg schwere Panzer-Granate 39 erfüllte problemlos die Forderung für den Panzerkampfwagen »Maus«, einen Durchschlag von 200 mm auf 1000 m Entfernung zu erzielen. Bei der 28,3 kg schweren Panzergranate 43 mit Haube traten allerdings Probleme auf, da in den vielen Fällen der Geschossboden herausgeschlagen und die verwendeten Bodenzünder 5121 bzw. 5103* abbrachen. Deshalb wurde die Firma Krupp mit einer Umkonstruktion des Geschossbodens beauftragt.

Bei der 12,8-cm-Sprenggranate erfolgte aus Gründen von Pulverersparnis und der Rohrschonung eine Reduzierung der Anfangsgeschwindigkeit auf 750 m/s. Zugleich erfolgte dadurch eine Angleichung an die zweite Ladung der späteren 12,8-cm-Kanone 44. Die 12,8-cm-Kanone 44 sollte außer einer großen Ladung diese mittlere Ladung besitzen. Eine Wurfladung mit einer niedrigeren Anfangsgeschwindigkeit befand sich in der Planung. Beim Versuchsschießen am 17. und 18. November 1943 holte man den ausstehenden Temperaturbeschuss der 12,8-cm-Kanone nach und prüfte auch die Streuung der Anfangsgeschwindigkeit und das ballistische Verhalten der 12,8-cm-Panzergranate.

Am 28. September 1943 fand unterdessen bei der Firma Henschel im Beisein von Offizieren der Wa Prüf 6, In 6, eines Vertreters des Generalinspekteurs der Panzertruppen und der Konstrukteure Anders und Braun die Besichtigung des fertigen Holzmodells des 12,8-cm-»Tiger-Jägers« statt.

[16] RH 8I/2876.

Bei Henschel entstand das fertige Holzmodell des schweren 12,8-cm-Panzerjägers.

Acht Punkte zur Änderung beschloss man nach der Besichtigung des Holz-Modells:

- *»In 6 verzichtet auf Zielscheinwerfer* (auf dem Dach) *und Ausschuss-Stopfen für MPi* (an den Wannenseiten).
- *Die Luke für den Richtschützen fällt fort.*
- *Die Luke für den Kommandanten sollte um 90° gedreht und vergrößert werden. Ein Einsteigen mit Winterbekleidung sollte möglich sein. Die Winkelspiegel waren so anzuordnen: Vorn rechts neben dem Kommandanten ein Spiegel, hinten rechts und hinten links zur Beobachtung nach rückwärts schräg je ein Spiegel so eingesetzt, dass sich die Spiegel überschneiden und das Heck des Fahrzeugs beobachtet werden kann. Links in Höhe des Ladeschützen drehbar so geneigt, dass fünf bis sechs Meter neben dem Fahrzeug beobachtet werden kann.*
- *Die Zieleinrichtung ist in Verbindung mit der Firma Krupp so zu verlegen, dass bei äußerster Schwenkung des Rohres nach rechts der Richtschütze ungehindert arbeiten kann.*
- *Die Munitionslagerungen sind so abzuändern, dass hinten links anstelle der Kartuschen Granaten stehend gelagert werden könnten. Die Kartuschen dieses Raumes sind in dem freiwerdenden bisherigen Granaten-Raum und notfalls in dem für die Gasschutz-Filteranlage vorgesehenen Raum zu lagern. Die im Geschützträger gelagerten Granaten sind in schubladenähnlichen Behältern unterzubringen, damit eine Verschmutzung vermieden wird.*
- *Die rückwärtige Einstiegsluke ist mit einfachen Scharnieren zu versehen. Die Anordnung der Scharniere ist im Einvernehmen mit WaPrüf 6/III erneut zu überprüfen. Die Anbringung von Drehstab-Federn zum Gewichts-Ausgleich ist beschleunigt konstruktiv auszuarbeiten.*
- *Das Holz-Modell ist unter Berücksichtigung der beschlossenen Änderungen so auszuführen, dass alle beweglichen Teile, insbesondere Halterung und Schiebeklappe für Munition am Holzmodell, praktisch erprobt werden können. Hierzu erhält die Firma H&S sechs Kartuschen und sechs Geschosse.*
- *Wa Prüf 6 sorgt für Entwicklung eines Stopfens, der ein Verschließen der Kartusche nach dem Schuss ermöglicht.«*[17]

Weiterhin forderte Wa Prüf 6 eine Verstärkung der Frontpanzerung des Geschützaufbaus von 200 auf 250 mm und des Aufbaudaches von 30 auf 40 mm. Beim Antrieb bevorzugte das Amt das Getriebe des »Tiger« II, ein Maybach-Achtgang-OLVAR OG 401216B-Getriebe, da sich das geplante AK

[17] RH 8/I 2948.

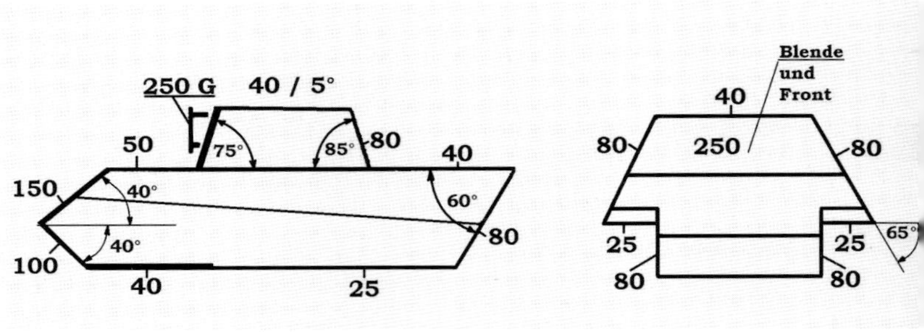

Stärken und Neigungswinkel der einzelnen Panzerplatten des Panzerjägers »Jagdtiger«.

7-200-Getriebe schon im 46-t-schweren »Panther« als problematisch erwiesen hatte und man davon ausging, dass das Getriebe mit den 75-t-Gewicht des »Tiger-Jägers« absolut überfordert war.

Anlässlich einer Rüstungskonferenz Anfang Oktober 1943 wünschte Hitler die Vorführung von u. a. folgenden Modellen: des »Tiger« II (Holz), des leichten Panzerjägers mit 7,5-cm-Kanone L/48 auf Fahrgestell Panzer IV (Eisen), des mittleren Panzerjägers mit 8,8-cm-Kanone L/70 auf »Panther« I (Holz), des schweren Panzerjägers mit 12,8-cm-Kanone L/55 auf »Tiger« II (Holz) und des Panzermörsers mit 38-cm-Mörser auf »Tiger« I (Eisen). Als Termin dafür legte man den 20. Oktober 1943 fest.

Unter dem Punkt 14 der Tagesordnung regte Hitler an, zu prüfen, ob man die serienmäßigen Türme der »Maus« mit der 12,8-cm- bzw. der 15-cm-Kanone nach Verstärkung der Turmdecken zum Einsatz als stationäre Panzertürme nutzen könnte und welche Anzahl nach einer gewissen Anlauffrist geliefert werden könnten. Es stand also schon zu diesen Zeitpunkt fest, dass der Panzerkampfwagen »Maus« nicht weiter produziert werden sollte. [18]

Dennnoch erhielt die Firma Krupp erst am 23. Oktober 1943 die Information vom Heereswaffenamt, dass man die Serienproduktion des Panzerkampfwagens »Maus« u. a. auf Grund der durch die schweren Bombenangriffe vom Juli 1943 stark beschädigten Produktionsanlagen einzustellen hatte. Nur drei der sechs Prototypen sollte die Firma Krupp noch fertigstellen. Die freigewordenen Arbeitskräfte und das übrige Material hatten die Hersteller für die Steigerung der Sturmgeschützproduktion einzusetzen.

Am 11. Oktober 1943 fand dennnoch eine eingehende Erprobung der 12,8-cm-Kampfwagenkanone 44 statt, deren Serienfertigung von Geschütz-Rohren und Bodenstücken bereits angelaufen war. Im Programm standen nach dem Anschießen des Rohres:

- die Pulvererprobung für die 12,8-cm-Panzergranate 43,
- die Pulvererprobung für die 12,8/8,8-cm-Panzer-

[18] Deutschlands Rüstung im Zweiten Weltkrieg, Seite 301.

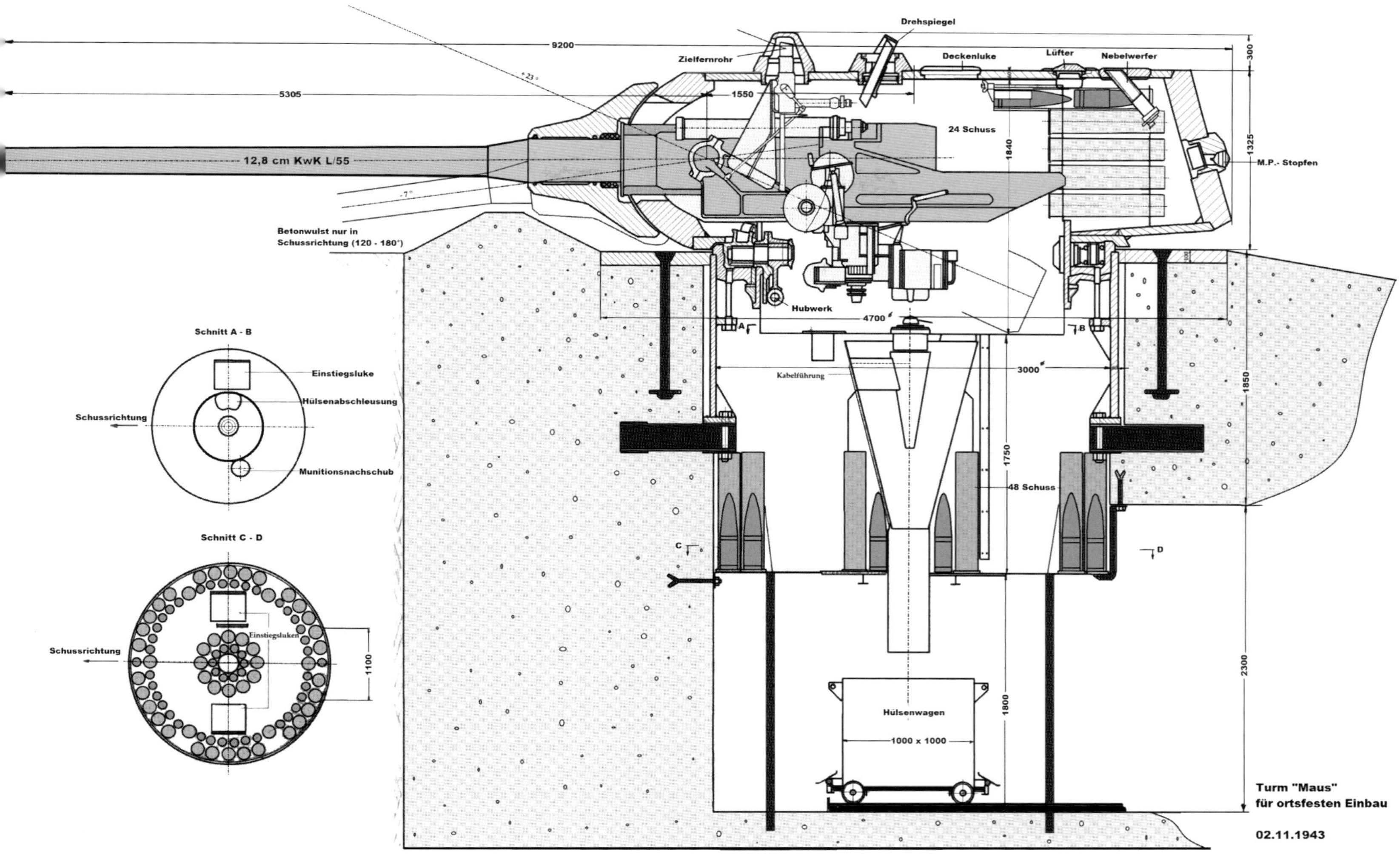

Der 12,8-cm-Stationär-Turm auf Basis des Turmes des Panzerkampfwagens »Maus«.

Treibspiegelgranate,

- die Trefferfähigkeitsprüfung mit der 12,8-cm-Panzergranate 43 mit und ohne Haube,
- der Ladungsbeschuss sowie die Prüfung der Sinter- und Weicheisen-(FeS/FeW) Führungen.

Dabei zeigte es sich, dass die Streuung der 12,8-cm-Panzergranate 43 mit Haube auf 2000 m Schussentfernung auf Grund der günstigeren Form geringer ausfiel als die Streuung einer Granate ohne ballistische Haube. Diese lag innerhalb einer 1,45 x 2,25 m Fläche gegenüber letzterer Granate, die auf einer 4,06 x 1,50 m großen Fläche lag. Die Durchschlagsleistungen beider Panzergranaten blieben unverändert gleich.

Bei weiteren Versuchen mit 12,8/8,8-cm-Panzer-Treibspiegelgranaten ergaben sich mit einem 12,8-cm-Studienrohr L/61 von Krupp bei einer Anfangsgeschwindigeit von 1200 m/s und einer Schussentfernung von 1200 m mit einem 3-teiligen Treibspiegel eine Streuung innerhalb einer nur 0,75 x 0,95 m großen Fläche. Bei einem einteiligen Treibspiegel lag dagegen die Streuung auf einer Fläche von 2,70 x 1,69 m, woraus ersichtlich war, dass der nach dem Verlassen des Rohres abfliegende Treibspiegel die Flugeigenschaften der Granate beeinflussen konnte.

Für die Kruppentwicklung einer 12,8/10,5-cm-Panzer-Treibspiegelgranate war für den 21. und 22. Oktober 1943 in Meppen ein Funktionsbeschuss vorgesehen, mit der Aufgabe:

1. Vorbereitung eines Lebensdauerbeschusses von ca. 1000 Schuss mit gehärteten Panzergranaten 43 mit Haube,
2. Überprüfung der Treffbilder zur Erprobung des Dralles:
   - mit der Panzergranate 43 mit Haube,
   - mit der 12,8/8,8-cm-Panzer-Treibspiegelgranate,
   - mit der 12,8/10,5-cm-Panzer-Treibspiegelgranate,
   - mit der Sprenggranate L/4,5 und
   - mit der Sprenggranate L/4,9.

Am 21. Oktober 1943 überreichte die Firma Krupp einen Entwurf über einen leistungsgesteigerten, 12,8 cm schweren Panzerjäger. Wa Prüf 6 hatte an die Firma Krupp den Auftrag gegeben, zu prüfen, ob man in einem Serienfahrgestell des Panzerjägers »Tiger« II (Motor hinten) eine 12,8-cm-Kanone mit der Länge von L/70 einbauen konnte.

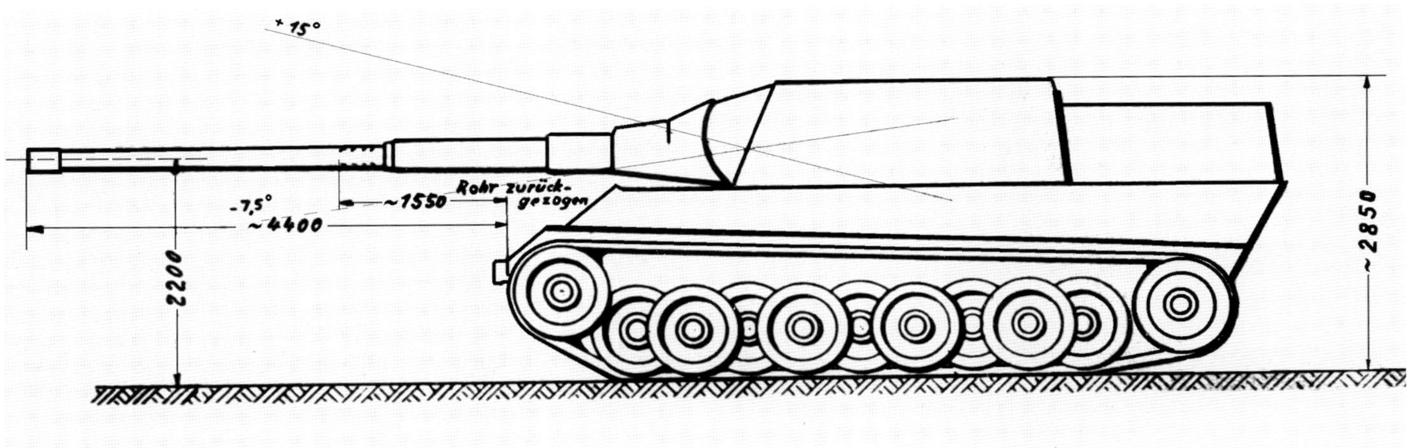

Zeichnung des schweren Panzerjägers 12,8-cm mit einer Kanone von L/66, die ebenfalls zurückziehbar sein sollte. Gut zu erkennen war der Panzerschutz über der Motorabdeckung (für den sonst freiliegenden Verschluss).

Die Firma Krupp bestätigte, dass ein Einbau einer 12,8-cm-Kanone L/70 mit gleichen Bodenstückabmessungen und gleichem Mantelrohrdurchmesser wie bei der 12,8-cm-Kanone L/55 in ein unverändertes Fahrzeug möglich war. Allerdings betonte sie, dass sich der Schwerpunkt des etwa 4,9 m überstehenden Rohres so weit vorn befände, dass der Einbau eines Luftausgleichers nötig würde. Um den Nachteil des langen Rohres beim Marsch zu vermeiden, musste man das Rohr über die Motorabdeckung soweit zurückziehen, dass das Rohr nur noch etwa zwei Meter Überstand besaß.

Der Einbau einer derartigen Einrichtung war jedoch nicht so ohne weiteres möglich, da das Rohr entweder einen eigenen Schutzmantel erhalten oder der Fahrzeugaufbau bis zur Hinterkante der Wanne durchgezogen werden musste. Dabei erhöhte sich jedoch das Gewicht des Fahrzeuges. Ebenfalls musste, bedingt durch das Zurückziehen des Rohres, der Rohrdurchmesser vor dem Wiegenpanzer künstlich verlängert werden. Diese entstandene Gleitfläche benötigte jedoch einen zusätzlichen Schutz gegen Verschmutzung und Splitter. Weitere technische Veränderungen entstanden in Form eines besonderen Kettengetriebes sowie einer speziellen Kupplungskonstruktion zwischen Geschützrohr einerseits und Rücklaufbremse und Vorholer andererseits.

Wa Prüf 4 und Wa Prüf 6 lehnten die 12,8-cm-Kanone L/70 und L/76 vor allem wegen der großen Länge ab. Auch die Firma Krupp betonte, dass so eine lange 12,8-cm-Kanone auf dem »Tiger-Jäger« nur unter großen Schwierigkeiten und unter Umbau des gegenwärtigen Fahrzeuges und der gesamten Lafettierung einzulegen war.

In einer Besprechung vom 17. November 1943 bei der Firma Krupp in Essen beriet man über Änderung der Aufträge infolge des Produktionsstopps der »Maus«-Aufträge. Neben dem Produktionsstopp für die Wannen und Türme des Panzerkampfwagens »Maus« wurde bekannt gegeben, dass der Auftrag über die acht Geschütze der 12,8-cm-Kampfwagenkanone 44 sowie der Auftrag über weitere 58 Geschütze und die 15 Rohre ohne Verschluss und ohne Bodenstück weiterzulaufen hatte. Die Teile, die man nicht für die 12,8-cm-Panzerjägerkanone 44 verwenden konnte, wie zum Beispiel die 58 Sätze der Zubehör- und Vorratsteile sowie die 58 vollständigen Zwillingswiegen, waren zu verschrotten.

Der Auftrag des Krupp-Bertha Werks in Breslau vom 25. Juni 1943 über die Lieferung von 100 Rohren mit Bodenstück und Verschluss, Rohrbremsen und Luftvorholer für die 12,8-cm-Panzerjägerkanone änderte sich auf 584 Rohre dieses Typs. Diese Zahl beinhaltete schon die bestellten 58 Stück der 12,8-cm-Kampfwagenkanone. Des Weiteren bekam dieses Werk noch den Auftrag über die Herstellung von 300 Lafetten mit Wiege, jedoch ohne Höhen- und Seitenrichtmaschine, und deren Zusammenbau.

Die Probleme der Firma Henschel über den gleichzeitigen Anlauf der Produktion des Panzerkampfwagens »Tiger« II und des schweren Panzerjägers sowie das Transportproblem der 34 t schweren Wanne im Werk von Henschel ließen das Rüstungsministerium zu der Entscheidung kommen, die Montage des schweren Panzerjägers in das Nibelungenwerk in St. Valentin (ab 31.12.1943 Zweigniederlassung der Firma Steyr-Daimler-Puch) zu übertragen. Das Werk hatte mit seinen 60-Tonnen-Kränen kein Problem mit dem Transport der schweren Wannen. Das Nibelungenwerk war der einzige Industriebetrieb im Deutschen Reich, den man ausschließlich für die Panzerproduktion gebaut hatte und damit das größte Panzermontagewerk.

Die Rohbauwannen-Herstellung ging an das nur 21 Eisenbahnkilometer entfernte Eisenwerk Oberdonau GmbH Linz, den größten Panzerteilezulieferbetrieb. Das Nibelungenwerk stellte bis zu diesem Zeitpunkt den Panzer IV der Firma Krupp her. Das Werk konnte schon Erfahrung bei der Ent-

Die Vorführung des Holzmodells des schweren Panzerjägers mit 12,8-cm-Panzerjägerkanone L/55 auf »Tiger« II vor Hitler am 20. Oktober 1943 in Arys (Truppenübungsplatz in Ostpreußen).

wicklung und Produktion des Porsche-»Tigers« und dessen Umbau in den schweren Panzerjäger »Ferdinand« sammeln. Für dieses Projekt hatte die Firma Porsche auch eine vereinfachte Radaufhängung einer Kniehebel-Federung weiterentwickelt, die man zuvor für den als »Leopard« bezeichneten VK 3001 P (Porsche Typ 100) geplant hatte. Das Nibelungen-Werk und Professor Porsche präsentierten dieses vereinfachte Laufwerk Hitler und dem Heereswaffenamt und regten damit eine Übernahme in die »Jagdtiger«-Produktion an.

Das errechnete Einsparpotential verdient eine nähere Beachtung. Das bei den Panzerkampfwagen »Tiger« I und II eingebaute Schachtellaufwerk war in Montage und Wartung sehr kompliziert. Die Panzerwanne musste von den Produktionsarbeitern zunächst exakt mit Mehrfach-Bohrwerken gebohrt und anschließend die Lagerbuchsen exakt eingepasst werden. Die anschließende Montage der Laufwerksteile gestaltete sich ebenfalls sehr arbeits- und zeitintensiv. Die Laufwerk-Kurbeln musste man exakt auf die verzahnten Drehstäbe nach vorgegebenen Maßen aufsetzen. Anschließend erfolgten die Montage der überlappenden Lauf- sowie der Leit- und Antriebsräder. Bei der Truppe war die Reparatur des Henschel-Laufwerkes unter feldmäßigen Bedingungen natürlich besonders anspruchsvoll, da z. B. bei beschädigten inneren Laufrollen alle daneben liegenden Rollen mit ausgebaut werden mussten.

Die Bilder zeigen deutlich den hohen technologischen Aufwand zur Herstellung der vielen Fahrgestell-Bohrungen beim Henschel-Laufwerk. Auf jeder Seite waren exakte Bohrungen für die Drehstäbe erforderlich, für die man zudem aufwendige und teure Mehrspindel-Horizontalbohrwerke und andere spezielle Bearbeitungsmaschinen benötigte.

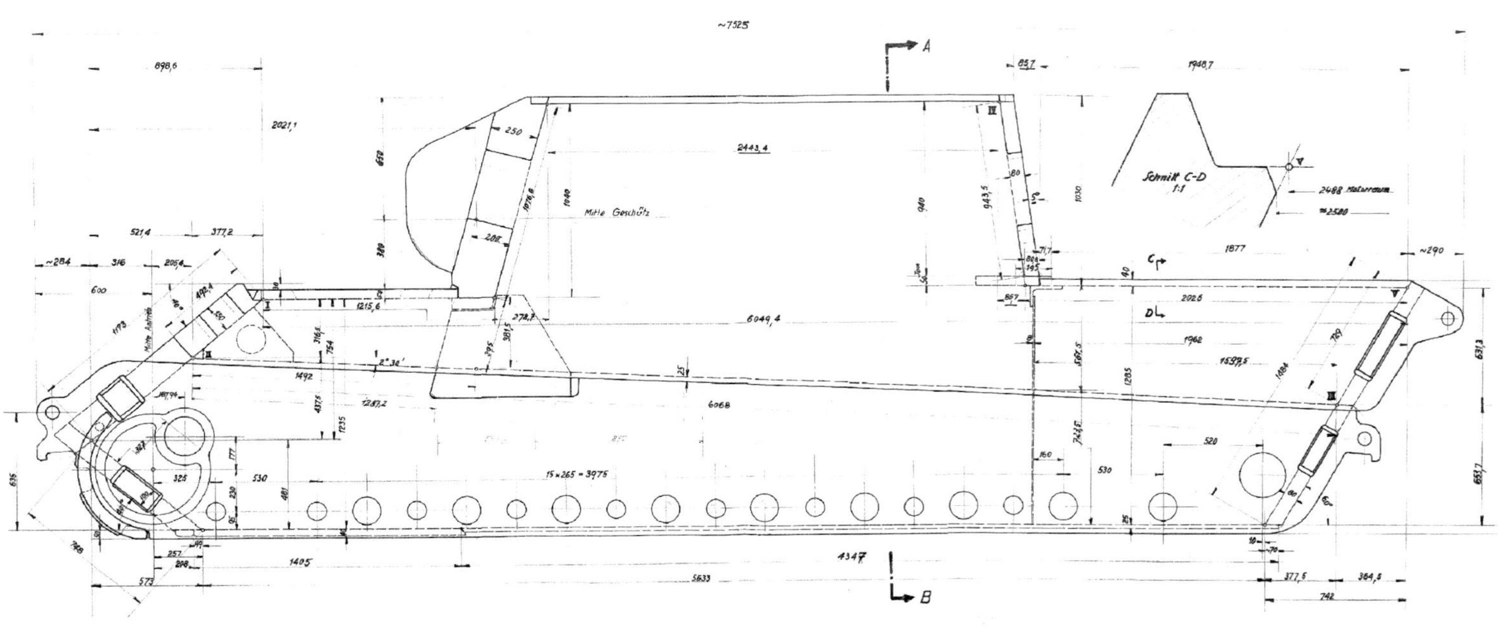

Das Henschel-Laufwerk benötigte 18 Bohrungen auf jeder Seite, um die Drehstäbe aufzunehmen. Die kleineren Bohrungen waren die Enden der Drehstäbe der anderen Seite.

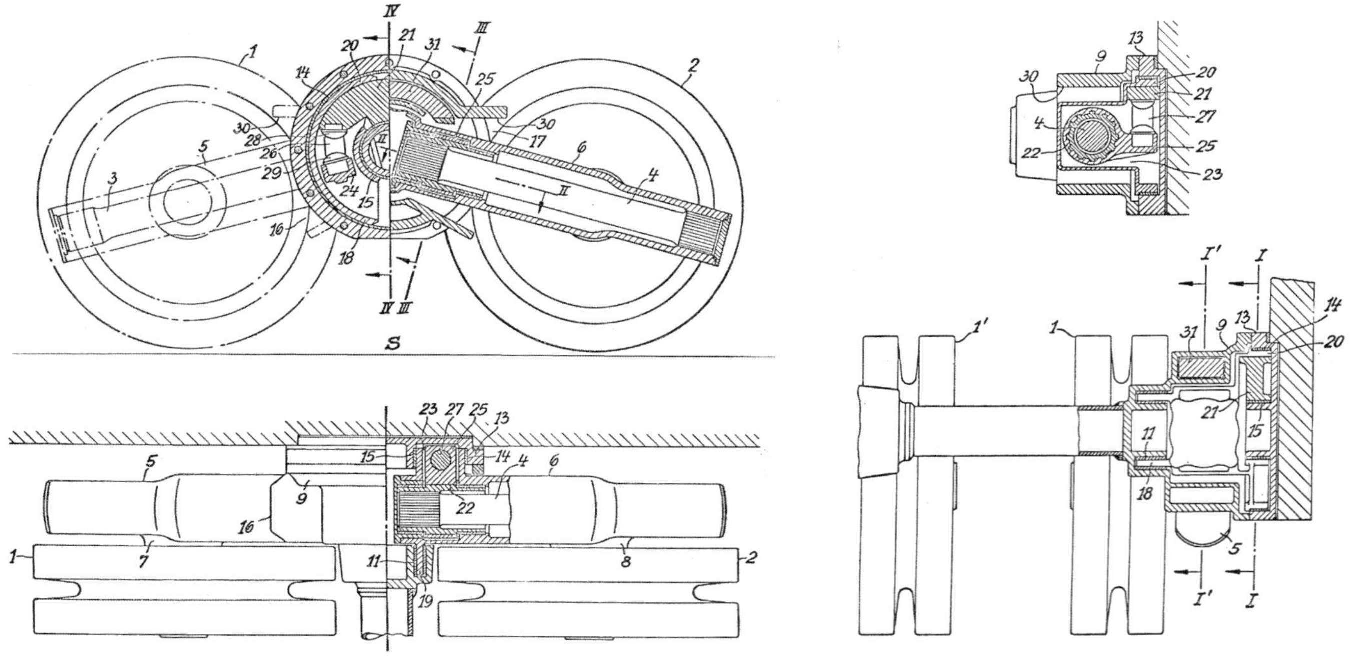

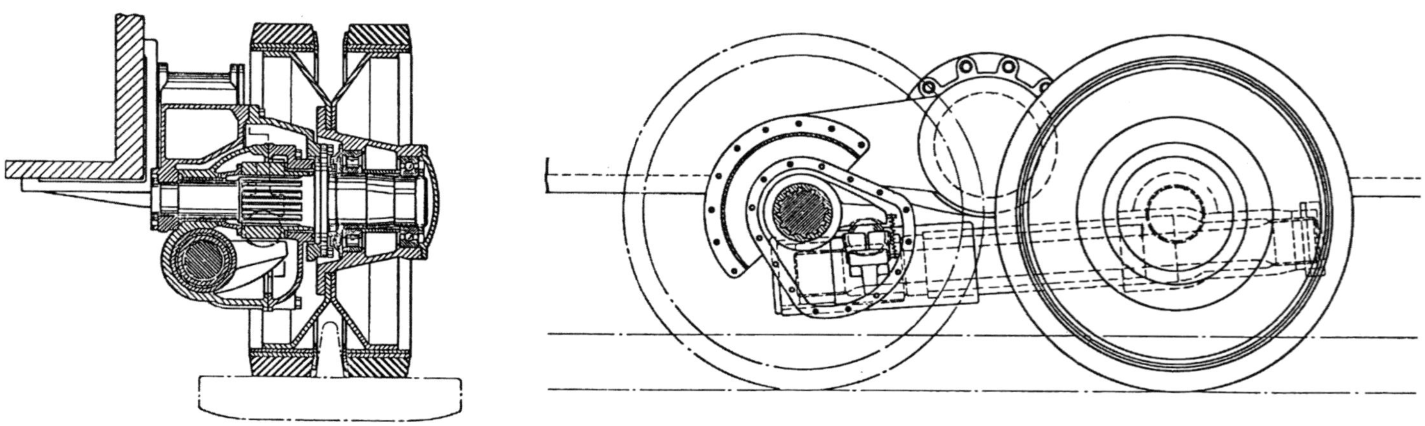

Doppelschwingarm

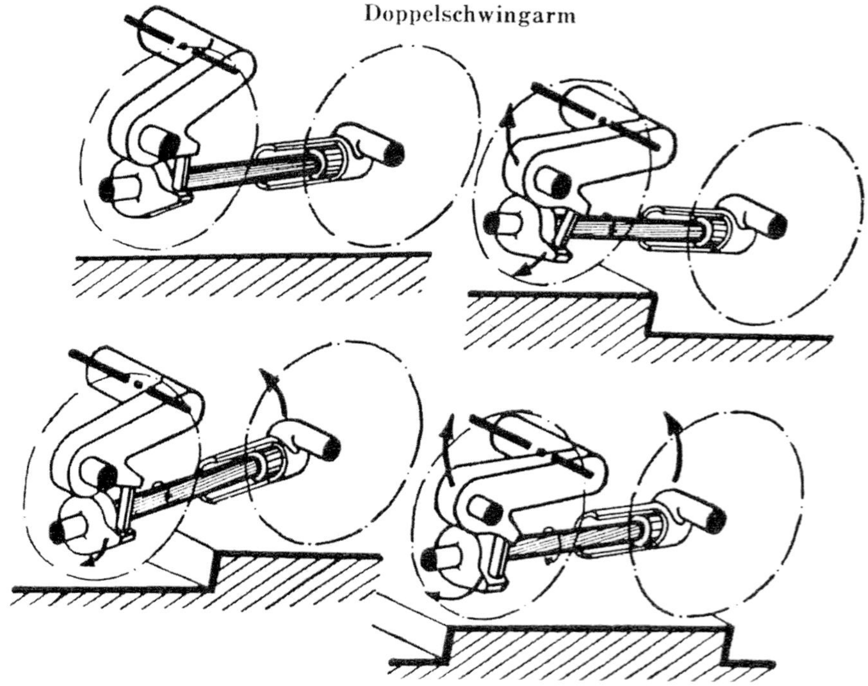

Oben die patentierte Kniehebelaufhängung von Professor Porsche und unten die Konstruktion für den Panzerkampfwagen »Tiger« Ausführung Porsche - VK 4501 (P) bzw. Porsche-Typ 101.

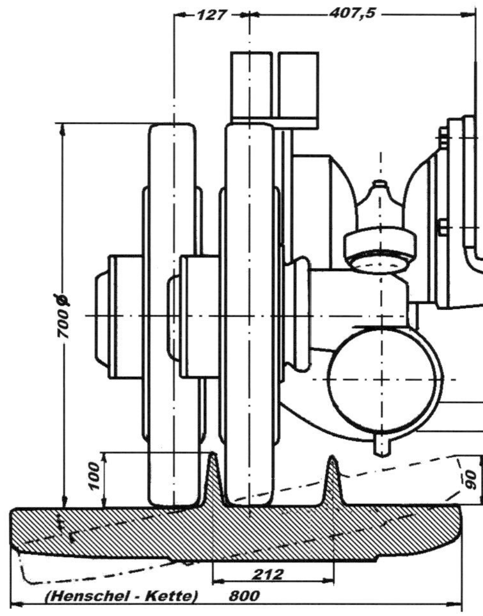

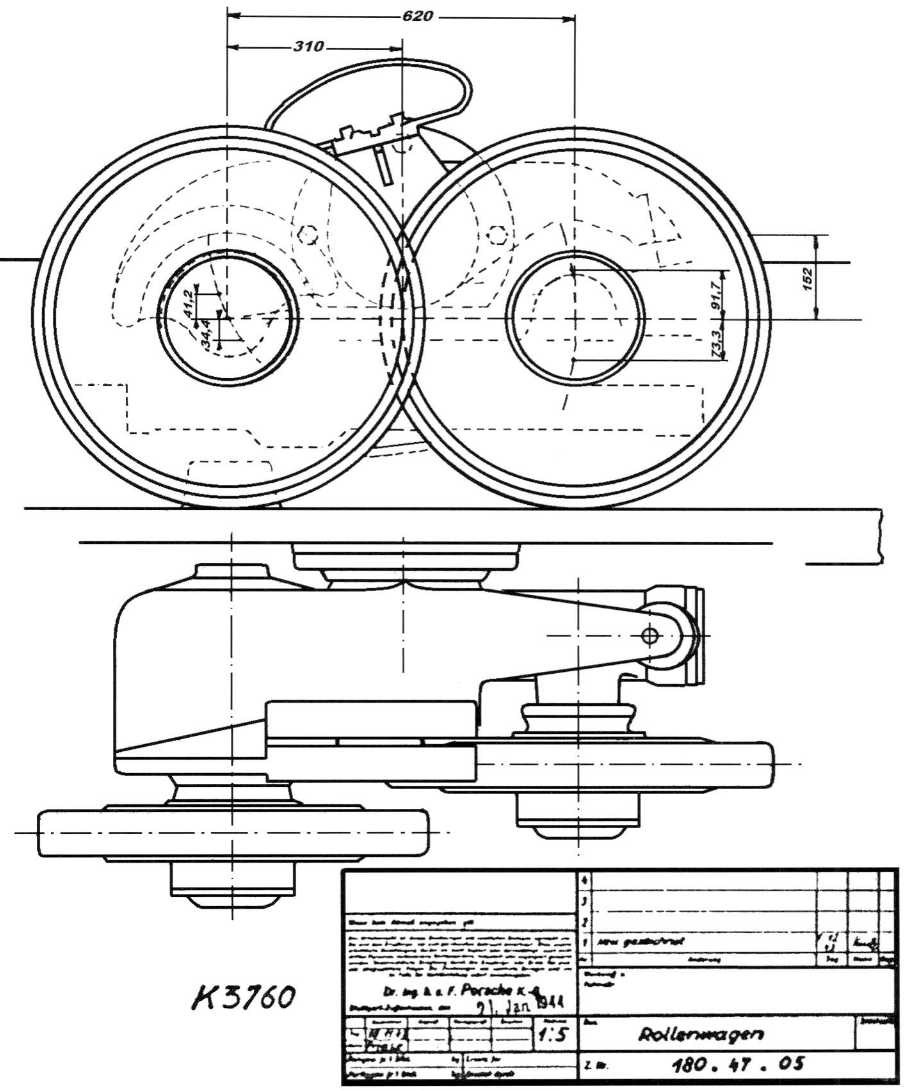

Laufwerk-Ausschlag	von 0 bis Normalbelastung	6° 45´	= 73,38 mm
	von normal bis max.	8° 25´	= 91,73 mm
	gesamt	15° 10´	= 165,11 mm
Stoß - Ziffer	gesamt	2,9	
	Gummipuffer	0,64	= 12 mm
	auf Tragzapfen	2,24	Pressung
Last P	normal	4100 kg	
	bei Stoß 2,24	9200 kg	
	bei Stoß 2,9	11900 kg	
Federstab - Verdrehung	von 0 bis Normalbelastung	5° 45´	
	von normal bis max.	7° 10´	
	gesamt	~ 13°	

Der Rollenwagen als Porsche-Typ 168 (Zeichnung war für das Projekt 180 - »Tiger« II-P) für den schweren Panzerjäger vom 21. Januar 1944.

Die vorgeschlagene Porsche-Aufhängung bestand aus vier Rollenwagen mit je zwei Rollen von 70 cm Durchmesser auf jeder Seite, die über in Fahrtrichtung liegende, ca. 1 m lange Drehstäbe abfederten. Diese Bauweise zeigte einen erheblichen Fortschritt und ermöglichte eine einfache Montage der Laufwerksteile in der Produktion. Auch bei der Reparatur unter feldmäßigen Bedingungen zeigten sich die Vorteile der guten Zugänglichkeit, ohne erst großräumig Bauteile ausbauen zu müssen. Es waren nur sieben Schrauben an der Panzerwanne zu lösen, um einen Rollenwagen zu demontieren. Professor Porsche versprach Hitler eine Einsparung von 450 Stunden Fertigungszeit pro Fahrzeug. Ebenfalls verringerte sich das Gesamtgewicht des Panzerjägers um 1,2 t.

Im Wannenboden entstand durch den Wegfall der querliegenden Drehstäbe 10 cm mehr Platz in der Höhe, was ca. 1 m³ Rauminhalt entsprach. Diesen Platz wiederum konnte man z. B. für das Einlagern von mehr Munition oder auch für einen größeren Kraftstoffvorrat nutzen. Einen Vorteil brachte auch die vergrößerte Bodenfreiheit (Abstand Boden zum Wannenboden) von 10,5 cm (460 mm auf 565 mm). Dadurch verbesserten sich die Geländegängigkeit und, bedingt durch das ca. 10 cm höher gelegene Antriebsrad, die Kletterfähigkeit. Die Auflagefläche der Kette stieg von 4,24 m auf 4,415 m, wodurch sich, neben dem geringeren Gesamtgewicht, ein geringerer spezifischer Bodendruck ergab. Theoretisch konnte man den Porsche-»Jagdtiger« 10 bis 20 cm niedriger und damit noch leichter bauen, aber dazu musste eine Neukonstruktion der Wanne erfolgen, wofür damals weder Zeit noch die Möglichkeit bestand. Auch ginge die gewünschte Einheitlichkeit zum »Tiger« II verloren.

Ein Nachteil der größeren Bodenfreiheit zeigte sich in der größeren Fahrzeughöhe von 10,5 cm (2,945 m auf 3,050 m). Produktionstechnisch wurden ebenfalls komplizierte Werkzeugmaschinen, 404.000,- RM durch Verkürzung der Herstellungszeit sowie 5,2 t Rohmaterial pro Fahrzeug eingespart. Deshalb sahen Hitler und das Heereswaffenamt darin ein überzeugendes Argument, dieses Fahrwerk-System auf den »Jagdtiger« zu übernehmen. Schließlich hatte sich das Fahrwerk im schweren Panzerjäger »Ferdinand« (später als »Elefant« bezeichnet) gut bewährt. So erfolgte der Beschluss, dieses Fahrwerk zu übernehmen. Zuvor sollte aber erst eine

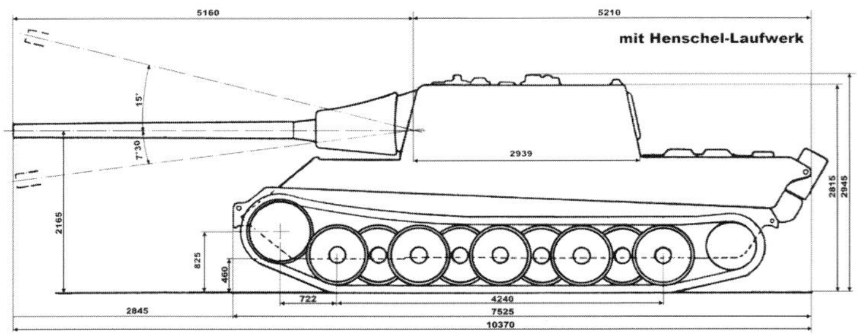

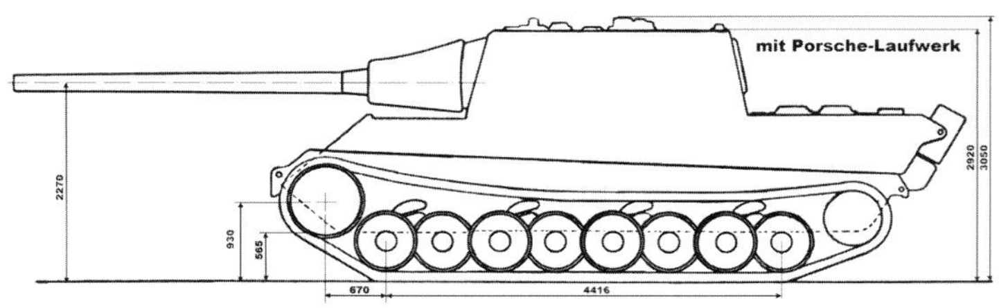

Das Porsche-Laufwerk mit den je vier unten und oben aufgeschweißten Gewindeplatten wird in Halle VIII des Nibelungenwerkes als erstes Fahrzeug der »Jagdtiger«-Serie vorbereitet.

Erprobung und ein Vergleich zwischen beiden Varianten bei Wa Prüf 6 stattfinden.

Im Dezember 1943 entstand im Nibelungenwerk ein Prototyp des »Jagdtigers« mit dem Porsche-Laufwerk. Dieser besaß keine Bewaffnung und bestand aus Flusseisen. Damit erfolgten Erprobungen des Fahrgestells in Verbindung mit dem Porsche-Laufwerk, die auf dem Werksgelände im Nibelungenwerk erfolgreich verliefen. Neben der erwähnten Friedrich Krupp AG mit seiner Breslauer Außenstelle, dem Berta-Werk für Geschütz und Lafette, der Zahnradfabrik Friedrichshafen sowie der Adler AG für das Olvar-Getriebe und für die Maybach-Motoren HL 230 P45 fungierten als weitere Zulieferer für den schweren Panzerjäger die Firma Maybach-Motorenbau GmbH sowie die Firma Auto-Union AG.

Der Prototyp des schweren Panzerjägers auf »Tiger« II beim Test im Nibelungenwerk.

Das Jahr 1944

Für Geschütze vom Kaliber 12,8-cm hatte das vergangene Jahr verschiedene Konzepte hervorgebracht. Durchgesetzt hatte sich dabei die 12,8-cm-Kanone L/55. Der Panzerkampfwagen »Maus« und der schwere Panzerjäger »Jagdtiger« waren produktionsreif, je ein Prototyp war fertiggestellt und gefahren worden. Die begonnene Serienproduktion des Panzerkampfwagens »Maus« wurde hauptsächlich auf Grund der enormen Bombenschäden bei den wichtigsten Herstellern, der Firma Krupp und der Firma Kugelfischer, dem Zulieferer für Kugellager, gestoppt. Bei den Feldkanonen und Waffenträgern hatten die Hersteller die Entwicklungen fast abgeschlossen. Auch die 12,8-cm-Granaten sowie die 12,8-cm-Einheitskartusche befanden sich in der Erprobung.

Am 19. Januar 1944 forderte Hitler vom Heereswaffenamt, von der 12,8-cm-Kanone 44 zehn Geschütze pro Monat herzustellen. Hitler setzte allerdings voraus, dass die Fertigung der 12,8-cm-Munition mit der Geschütz-Produktion Schritt halten konnte. Wie beschlossen, hatte Wa Prüf 6 die unterschiedlichen Laufwerkskonstruktionen des »Jagdtigers« miteinander zu vergleichen und verlangte von jeder Ausführung ein Testfahrzeug. Das Nibelungenwerk fertigte im Januar 1944 je ein »Jagdtiger«-Modell.

Im Februar 1944 lieferte das Werk beide Fahrzeuge ohne Zusatzausrüstung und nur in Sandfarben (RAL 7028) gespritzt zur Erprobung an die Heeresversuchsanstalt Kummersdorf. Wie alle Erprobungsfahrzeuge bekamen auch die beiden »Jagdtiger« von der Wa Prüf 6 eine Erprobungsnummer: die Porsche-Ausführung mit der Fahrgestell-Nummer 305 001 die Nummer 221 und die Henschel-Ausführung mit der Fahrgestell-Nummer 305 002 die Nummer 222. Diese Nummer spritzte man mittig auf die Bug-Platte.

Im März 1944 stehen der Porsche-»Jagdtiger« ...

... sowie der Henschel-»Jagdtiger« zur Erprobung und zum Vergleich auf dem Schießplatzgelände von Kummersdorf.

Am 6. April 1944 legte man Hitler, anlässlich einer Besprechung, die ersten Bilder des »Jagdtigers« mit der 12,8-cm-Panzerabwehrkanone 44 vor, die er mit Wohlwollen zur Kenntnis nahm.
Zum 20. April 1944, dem »Führer-Geburtstag«, war eine Vorführung neuer Waffen geplant, so auch die des neuen schweren Panzerjägers. Präsentiert werden sollten das Sturmgeschütz 38, die alten Sturmgeschütze auf Basis von Panzer III und IV, der Panzerjäger Vomag mit der 7,5-cm-Kanone L/48 und der 7,5-cm-Kanone L/70, ein 8,8-cm-Panzerjäger »Jagdpanther«, der genannte 12,8-cm-Panzerjäger »Jagdtiger« sowie ein 38-cm-»Tigermörser«. Die Teilnehmerzahl sollte wegen des besonderen Anlasses auf ein möglichst geringes Maß begrenzt sein. Die Vorführung erfolgte in Form einer Vorbeifahrt auf der Reichsautobahn in unmittelbarer Nachbarschaft des Schlosses Klessheim (bei Salzburg).[19]
Ab 5. Mai 1944 erfolgte bei Wa Prüf 6 die Erprobung der beiden »Jagdtiger«-Ausführungen in der Heeresversuchsanstalt Kummersdorf (Verskraft).[20] Bei der Fahrerprobung beider Panzerjägertypen beider Panzerjägertypen zeigte sich, dass bei niedriger Fahrgeschwindigkeit besonders bei dem Porsche-»Jagdtiger« störende vertikale Schwingungen im Panzerinneren entstanden. Diese Schwingungen koppelten sich zusammen mit den Geschütz-Schwingungen ins Unerträgli-

[19] Deutschlands Rüstung im Zweiten Weltkrieg, Seite 342.
[20] RH 8 I/1591.

Karl-Otto Saur, Leiter des technischen Amtes im Rüstungsministerium, begrüßte Hitler zur Vorführung der Sturmgeschütze am gesperrten Autobahnabschnitt. Rechts davor stand Oberst Friedrich-Wilhelm Holzhäuer, zu dieser Zeit Abteilungsleiter bei der Wa Prüf 6 und hochdekorierter Panzeroffizier.
Der Porsche-»Jagdtiger« (gut erkennbar an den »Ein-Zahn«-Reserve-Kettenglieder) sandfarben gespritzt und schon mit Ausrüstung komplettiert, stand zusammen mit dem »Jagdpanther«-Befehlswagen und dem »Sturmtiger« zur Besichtigung bereit. Das Bild belegte überzeugend, dass zu diesem Zeitpunkt (20. April 1944) der »Jagdtiger« mit der Fahrgestell-Nummer 305 001 (Porsche) schon eine Zimmeritbeschichtung gegen Haftminen bis in Höhe der ersten Reserve-Kettenglieder besaß. Ebenfalls waren Werkzeuge sowie Reserve-Kettenglieder schon montiert. Nur die äußere Rohrabstützung fehlte noch.

che. Während der Erprobung des Versuchsmodells im Nibelungenwerk fiel dies wegen der fehlenden Kanonenausrüstung nicht sonderlich auf. Da der Henschel-»Jagdtiger« bis auf das Laufwerk dem Porsche-»Jagdtiger« entsprach, konnte die Ursache nur im Kettenlaufwerk zu suchen sein.

Dabei stellte sich heraus, dass als Erreger dieser Schwingungen die Gleiskette am Knickwinkel zwischen Triebrad und erstem Laufrad sowie zwischen letztem Laufrad und Leitrad in Frage kam. Mit Hilfe eines Schwingungsschreibers konnten die Werte der Schwingungen bei verschiedenen Geschwindigkeiten (ca. 6 km/h, 11 km/h und 15 km/h) auf der Betonbahn und im Gelände bei beiden Modellen grafisch festgehalten werden. Dabei wurde festgestellt, dass bei *beiden Fahrzeugen* die Kette durch das Ein- und Auskippen der Kettenglieder am ersten und am letzten Laufrad Schwingungen erzeugte. Diese Vibrationen übertrugen sich über die gummisparenden Laufrollen und die Federung auf die Wanne.

Diese Schwingungen erfolgten infolge der Gleichheit der beiden Jagdtiger auch bei beiden Fahrzeugen in gleicher Weise, aber durch die härtere Federung des Porsche-»Jagdtigers« übertrugen sich die Impulse fünf Mal stärker auf die Wanne, als durch die wesentlich weichere Federung des Henschel-»Jagdtigers«. Das heißt, man spürte beim Porsche-»Jagdtiger« mit seiner härteren Federcharakteristik und den kürzeren Federwegen von 91 mm (Normal bis Anschlag) gegenüber der weicheren Federung des Henschel-»Jagdtigers« mit den längeren Federwegen von ca. 170 mm (Normal bis Anschlag) die Stöße erheblich härter.

Zur nächsten Prüfung sollte bei dem Porsche-»Jagdtiger« die feingliedrigere Kette Kgs 62/640/130 vom Sturmgeschütz »Ferdinand« getestet werden. Dipl.-Ing. Reimspieß von der Firma Porsche erklärte, mit dieser Änderung sollten diese störenden Schwingungen beseitigt werden.

Wa Prüf 6 wollte prinzipiell noch geklärt haben,

- wie groß der Einfluss der Kettenhöhe,
- die Teilung der Kette,
- die Kettenbauform,
- der Knickwinkel beim Übergang auf Leit- und Triebrad,
- die Kettenspannung sowie
- die Laufrichtung der Kette auf die Erregungsgröße dieser Schwingungen war.

Hierzu benötigten die Prüfer jedoch Ketten und Triebräder verschiedenster Teilung und Bauform, was aber im Rahmen der durchgeführten Messungen als unmöglich angesehen wurde. Am 27. Juni 1944 montierte Wa Prüf 6 bei dem Porsche-»Jagdtiger« mit der Fahrgestell-Nummer 305 001 die verbesserte Kette des Sturmgeschützes »Elefant« Kgs 64/640/130 zusammen mit einem passenden Antriebsrad (21 Zähne). Der Test erfolgte mit unterschiedlichen Laufrichtungen der Kette.

Die Laufrichtung einer Kette unterschied sich prinzipiell in der Lage der Griffleiste (normalerweise lag die Griffleiste in Treibrichtung vorn). Entgegen den schon gemachten Erfahrungen lag bei der Porsche-Kette aber das Laufverhalten mit der Griffleiste nach hinten messtechnisch wie gefühlsmäßig am günstigsten. Die Vertikalschwingungen des Porsche-»Jagdtigers« zeigten sich zwar immer noch drei Mal größer als beim Henschel-»Jagdtiger«, hatten sich aber laut Wa Prüf 6 als tolerierbar erwiesen. Nur die schmalere Bauart der Porschekette mit der 64-cm-Breite im Vergleich zu der 80 cm breiten »Henschel«-Kette schloss eine Verwendung aus, da der dadurch wesentlich erhöhte Bodendruck im Gelände nicht hingenommen werden konnte. Die Breite dieser Porschekette entsprach etwa der 66 cm breiten Verladekette des »Tiger« II.

Eine Neukonstruktion einer Geländekette war auf Grund der angespannten Rüstungslage nicht möglich. Ob die später entwickelte einteilige Kette des »Königstigers« Kgs 73/800/152 eine Besserung brachte, konnte nicht mehr geprüft werden. Diese Kette montierte die Firma Henschel in Hillersleben jedoch noch auf den »Tiger II V2« mit dem Porscheturm.

Die Konsequenz aus diesem Problem führte zu dem Entschluss des Heereswaffenamtes, den »Jagdtiger« trotz des Mehraufwandes mit dem Henschel-Laufwerk und den 800-mm-Laufrollen bauen zu lassen. Diese Entscheidung beeinflusste die Serienproduktion der Wanne bei den Eisenwerken Oberdonau GmbH wesentlich. So konnten im April 1944 nur 15 Wannen, im Mai nur 12 Wannen und im Juni sogar nur 10 Wannen an das Nibelungenwerk geliefert werden. Auch das Nibelungenwerk musste seine Produktionsmittel umstellen. Im Werk wurde ein eigenes, verbreitertes Montageband in der Halle IV eingerichtet.

Um die »Jagdtiger«-Produktion nicht ganz einbrechen zu lassen, produzierte das Werk die Fahrzeuge mit dem Porsche-Laufwerk zwischenzeitlich weiter. So änderte sich Ende Mai der Ausstoßplan für den schweren Panzerjäger »Tiger« nach unten. Bis Ende Mai 1944 plante man einen Ausstoß von neun Fahrzeugen, für den Juni acht Fahrzeuge und für den Juli fünfzehn Fahrzeuge. Dass diese geringen Zahlen immer noch unrealistisch waren, zeigte sich in dem Schreiben vom 18. Mai 1944. Darin teilte das Nibelungenwerk dem Berthawerk von Krupp mit, dass bis zum 20. Juni 1944 keinerlei 12,8-cm-Panzerjägerkanonen 44 mehr zu liefern seien, da infolge des Ausfallens verschiedener Anlieferfirmen und dem dadurch verminderten Bedarf die Lagermöglichkeiten im Werk fehlten.

Als Gründe für die Minderproduktion nannte ein Mitarbeiter des sogenannten »Tiger-Beauftragten«:

- die konstruktiven Änderungen am Getriebe des Fahrzeuges und eine nachfolgende sechs- bis acht-

- wöchige Erprobung der vorgenommenen Änderungen,
- die konstruktive Änderung und Verstärkung der Geschützbrücke,
- das rechtzeitige Bereitstellen der Henschel-Laufwerke.

Man plante, im Juni 1944 zwei bis drei Versuchsfahrzeuge fertigzustellen. Falls die oben genannten Versuche erfolgreich abgeschlossen werden konnten, rechnete man damit, dass im September 1944 30 Fahrzeuge das Werk verlassen konnten. An 12,8-cm-Panzerjägerkanonen 44 lagerten zu diesem Zeitpunkt im Nibelungenwerk sechs bis acht Geschütze. Es wurde als ausreichend angesehen, wenn Ende Juni 1944 weitere drei bis fünf Geschütze und im Juli 1944 maximal weitere zehn Geschütze zum Versand kommen konnten.[21]

Die Vorlauffrist für eine Geschützanlieferung betrug zwei Monate vor dem Fahrzeugtermin. Bis zum 10. Mai 1944 lieferte die Firma Krupp 44 Geschütze zum Beschuss auf dem Krupp-eigenen Schießplatz in Meppen (32 Stück vom Berthawerk Breslau und 12 Stück vom Werk Essen). Dabei verlagerte sich die Produktion allmählich von Krupp in Essen an das Berthawerk in Breslau, da am Standort Essen verstärkt die Produktion der 17-cm-Kanonenrohre forciert werden sollte. Andere Firmen wurden ebenfalls zur Produktion herangezogen. So bekam die Firma Hanomag den Auftrag, 100 Rohre mit Verschluss zu produzieren. Sogar an die italienische Firma Odero Terni Orlando in La Spezia (Melara) der Cantieri Triest ging ein Auftrag über die Produktion von monatlich 20 Bodenstücken, obwohl sichere Liefertermine angezweifelt wurden.

Die Firma Krupp unternahm enorme Anstrengungen, Material bei der Geschützproduktion einzusparen. So versuchte sie im April 1944, zwei geteilte Geschützrohre im Schleuder-Verfahren herzustellen. Auch arbeiteten die Konstrukteure von Krupp daran, durch das Herabsetzen der Streckgrenze des Rohrmaterials von 75 kg/mm² auf 65 kg/mm² eine Einsparung von sogenanntem »Sparmaterial« zu erreichen. Dies funktionierte aber aus Haltbarkeitsgründen nur bei Vollrohren. Das Material war dadurch weniger elastisch. Die plastische Aufweitung sank von 0,1 mm auf 0,072 mm bei einer Wandstärke von 145 mm.

[21] RH 8I 2952.

Lieferplan für die kompletten Rohre der Panzerjäger-Kanone 44 vom 3. Juni 1944

Monat	Gesamtbedarf		Planung für Essen Mb.21		Planungsvorschlag für Berthawerk		Lieferplan für Berthawerk		Abnahme IST
	je Monat	Gesamt	je Monat	Gesamt	je Monat	Gesamt	je Monat	Gesamt	Monat
Bis zum Juli 44		45		109				6	50
Aug. 44	25	70		109			6	12	15
Sep. 44	25	95	11	120			10	22	26
Okt. 44	30	125	10	130			15	37	9
Nov. 44	35	160	20	150	10	10	20	57	6
Dez. 44	40	200	20	170	20	30	30	87	12
Jan. 45	50	250	15	185	35	55	30	117	30
Feb. 45	50	300	10	195	40	105	30	147	Breslau
Mrz. 45	50	350	8	203	42	147	30	177	besetzt
Apr. 45	50	400	5	208	45	192	30	207	
Mai 45	50	450		208	50	292	30	237	
Jun. 45	50	500		208	50	292	30	267	
	usw.				usw.		usw.		150

Monat	Plan-HWA 01.02.1044	Plan-Wa J Rü 04.05.1044	Panzer-Beauftragter Plan 15.06.1944	Panzer-Notprogramm Plan Januar 1945	Plan Nibelungenwerk 20.05.1944	Tatsächliche Fertigung im Nibelungenwerk
Dez 43	1					
Jan 44	3					
Feb 44	3					2
Mrz 44	4					
Apr 44	8					
Mai 44	15		4		9	
Jun 44	20	2	3		8	1
Jul 44	35	5	6		15	2
Aug 44	35	10	12		20	5
Sep 44	26	12	20		25	10
Okt 44		15	25		50	5
Nov 44		20	25		50	10
Dez 44		25	30		50	16
Summe	**134**	**89**	**125**		**227**	**51**
Jan 45	25	25	35			10
Feb 45	30		40	25		13
Mrz 45			50	40		8
Apr 45			50	27		7
Mai 45				0		10 + 1
Summe	**205**	**114**	**300**	**61 + 92 = 151**	**227**	**99 + 1**

Die endgültigen Ausstoßzahlen für den Jagdtiger waren laufend der Änderung unterworfen, die Fertigungszahlen entsprachen nicht der Abnahme durch das HWA.

Im Juni 1944 verließ der dritte »Jagdtiger« mit der Fahrgestell-Nummer 305 003 die Werkhallen. Er besaß ebenfalls das Porsche-Laufwerk. Dieses Fahrzeug verwendete das Nibelungenwerk unter anderen zur Untersuchung der Austauschbarkeit der Henschel- und der Porscheketten. Dazu legte es die feingliedrigere Kette des Porsche-Panzerjägers »Elefant« zusammen mit dem dazu passenden Zahnkranz auf. Diese Ergebnisse entsprachen in etwa den schon beschriebenen Protokollen des Heereswaffenamtes. Die Ingenieure stellten fest, dass das Leitrad der Kette bei dem Porsche-Fahrwerk geändert werden musste, da die inneren Führungszähne der Henschel-Kette sich verklemmten. In der Praxis trennte man später die inneren Zähne der Henschel-Kette einfach mit dem Schweißbrenner ab und erhöhte die Kettenspannung. Äußerlich waren diese abgewandelten »Porsche-Henschel-Ketten« neben dem 18-er Zahnkranz oft an den – an der Aufbauwand angebrachten – Reserve-Kettenglieder zu erkennen.

Der »Jagdtiger« mit der Fahrgestell-Nummer 305 003 auf der Teststrecke im Nibelungenwerk.

Am 18. Juli 1944 übergab die Heeresversuchsstelle für Panzer und Motorisierung ihren 3. Zwischenbericht über die beiden Fahrwerkstypen des Panzer-Jägers »Tiger« an die Wa Prüf 6/Pz. Darin erfolgte eine weitere Auswertung der Messergebnisse des Porsche- und des Henschel-Fahrwerks. Es zeigte sich, dass bei dem Henschel-Fahrzeug alle Stoßdämpfer nicht einwandfrei arbeiteten. Bei dem defekten vorderen Dämpfer bestand die Möglichkeit, das fehlende Stoßdämpfer-Öl zu ergänzen, wodurch sich etwas günstigere Werte ergaben. Da jedoch die hinteren Dämpfer durch den eingebauten Motor nicht zugänglich waren, war es nicht möglich, den Ölstand in den Dämpfern zu kontrollieren. Es blieb nichts weiter übrig, als den »Jagdtiger« 305 002 wieder zum Nibelungenwerk zurückzusenden. Der Bericht empfahl, die Dämpfer HT 90 gegen Dämpfer einer neuen Ausführung auszutauschen und danach die Messungen nach Wiederanlieferung des Fahrgestells zu wiederholen.

Die Messungen am »Jagdtiger« mit der Porscheausführung konnten als abgeschlossen gelten. Die bei der kleinen Fahrgeschwindigkeit erzielten geringen Längsneigungen sind Folge der sehr harten Federung, die hohe Vertikalbeschleunigungen bedingt. Das Fahrzeug fuhr bis zu seiner erreichbaren Höchstgeschwindigkeit ohne Probleme. Es erfolgten nach dem Stoßdämpferwechsel allerdings keine neuen Messungen bei dem Henschel-Fahrzeug.

Am 22. Juni 1944 wurde der »Jagdtiger« mit der Fahrgestell-Nummer 305 003 als erster schwerer Panzerjäger zur Ausbildung von Besatzungen der Panzerjäger-Schule Mielau zugewiesen. Der Abtransport per Bahn erfolgte am 30. Juni 1944.

Ein schwerwiegenderes Problem trat bei den ersten drei Serienfahrzeugen an der 12,8-cm-Panzerjägerkanone 44 auf. So berichtete das Nibelungenwerk der Firma Krupp am 15. Juli 1944, dass nach ca. 150 km Fahrstrecke sich an keinem der fertiggestellten drei Fahrzeuge die Seitenrichtmaschine mehr betätigen ließe. Zum einen brachen die Keile an den Gelenkwellen der Seitenrichtmaschine aus und zum anderen zeigten die Pivotzapfen an den Lagerschalen so starken Verschleiß, dass eine Bewegung der Geschütze nicht mehr möglich war. Alle drei Geschütze mussten ausgebaut und durch neue ersetzt werden. Eine Untersuchung ergab einen auffallend starken Abrieb und Kerben-Bildung an dem Kugelzapfen, der über den ganzen mittleren Umfang der Kugel und am unteren Bereich des zweiteiligen Halterings auftrat. Das relativ weiche Material vom Typ St 50.11, das an Zapfen und Lagerschale zur Anwendung kam, erforderte vor dem Einbau der neuen Geschütze ein sehr genaues Einschleifen. Das zweite Problem mit dem Ausbrechen der Keile an der Seitenrichtmaschine ging vermutlich auch auf das oben geschilderte Problem zurück.[22]

[22] RH 8-I 2952.

Bei der Erprobung wurde erneut festgestellt, dass bei den Fahrversuchen im Nibelungenwerk das Geschütz heftigen Rüttelbewegungen nach allen Seiten hin ausgesetzt war. Das entsprach genau den Ergebnissen, wie sie auch Wa Prüf 6 in Kummersdorf an den zwei Prototypen beider Laufwerks-Typen schon festgestellt hatte. Diese Rüttelbewegungen wirkten sich hauptsächlich auf die Kugelzapfen der Geschützlagerung aus und zeigten sich insbesondere beim Fahren ohne Marschzurrung. Um die Belastung von Richtmaschine und Kugelzapfen zu verringern, sah man eine Zurrung des Geschützes während des Marsches nicht nur innen am Bodenstück, sondern auch außen am Rohr als unbedingt für notwendig an. Eine daraufhin von der Firma Henschel konstruierte Musterausführung lehnte Wa Prüf 6 ab, da Henschel dazu die Abschleppösen des Fahrzeuges für die Lagerung verwendete. Dadurch war im abgeklappten Zustand der Stütze das Senken des Geschützes nach unten vorzeitig begrenzt. Auch die erste Art der äußeren Lafettenzurrung (ein »A« ohne Querstrebe) ließ die Lafette während der Fahrt, trotz angespannter Zurrspindel, seitlich nach beiden Seiten ausweichen. So kam von der Firma Krupp der Vorschlag einer Querstrebe als Versteifung, die in der weiteren Serie zum Einbau gelangte.

Eine weitere Maßnahme, die das Nibelungenwerk am 21. Juli 1944 beschloss, war die Vergütung der Kugel der Geschützlagerung. So verwendete man künftig für den Kugelzapfen das Material von Typ StC 45.61 mit 65 bis 75 kg/mm^2 Festigkeit. Bis zu einer Umstellung mussten die Kugeln allerdings weiterhin sorgfältigst eingeschliffen werden. Bei dieser Gelegenheit sollte auch die Härte der Stempel überprüft und gegebenenfalls ein Nachhärten erfolgen. Diese Stempel der Kugelzapfen sollten zukünftig oberflächengehärtet sein. Zudem erfolgte eine Verstärkung des Wellenstücks an der Seitenrichtmaschine vor der Verschiebekupplung.

Das nächste zu besprechende Problem folgte aus einer Nachprüfung der Stirnwandstärke in der Geschützmulde, die ergeben hatte, dass diese teilweise um mehr als 30 mm stärker ausfiel und sich deshalb der Wiegenpanzer um das gleiche Maß nach vorn verschob. Daraufhin musste die Halterung entsprechend verlängert werden. Diese Verschiebung und das unterschiedliche Gewicht des Wiegenpanzers hatten eine Änderung des Gegengewichtes am Abweiser des Geschützes zur Folge, denn ein Gewichtsausgleich musste auf jeden Fall erfolgen.

Weiterhin hatte man, wie schon geschildert, den Einbau einer Ausblase-Vorrichtung vorgesehen. Dafür war entweder ein Kompressor ähnlich dem des Panzerkampfwagens »Maus« vorgesehen oder ein zusätzlicher Zylinder neben Rohrbremse und Rückholer sollte während des Rohrrücklaufs die Luft für die Ausblase-Vorrichtung komprimieren. Die Lufteinblasung in den Ladungsraum erfolgte nach Auswurf der Kartusche. Ein Zeitpunkt für die Einführung war abhängig von dem Ergebnis des Beschusses in Hillersleben. Da aber nur der »Jagdtiger« mit der Fahrgestell-Nummer 305 002 die entsprechenden Bohrungen im Bodenstück des Geschützes besaß, sich aber noch in Kummersdorf zur Fahrwerkserprobung befand, hatte das Nibelungenwerk zu veranlassen, dieses Fahrzeug vorrangig zum Beschuss nach Hillersleben zu transportieren, erst danach konnte der Rücktransport des Fahrzeuges ins Nibelungenwerk erfolgen.

Doch auch der einzige Henschel-»Jagdtiger« mit der Nummer 2 war bekanntermaßen nicht einsatzfähig. Er besaß ebenfalls die beschriebenen schweren Schäden an der Lafette und benötigte neue Stoßdämpfer. Es blieb nichts weiter übrig: Wa Prüf 6 musste den Panzerjäger zurück an das Nibelungenwerk schicken, bevor die Versuche mit der Ausblase-Vorrichtung beginnen konnten. Dort teilte man dem Amt mit, dass diese aufwändige Reparatur nicht unter sechs Wochen durchgeführt werden konnte. Um die Brauchbarkeit der Geschützbrücke beim Beschuss festzustellen, unterbreitete das Werk Wa Prüf 6/Pz. IV den Vorschlag, wenigstens einen weiteren Geschützträger zur Erprobung nach Hillersleben zu schicken. Die Panzerjäger mit den Fahrgestell-Nummern 305 004 und 305 005 verließen im Juli 1944 das Werk. Den »Jagdtiger« 305 004 sendete man zur weiteren Erprobungen durch Wa Prüf 6 nach Kummersdorf. Er bekam die interne Wa Prüf 6-Nummer 253. Der dortige »Jagdtiger« mit der Fahrgestell-Nummer 305 001 hatte ebenfalls technische Schäden an der Geschützlafette davon getragen, die in Kummersdorf nicht zu beseitigen waren. Da eine Austauschbarkeit der Geschützlafette ohne entsprechende Nacharbeit nicht gewährleistet war, wurde das Fahrzeug ebenfalls zur Reparatur ins Nibelungenwerk zurückgesandt. Als Konsequenz forderte Wa Prüf 6 vom Nibelungenwerk eine Anzeichenschablone für sämtliche Befestigungsschrauben der Lafette.

Nachdem das reparierte Fahrzeug Nummer 1 wieder in Kummersdorf zurück war, erfolgte die Überführung von Fahrzeug Nummer 4 zur Firma Henschel, um es auf dem firmeneigenen Versuchsgelände, der Panzerversuchsstation 96 in Haustenbeck i.L., zu diversen Erprobungen einzusetzen. So unternahm Henschel im Auftrag des Heereswaffenamtes u. a. Abschleppversuche mit verschiedenen Vorrichtungen, Erprobungen des Schutzlüftungsgeräts der Firma Dräger unter verschiedenen Bedingungen sowie Versuche von diversen Einbauten. Dieses Fahrzeug bekam nie eine äußere Rohrabstützung und besaß nur vier Reserve-Kettenglieder auf jeder Aufbau-Seite.

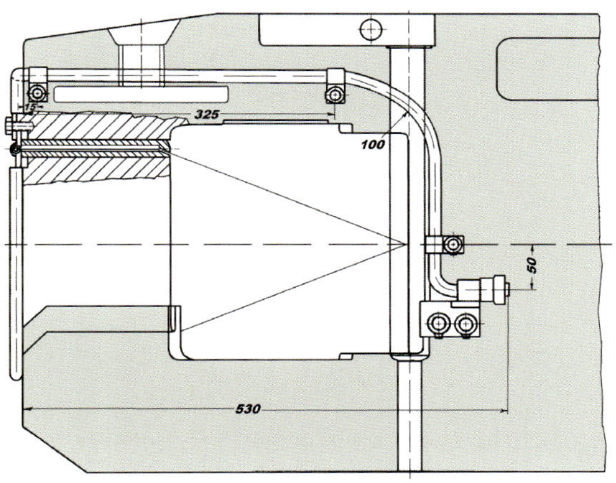

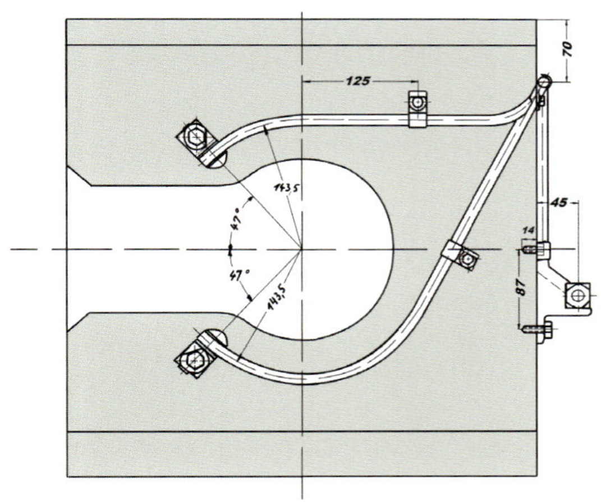

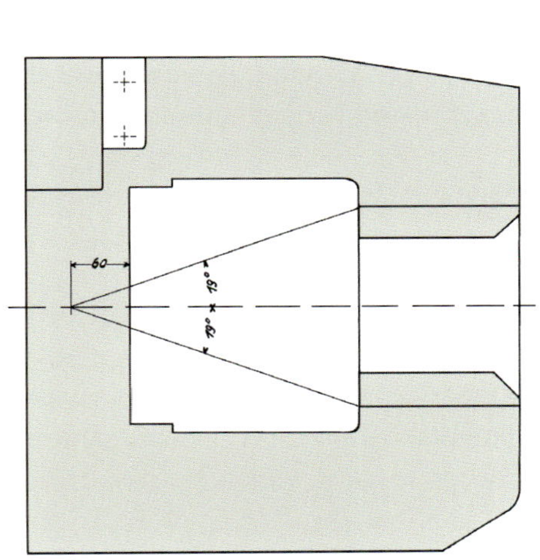

Die Zeichnungen zeigen die Anschlüsse der druckluftbelegten Rohr-Ausblasvorrichtung, die in dem Fahrzeug mit der Fahrgestell-Nummer 305 002 eingebaut war. Auf dem Foto sind die identischen Reste der Ausblasvorrichtung am Bodenstück der 12,8-cm-Kampfwagenkanone 44 im Turm der »Maus« in Kubinka zu sehen.

Der »Jagdtiger« mit der Fahrgestell-Nummer 305 001 befand sich bis Ende Juli 1944 in der Heeresversuchsstelle Kummersdorf. Das untere Bild zeigt, dass er im Winter 1944/45 erneut in Kummersdorf war. Dieses Fahrzeug war als einziger Porsche-»Jagdtiger« mit sechs Reserve-Kettengliedern auf jeder Seite ausgerüstet. Es besaß auch die neue Rohrabstützung in Form eines »A«. Auf den beiden Bildern hatte man dem Panzer die 66 cm schmalen Verladeketten aufgezogen.

Die Fertigstellung des fünften »Jagdtigers« mit der Fahrgestell-Nummer 305 005 erfolgte im Juli 1944. Bei der abschließenden Qualitätskontrolle wurden erhebliche Mängel an der vorderen Panzerung festgestellt und so konnte er von den Prüfern nicht abgenommen werden. Die Materialzusammensetzung der Aufbaufront musste als »mangelhaft« eingestuft aussortiert werden und konnte nur noch als sogenanntes »Heimatgerät« für die Ausbildung verwendet werden. Das Fahrzeug befand sich bis Oktober 1944 im Nibelungenwerk und anschließend erfolgte dann die Zuweisung an das Ausbildungs- und Reserve-Bataillon 500.

Ende Juli 1944 wies das Nibelungenwerk erneut auf die zu großen Toleranzen der gegossenen Frontwände des Aufbaus hin. Um das Geschütz einbauen zu können, mussten im Werk bis zu 40 mm Wandstärke mechanisch abgearbeitet werden. Auch am Wiegenpanzer erfolgten größere Abfräsun-

Die 12,8-cm-Panzergranaten 43 nach dem Lebensdauerbeschuss der 12,8-cm-Panzerjägerkanone 44 (links nach Schuss 90/97 und rechts nach Schuss 942/944).

gen, da sonst das Geschütz auf die Oberkante der Stirnwand aufschlug. Diese Mängel betrafen insgesamt 200 Panzerwände des Front-Aufbaus. Um größere Nacharbeiten zu vermeiden, sah sich Wa Prüf 6 gezwungen, die minimierte Senkung des Geschützes von - 6,5 Grad zu akzeptieren. Dieses Maß hatte das Nibelungenwerk aber unbedingt einzuhalten. Ähnlich verhielt es sich mit dem Seitenrichtbereich. Nach rechts stieß das Gehäuse der Seitenrichtmaschine an die Geschützbrücke an, wodurch ein Schwenkverlust von 0,5 Grad eintrat. Zwar veranlasste man sofort Änderungen, aber bei den fertigen Geschützen musste dieser Fehler ebenfalls in Kauf genommen werden. Die beengten Raumverhältnisse für den Richtschützen erlaubten bei belegter linker Munitionshalterung ein Vorbeigehen nur in der 12-Uhr-Stellung der Kanone.

Da man, wie schon erwähnt, die vordere Rohrabstützung der Firma Henschel ablehnte, sollte vorläufig eine vom Nibelungenwerk entwickelte, oben abklappbare Rohrstütze zur Anwendung kommen. Wa Prüf 6 nahm vorerst auch die zum Teil ungenügende Halterung der stehenden 12,8-cm-Granaten in Kauf. Eine Änderung sollte erst später in die Serie einfließen, um die dafür schon hergestellten Teile im Nibelungenwerk aufzubrauchen. Ebenfalls zu einem späteren Zeitpunkt plante man, die von der Firma Henschel entwickelten Ausrüstungsteile in die Serie zu übernehmen. Im Juli 1944 entfielen aus Einsparungsgründen die Auspuff-Abdeckungen, die die glühenden Auspufftöpfe vor allem bei Nacht verdecken sollten.

Auf dem Schießplatz Meppen hatte die Firma Krupp in Zusammenarbeit mit dem Heereswaffenamt schon im April 1944 begonnen, Schießversuche mit der 12,8-cm-Panzerjägerkanone 44 zur Feststellung der möglichen Rohrlebensdauer zu unternehmen. Sie verwendete die 12,8-cm-Panzergranate 43. Zweimal musste der Versuch allerdings abgebrochen werden, da sich nach 150 Schuss bei einer Granate die Geschosskappe löste und das Geschützrohr unbrauchbar machte und beim zweiten Versuch sich eine Kolbenstange der Rücklaufbremse verbog, wodurch es zum Bruch des Schießbockes kam.

Gelegentlich traten auch Versager auf, deren Ursache in der Schwergängigkeit des Schlagbolzens lag. Unglücklicherweise hatte der Hersteller des Schlagbolzens die Fertigungsnummer und den Abnahmestempel ausgerechnet auf die hintere Führung des Schlagbolzens eingeschlagen. Die dadurch entstandene Gratbildung verursachte in der Folge eine Schwergängigkeit.

Ende Juli 1944 galt der Schießversuch als abgeschlossen. Er beinhaltete jeweils eine Serie von fünfzig Schuss mit zwei Schuss als »Anwärmer«, zehn Schuss als ein Scheibentrefferbild auf 1200, 2000 oder 3000 m Schussentfernung, drei sogenannte »Feuerüberfälle« zu je zehn Schuss sowie acht Schuss zur Führungsprüfung. Zwischen dem als Feuerüberfälle bezeichneten Schnellschießen musste die Bedienung das Geschützrohr mit Wasser auf etwa 50° C abkühlen. Die Feuergeschwindigkeit schwankte zwischen 0,36 Schuss pro Minute und 5 Schuss pro Minute. Die erste, niedrigere Angabe von 0,36 Schuss pro Minute beinhaltete das Richten des Rohres und ein Nachfüllen des Dämpferöls der Rohrbremse. Daraus ergab sich eine durchschnittliche Feuergeschwindigkeit von 2 bis 3 Schuss pro Minute. Weitere Versuchsergebnisse ergaben, dass nach 800 Schuss ein 10-prozentiger Abfall der Anfangsgeschwindigkeit auftrat, der Gasdruck um 18 % sank und der Verbrennungsraum sich um 1,7 Kaliber verlängerte.

Als Ergebnis schätzte man den Rohrverschleiß nach 1000 Schuss noch als »frontbrauchbar« ein. Damit hatte das Geschützrohr die vorveranschlagte Lebensdauer von 375 Schuss weit überschritten. Für diese Vorausberechnung legte die Firma Krupp die Lebensdauer der 8,8-cm-Kampfwagenkanone 43 zugrunde, ohne jedoch den Unterschied der Verwendung von Patronenmunition bei der 8,8-cm-Kampfwagenkanone und angesetzter Munition bei der 12,8-cm-Panzerjägerkanone zu berücksichtigen. Bei den sogenannten »Wickelkartuschen« (s. Munitionskapitel) traten Mängel der Abdichtung zwischen Hülsenboden und Hülsenmantel auf, da mehr oder wenig stark Pulvergase durch den Spalt zwischen Verschluss und Geschützrohr austraten. Jedoch konnte durch eine Verstärkung der Kartuschen-Hülsen dieses Problem beseitigt werden. Nach diesem Langzeit-Versuch erfolgte ein »Ausschießen« des verwendeten Rohres.

Die Firma Krupp schickte am 10. August 1944 eine Rechnung für 1000 Geräte 12,8-cm-Panzerjägerkanone 44 zum

Richtpreis von 45 Mio. RM an das Heereswaffenamt. Entsprechend der erfolgten Lieferungen sollte ein Abschlag von 90 % erfolgen. Darin enthalten war der Preis für ein Vollrohr von 14.000,- RM.
Am 28. August 1944 verließen die nächsten drei Panzerjäger mit der Fahrgestell-Nummer 305 006, 305 007 und 305 008 das Werk und gelangten zur Fahrausbildung nach Fallingbostel. Im Ausbildungs- und Reservebataillon 500 erfolgte vom 3. bis zum 20. September die Ausbildung der Besatzungen der 1. und 3. Kompanie der schweren Panzerjäger-Abteilung 653 am neuen Panzerjäger. Diese Einheit hatte die Heeres-Führung wegen ihrer Kampferfahrung mit den »Ferdinand«- und »Elefant«-Panzerjägern in Russland und Italien ausgewählt, wo sie dem Feind große Verluste zugefügt hatte. Die drei neuen Panzerjäger besaßen eine gegen Haftminen aufgetragene Zimmert-Beschichtung, die bis in Höhe der ersten Reserve-Kettenglieder reichte sowie die erste Ausführung der vorderen Rohrabstützung ohne Querstrebe. Auf jeder Aufbauseite befanden sich die Haken für vier Reserve-Kettenglieder. Sie verblieben bis Oktober 1944 auf dem Übungsgelände in Fallingbostel. Im September 1944 übergab das Werk die »Jagdtiger« mit den Fahrgestell-Nummern 305 009 bis 305 012 als letzte Porsche-Jagdpanzer an das Heereszeugamt. Die Fahrzeuge mit der Nummer 9 und 10 waren auch die letzten Fahrzeuge mit der Zimmert-Beschichtung. Eine Ausrüstung mit der neuen Rohrabstützung mit Querstrebe begann mit dem 10. Panzerjäger.
Zudem verließen die ersten acht serienmäßigen Henschel-»Jagdtiger« mit den Fahrgestell-Nummern 305 013 bis 305 020 das Werk und wurden von der zuständigen Heeresabnahmestelle abgenommen. Danach erfolgte der Transport per Reichsbahn zum Truppenübungsplatz Döllersheim (heute Allentsteig), wo die Kanonen eingeschossen wurden. Das Heeres-Panzer-Nebenzeugamt Linz stattete die Fahrzeuge anschließend mit Munition, Kleinwaffen, Funkgeräten und Werkzeugen aus. So erfolgte erst am 05. Oktober 1944 die Auslieferung der drei Porsche-»Jagdtiger« mit den Fahrgestell-Nummern 305 009 bis 305 011 an das Ersatzheer und später an die schwere Panzerjäger-Abteilung 653. Diese Einheit erhielt einen Tag später noch zwei Henschel-»Jagdtiger«. Am 23. Oktober erfolgte eine weitere Lieferung von vier Panzerjäger zur dieser Panzerjägerabteilung. Der letzte Porsche-»Jagdtiger« mit der Fahrgestell-Nummer 305 012 konnte erst am 08. November 1944 an das Ersatzheer zur Ausbildung versendet werden. Bis Ende Oktober produzierte, bedingt durch einen schweren Luftangriff, das Nibelungenwerk nur fünf Fahrzeuge mit den Fahrgestell-Nummern 305 021 bis 305 025. Dieser Luftangriff vom 16. Oktober 1944 beschädigte eine Panzerwanne so schwer, dass diese nur noch verschrottet werden konnte. Dabei sah man deutlich, dass die starke Panzerung in Verbindung mit der Verzahnung gut gegen äußere Kräfte schützte, aber dass bei einer inneren Detonation die Schweißnähte die Kräfte nicht aufnehmen konnten, da die Nähte der dicken Panzerplatten nur oberflächig

»Jagdtiger« der Nummern 305 009 und 010 mit der Rohrabstützung alt und neu im Vergleich.

Die zerstörte Henschel-Wanne in Halle V nach dem ersten Tagesluftangriff am 16. Oktober 1944.

ausgeführt werden konnten. Wie bei dem Panzerkampfwagen »Maus« bezeichneten die Konstrukteure diese Schweißnähte nur als »Abdichtung«. Das zeigte sich später deutlich an den selbstzerstörten »Jagdtigern«, wo die Panzerplatten buchstäblich auseinander fielen.

Im November entstanden dadurch nur zwei Panzerwannen im Eisenwerke Oberdonau, die damit die Stückzahl von 90 produzierten Wannen erreichte. Im Nibelungenwerk wurden in diesem Monat zehn schwere Panzerjäger mit den Fahrgestell-Nummern 305 026 bis 305 035 montiert. Sechs Panzerjäger gelangten zur Auslieferung und für neun Fahrzeuge erfolgte eine Zuweisung an die schwere Panzerjäger-Abteilung 653. Ein Teil der Fahrzeuge wurde erst Anfang Dezember als »abtransportiert« vermerkt. Der Grund für die unterschiedlichen Angaben bei den Abgabezahlen lag darin, dass sich der Herstellungs-Termin vom Abnahme-Termin unterschied und der wiederum vom Übergabe-Termin.

Zudem erfolgte in den Dokumenten der Vermerk über das Datum der Zuweisung an die betreffende Einheit sowie über das Datum des tatsächlichen Abtransportes. Zum Beispiel wurden im Dezember 1944 sechzehn Fahrzeuge mit den Fahrgestell-Nummern 305 036 bis 305 051 gefertigt, zwanzig Fahrzeuge lieferte das Werk (mit dem Nichtgelieferten vom Vormonat) aus und für sechzehn Fahrzeuge erfolgte eine Zuweisung an die schwere Panzerjäger-Abteilung 653. Die Termine des Abtransports waren so unterschiedlich wie – auf Grund der Luftlage – die Termine für das Eintreffen bei der Truppe. Die Züge mussten am Tag oft Schutz in Eisenbahntunneln suchen oder auf die Reparatur der zerstörten Gleisanlagen warten.

Ebenfalls gab es oft Probleme mit der Bereitstellung der speziellen Schwerlastwagen (*SSyS*) zum Transport dieser schweren Fahrzeuge. Zum Ende des Jahres 1944 hatte das Eisenwerk Oberdonau in Linz die 98. Wanne gefertigt, das Nibelungenwerk in Sankt Valentin 51 »Jagdtiger« hergestellt und 49 Stück der schweren Panzerjäger an die Truppe ausgeliefert.

Auch bei der 12,8-cm-Artillerie hatten sich Fortschritte ergeben. Am 16. August 1944 führte man die 12,8-cm-Kanonen 44 von den Firmen Krupp und Rheinmetall vor. Der Skoda-Entwurf als dritte Möglichkeit wurde zu den Akten gelegt. Von jedem Geschütz entstand nur ein Prototyp. Da die Basis bei beiden Geschützen das 12,8-cm-Geschützrohr L/55 der Firma Krupp war, mussten auch die ballistischen Daten identisch sein:

- Rohrlänge von 7020 mm,
- Länge des gezogenen Teils von 5530 mm,
- Rohrgewicht ohne Mündungsbremse 3200 kg,
- 95 kg schwere Mündungsbremse (unterschiedliche Ausführung) mit 60 % Wirkungsgrad,
- Rohrrücklauf von 650 mm bis zur größten zulässigen Länge von 1050 mm,
- Schussweite mit der 12,8-cm-Sprenggranate L/4,9 und großer Ladung 25,5 km (später reduziert mit der L/5 auf 24 km) bei einer Anfangsgeschwindigkeit von 920 m/s.
- Das Geschütz besaß einen halbautomatischen horizontalen Flachkeilverschluss mit elektrischer Abfeuerung und eine Feuergeschwindigkeit von fünf Schuss pro Minute.
- Der Höhenrichtbereich lag bei beiden Kanonen bei - 5° bis + 45°.

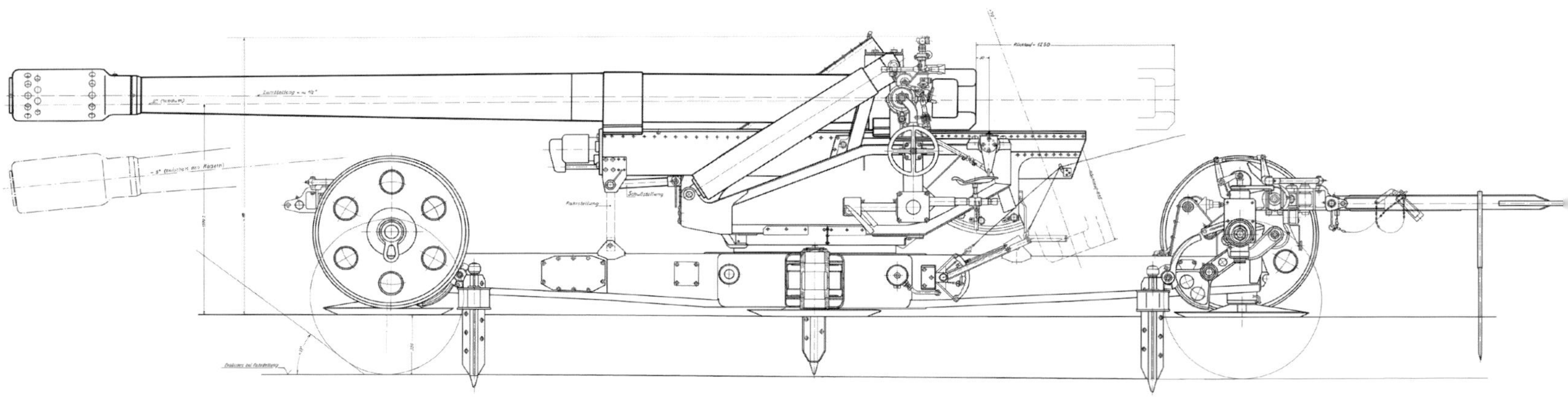

Gewichte
3200 kg Rohr vollständig
865 kg Oberlafette
755 kg Wiege mit Rohrbremse, Luftvorholer und Ausgleicher
3100 kg Unterlafette ohne Räder
160 kg Schutzschild
1300 kg Lafettenräder

2500 kg Haubitze

Bremsdrücke max.

Kanone:
bei +/- 0° P = 14400 kg
bei + 33° bis 45° P = 19300 kg

Haubitze:
bei +/- 0° P = 16100 kg
bei + 55° bis 70° P = 15600 kg

4.7.1944

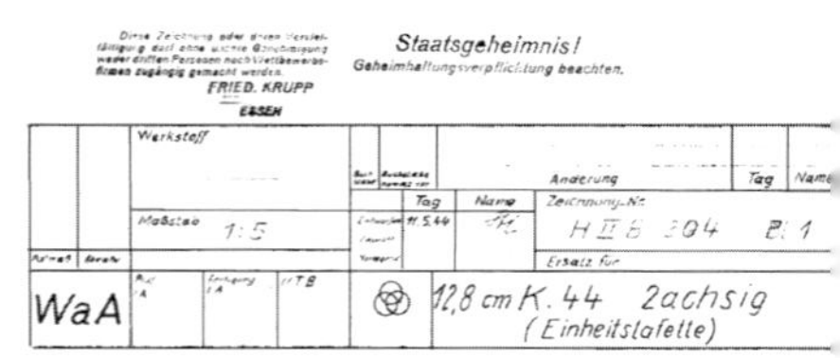

Die favorisierte 12,8-cm-Kanone 44 der Firma Krupp. Diese »Einheitslafette« war sowohl zur Aufnahme des Rohres der Panzerabwehrkanone 44 als auch des Rohres der schweren Feldhaubitze 43 geeignet.

Die 12,8-cm-Kanone 44 war eine schwere Feldkanone mit großer Schussweite und hoher Wertigkeit in der Panzerabwehr. Diese Kombination zeigte sich an der relativ niedrigen maximalen Erhöhung. Die 12,8-cm-Kanone 44 hatte nicht mehr viel mit der 12,8-cm-Kanone 43 gemeinsam. Die 12,8-cm-Kanone 44 besaß eine größere Länge von L/55 und zeichnete sich durch eine niedrige Feuerhöhe von ca. 1,35 m aus. Das Seitenrichtfeld betrug bei beiden Geschützen 360°. Als Richtmittel wurde die »Zieleinrichtung 34 mit dem Rundblickfernrohr 32« und die »Pakzielvorrichtung 43 S mit dem Pakzielfernrohr 3 x 8°« verwendet. Der Unterschied lag in den verschiedenen Kreuzlafetten und Rollenwagen. Die Spurweite von 2,39 m, die Radbreite von 25 cm, das Radgewicht mit 195 kg sowie der Raddurchmesser von 1,10 m waren noch identisch.

Bei der Krupp-Ausführung kam jedoch ein zweiachsiger Rollenwagen zur Anwendung, der beim Schießen an der Lafette verblieb und so dem Geschütz zusätzliche Stabilität verlieh. Die beiden Achsen konnten mittels Schneckengetriebe vom Boden abgehoben werden. In der Mitte des Lafettenkreuzes befanden sich vier Sporne, die das Geschütz beim Feuern zusätzlich im Boden verankerten. Alle Räder waren druckluftgebremst und besaßen eine Handbremse. Die Federung erfolgte mittels Drehstäben. Ein weiterer Unterschied bestand bei der Krupp-Ausführung in der Bodenfreiheit von 390 mm sowie dem Gewicht in Feuerstellung von 9,37 t. Das Gewicht entsprach auch dem Fahrgewicht. Der Achsdruck betrug 5,25 t und 4,05 t und erlaubte eine Fahrgeschwindigkeit von 35 km/h. Dieses Geschütz benötigte keine Rücklaufgrube, das heißt, dass das Bodenstück in der höchsten Erhöhung beim Rücklauf keine Bodenberührung bekam.

Die 12,8-cm-Kanone 44 (Gerät 5-1201) der Firma Krupp in Fahr- und Feuerstellung.

Die 12,8-cm-Kanone 44 (Gerät 5-1202) der Firma Rheinmetall.

Das Geschütz der Firma Rheinmetall benötigte einen abnehmbaren, schraubengefederten Protzenwagen, der vor dem Absenken auf die Kreuzlafette von der Geschütz-Bedienung entfernt werden musste. Die beiden Tandemräder besaßen im Gegensatz zur ungebremsten Protze eine Druckluftbremse und man konnte sie mittels Winde in der Feuerstellung einklappen. Durch das Abkoppeln der Protze verringerte sich das Fahrgewicht von 9,45 t auf 6,75 t Gewicht in der Feuerstellung. Das Schild besaß vorn die starke Neigung wie die Krupp-Ausführung, nur war es stärker an den Seiten herumgezogen und bot der Mannschaft dadurch mehr Schutz. Die Höhe des Geschützes betrug in Fahrstellung 1,83 m.

Ein weiterer Unterschied bestand in der hohen Bodenfreiheit von 60 cm unter dem Geschütz sowie 47,5 cm unter der Protze. Die Krupp-Ausführung überzeugte das Heereswaffenamt, da die Lafette auch als Haubitze mit einer maximalen Erhöhung von 70° eingesetzt werden konnte. Jedoch gab es Mitte 1944 kaum noch Rüstungskapazitäten für die Produktion der komplizierten Lafette. Mitte 1944 erfolgte eine Umbenennung der Bezeichnung »12,8-cm-Kanone 44« nach dem neuen Bezeichnungsschema in »12,8-cm-Kanone 81«.

Datum	**12,8-cm-Pak 44/80**	**Sd.Kfz. 186 »Jagdtiger«**		**12,8-cm-KwK 44/82**	**12,8-cm-Munition**
Okt 43				1	
Nov 43				2	
Dez 43	2			»Maus« eingestellt	
Summe Jahr	**2**			**3**	
Jan 44	6				
Feb 44	0	2	2		
Mrz 44	10	0			
Apr 44	0	0			
Mai 44	19	0			
Jun 44	13	1			4.000
Jul 44	2	0	3		2.000
Aug 44	15	3	3		8.000
Sep 44	26	5	3		0
Okt 44	9	10	9		8.000
Nov 44	6	9	6		22.000
Dez 44	12	16	20		26.000
Summe Jahr	**118**	**46**	**51**		**70.000**
Jan 45	30	2	10		12.000
Feb 45	B-Werk besetzt	0	13		12.000
Mrz 45		29	8		
Apr 45		3	7 (4)		
Mai 45		0	10 (4)		
Summe	**148**	**80**	**99 (8)**	**3**	**94.000**

Die Abnahmezahlen des Heereswaffenamtes: »Überblick über den Rüstungsstand des Heeres«, die aber nicht den Produktionszahlen entsprach. [23]
Die zweite Spalte unter »Jagdtiger« beinhaltet die produzierten Fahrzeuge, in Klammer die davon nicht ausgelieferten 8,8-cm-Fahrzeuge. [24]

[23] Institut für Zeitgeschichte Universität Wien. [24] Archiv History Facts, Andelfingen, Schweiz.

Wie schon beschrieben, hatte sich Ende Dezember 1944 auf Grund der Probleme bei der »Jagdtiger«-Produktion ein Überbestand an 12,8-cm-Panzerabwehrkanonen von 67 Geschützen ergeben. Nimmt man noch den zwei- bis vierwöchigen Vorlauf zur Bereitstellung der Kanonen für die Produktion heraus, bleiben 57 Geschütze übrig. Daher versuchte das Heereswaffenamt, die etwa 50 ungenutzten 12,8-cm-Kanonen L/55 anderweitig einzusetzen. Es besann sich der erbeuteten Lafetten, deren Kanonen vom Feind unbrauchbar gemacht worden waren. Die Lafetten der französischen 155-mm-Kanone GPF-T (Beutebezeichnung 15,5-cm-Kanone 419 (f)) sowie die russische 152-mm-Kanonenhaubitze 37 (Beutebezeichnung 15,2-cm-Kanonenhaubitze 433/1 (r)) eigneten sich am besten. Die französische Ausführung mit der 12,8-cm-Kanone 80, später in Kanone 81 geändert, erhielt jetzt die neue Bezeichnung 12,8-cm-Kanone 81/1. Sie hatte, bedingt durch die Verwendung der Spreizlafette, einen reduzierten Seitenrichtbereich von 60°. Der Höhenrichtbereich betrug - 2,5° bis + 45°.

Die 12,8-cm-Kanone 81/1 auf der französischen Lafette der GPF-T als US-Beute.

Das Geschütz besaß in Feuerstellung ein hohes Gewicht von 11,8 t. In Fahrstellung betrug es sogar 13,3 t. Das ergab einen Achsdruck von 2 x 4,67 t und der Protze von 1 x 3,62 t. Die maximale Fahrgeschwindigkeit reichte durch die nachgerüsteten luftbereiften Räder für 40 km/h. Zum Feuern mit der höchsten Rohr-Erhöhung musste die Geschützbedienung eine Grube für einen Rücklauf von 0,1 m anlegen. Das Geschütz war jedoch für einen »Notbehelf« recht gut gelungen.

Die 12,8-cm-Kanone 81 in der oben genannten russischen Lafette besaß die neue Bezeichnung 12,8-cm-Kanone 81/2. Der Umbau erforderte für dieses Geschütz jedoch etwas mehr Aufwand. Zwar präsentierte es sich mit einem Gewicht in Feuerstellung von 8,4 t und 9,1 t in Fahrstellung erheblich vorteilhafter, aber man musste eine neue Rohrwiege und ein neues Rücklaufsystem konstruieren. Mindestens ein Geschütz hatte zudem noch den originalen Höhenausgleicher der russischen Kanonenhaubitze besessen. Der Seitenrichtbereich der 12,8-cm-Kanone 81/2 war mit 56° zwar kleiner, aber mit 1,5 m Feuerhöhe niedriger als die 1,95 m Feuerhöhe der 12,8-cm-Kanone 81/1. Der Achsdruck betrug 1 x 7,15 t und 1 x 1,67 t, was bei schlechten Wegeverhältnissen zu Problemen geführt hatte. So betrug auch die maximale Fahrgeschwindigkeit der mit Vollgummi-Rädern ausgestatteten Lafette nur 20 km/h. Auch für diese Kanone war kein Schutzschild vorgesehen, da es, wie auch die französische Kanone 81/1, als Fernkampfgeschütz eingesetzt werden sollte. Von den 12,8-cm-Kanonen 81/2 existierten außerdem Geschütze mit Mündungsbremse, da der Rücklauf bei einem Schuss in höchster Erhöhung eine Grube unter dem Bodenstück von 0,8 m erforderlich machte. Es konnten aber nur wenige Exemplare von diesen Geschützen hergestellt werden. Die Ausführung auf der russischen Lafette bezeichnete Hitler als besonders gelungen.

Am 25. Oktober 1944, bei einer Besprechung beim Chef Heeresstab, stand in dessen Kriegstagebuch zu diesem Thema:

»Dieses Geschütz bietet sich so plötzlich an, da die Tiger-Fertigung nicht Schritt gehalten hat. Es kann daher gerechnet werden, dass im November bis zu 50 Geschütze und ab Dezember etwa 30 anfallen. Die Zahl mindert sich jeweils um die Zahl der verfügbaren Tigerfahrgestelle. Gedacht ist, dieses Geschütz nicht in die Artillerie-Korps einzugliedern, sondern als Fernkampf-Artillerie aufzustellen. Nach Rücksprache, Vorschlag, selbständige Batterien wie die 17-cm-Batterien zu schaffen, jedoch zu sechs Geschützen. ... Eine wichtige Aufgabe für diese Geschütze wird Fernfeuer auf Antwerpen sein, da sichergestellt werden muss, dass dieser Hafen für den Feind möglichst lange Zeit unbenutzbar bleibt.« [25]

In dem schon zitierten Kriegstagebuch stand unter dem 31. Oktober 1944 ein Vermerk, dass die neue 12,8-cm-Kanone mit der zunächst vorhandenen Munition nur 21 km weit schießen konnte, aber in wenigen Wochen Munition für eine Entfernung von 24 km zur Verfügung stehen könnte. Damit meinte man den Übergang von der 12,8-cm-Sprenggranate L/4,5 auf die neuentwickelte, strömungsgünstigere 12,8-cm-Sprenggranate L/5.

Am 12. Oktober 1944 unterbreitete Minister Speer Hitler den Vorschlag, die einmalige Serie von 150 »Jagdtigern« auslaufen zu lassen, so dass diese Panzerjäger dem Generalinspekteur der Panzertruppen für Sonderzwecke zur Verfügung stehen würden.

Bei der Rüstungskonferenz vom 1. bis zum 4. November 1944 äußerte Hitler sich erfreut über die hervorragenden Schießergebnisse und die technisch überzeugende Lösung der 12,8-cm-Kanone. *»Er entscheidet, dass zunächst die weiterhin anfallenden überzähligen Kanonen aus der Jagdtiger-Produktion mit etwa 20 Stück im Monat auch ferner in die*

[25] Kriegstagebuch des Generals der Artillerie.

Eine von der US-Army erbeutete 12,8-cm-Kanone 81/2 auf Lafette der russischen Kanonenhaubitze 37. Gut sind die Haltebügel für die Panzerblende des »Jagdtigers« zu erkennen.

etwa 60 freien Lafetten der russischen Kanone 433 eingelagert werden sollen, dass darüber hinaus von Fall zu Fall geprüft werden soll, etwa bis zu 100 Lafetten aus dem noch vorhandenen Kanonenbestand der Heimat freizumachen. Weiterhin soll bis zu diesem Termin geprüft werden, ob die Kanone auf den Waffenträger Aufnahme finden kann oder ob die russische oder die französische Lafette nachgebaut werden soll oder ob nach entsprechender Änderung eine der von Krupp beziehungsweise Rheinmetall vorgeschlagenen endgültigen Lafettenlösungen für die vorgesehene neue 12,8-cm-Kanone unter Anpassung an das Jagdtigergeschütz Verwendung finden kann. Der Führer fordert, dass alles unternommen wird, dass die insgesamt zugesagten 52 Kanonen bis zum 8. November zur Verfügung stehen. Ein Geschütz soll bei Gelegenheit zur Vorführung kommen.« [26]

Anlässlich einer Vorführung der 12,8-cm-Kanone auf dem Schießplatz Hillersleben am 9. November 1944 wurde beschlossen, trotz der wenigen fertigen Geschütze, die ersten vier Batterien in Wuppertal aufzustellen. Für die Batterien waren bisher zehn Geschütze eingetroffen, sieben mit russischer Unterlafette und drei mit französischer Unterlafette. Es fehlte jedoch noch sämtliches Zubehör. Nach dem Eintreffen des fehlenden Geräts konnten diese Batterien sofort zum Einsatz abrollen. Für die sechs Kanonen einer Batterie gab es laut Ausstattungsrichtlinie nur zwei 12-Tonnen-Zugkraftwagen, so dass immer nur ein Drittel der Batterie Stellungswechsel machen konnte. Die Zeit zur Feuerbereitmachung lag bei 30 Minuten. Es entstanden die 12,8-cm-Kanonen-Batterien 1092 bis 1097 sowie die Batterien 1124 und 1125. Das waren acht Batterien zu sechs Kanonen, was theoretisch 48 Stück an 12,8-cm-Kanonen bedeutet hätte. Zu dieser Zeit war jedoch eine Vollausstattung der Einheiten absolut illusorisch.

Am 5. Dezember 1944 stellte Hitler nochmals fest, dass die 12,8-cm-Kanone in der russischen Lafette 433 den derzeitigen technischen Möglichkeiten in vollem Maße entspreche. *»Er legt deshalb fest, dass, soweit dies überhaupt irgendwie möglich ist, auch in Zukunft überzählige 12,8-cm-Pak aus dem Tiger-Jäger in die noch in großer Zahl vorhandenen Lafetten 433(r) eingelagert werden und zwar so lange, bis der Waffenträger auf Basis 38(t) eine Ablösung auf Basis einer Selbstfahrlafette bringt«.* [27]

Der Zeitdruck für die Aufstellung dieser Batterien hatte seinen Grund in der geplanten Teilnahme an der Operation »Wacht am Rhein« – der Ardennen-Offensive –, der letzten großen Operation der Wehrmacht im Westen. Teilnehmen sollte auch die in der Ausrüstung und Ausbildung befindliche schwere Panzerjäger-Abteilung 653 in Döllersheim. Anfang Dezember 1944 wurden sechzehn »Jagdtiger« der 1. und 3. Kompanie auf Züge verladen und verließen am 7. Dezember

[26] Deutschlands Rüstung im Zweiten Weltkrieg, Seite 432.

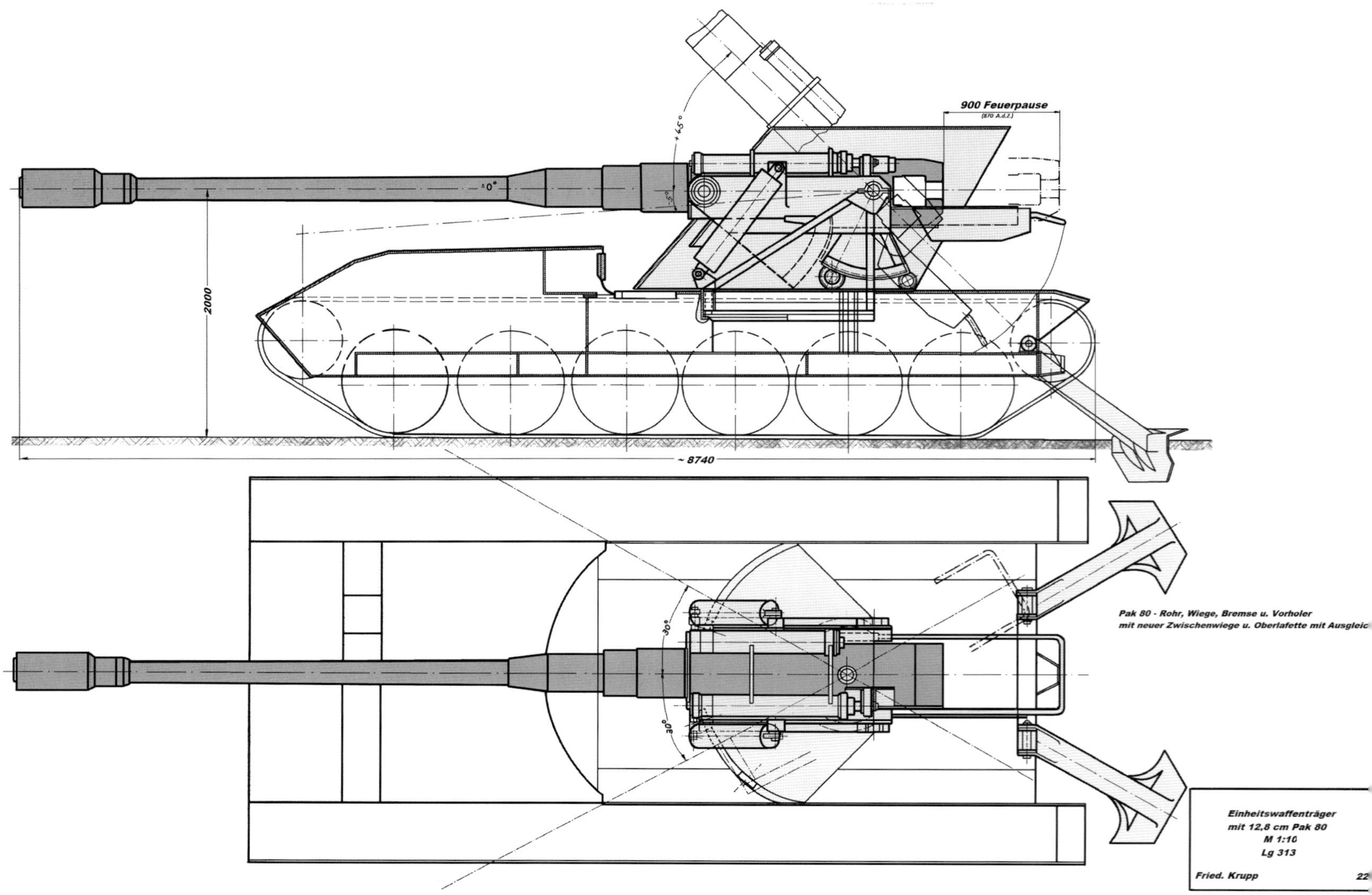

Die 12,8-cm-Panzerabwehrkanone 80 mit neuer Oberlafette auf dem Einheits-Waffenträger auf Basis des Panzer 38(t) vom 22. Januar 1945.

1944 den Truppenübungsplatz Döllersheim. Durch die restlos zerbombten Eisenbahnstrecken blieben sämtliche Transportzüge der Abteilung liegen. Nur eine kleine Gruppe der Versorgungskompanie erreichte den vorgesehenen Einsatzraum zum 15. Dezember, dem Beginn der Offensive.

Wegen der erheblichen Transportprobleme kamen diese schweren Panzerjäger nicht mehr zum Einsatz und wurden zersplittert umgeleitet in Richtung Saarland, um dort an der etwas kleineren »Operation Nordwind« teilzunehmen. Zwölf »Jagdtiger« der 1. Kompanie sollten eine 90 km lange Strecke im Moseltal auf der Straße zurücklegen, da kein Transport-Zug verfügbar war. Der Marsch wurde zu einem Desaster. Nur zwei Fahrzeuge erreichten am 9. Januar das Ziel Boppard. Der Rest lag auf der Strecke verteilt mit diversen Schäden. Auf Grund dessen wurde im Auftrag des Heereswaffenamtes eine Gruppe von Firmen-Spezialisten der Firmen Henschel und Maybach gesendet, um diese vielen Schäden zu analysieren, die vor allem den Motor und das Getriebe samt Lenkaggregat betrafen.

Im Nibelungenwerk erhielten die produzierten Fahrzeuge seit September 1944 keine Zimmerit-Beschichtungen mehr. Auch die bis dahin verwendete 20-t-Wagenwinde mit dem dazugehörigen Unterlegeklotz entfiel, da das Gewicht der Fahrzeuge zu hoch für diese Winde war. Im Dezember 1944 begann das Nibelungenwerk, zusätzliche Aufhängungen für je ein weiteres Paar Reservekettenglieder an der seitlichen Aufbauwand anzuschweißen.

[27] Deutschlands Rüstung im Zweiten Weltkrieg, Seite 456.

Bezugnehmend auf den Vorschlag von Rüstungsminister Speer vom 12. Oktober 1944 legte Hitler in der Rüstungskonferenz vom 3. Januar 1945 nochmals fest, dass die »Jagdtiger«-Produktion nach dem Auslaufen der ersten Serie von 150 Fahrzeugen auf keinen Fall auslaufen durfte, sondern mit allen Mitteln versucht werden sollte, unter Berücksichtigung der Panzerblechproduktion, eine möglichst hohe Stückzahl zu produzieren. [28]

Daraufhin forderte das Heereswaffenamt vom Nibelungenwerk Ende Januar 1945, 100 »Jagdtiger« bis einschließlich April 1945 herzustellen. Danach sollte die Fertigung sofort auf den Panzer »Tiger« II umgestellt werden. Noch im Mai 1945 sollte die Fertigung der ersten 25 »Tiger« II im Nibelungenwerk erfolgen, mit einer steigenden Tendenz auf 60 Panzerkampfwagen pro Monat. Die bisherige »Jagdtiger«-Produktion sollte die Firma Jung übernehmen, die jedoch noch nie ein Panzerfahrzeug hergestellt hatte. Aber das Inkrafttre-

[28] Deutschlands Rüstung im Zweiten Weltkrieg, Seite 463.

Die »Jagdtiger«-Produktion im Nibelungenwerk Anfang 1945.

ten des »Panzer-Notprogramms« änderte diesen unrealistischen Plan, da die vorhandenen Mittel nur noch für die Herstellung von sogenannten »kriegsendscheidenden Waffen« zu verwenden waren. Man plante, im Nibelungenwerk vom »Jagdtiger« noch 25 Fahrzeuge im Februar, 40 Fahrzeuge im März und die letzten 27 Fahrzeuge im April 1945 herzustellen.

Am 26. Februar 1945 befahl Hitler anlässlich einer Rüstungskonferenz in Berlin *»eine sofortige Einleitung von Gewaltmaßnahmen, um den Ausstoß an Jagd-Tigern in kürzester Frist auf ein Höchstmaß zu steigern. Da der Engpass für einen Höchstausstoß im Monat März die 12,8-cm-Geschütze sind* (die Bertha-Werke in Breslau wurden im Februar 1945 von der Roten Armee erobert – d. Verf.), *befiehlt Hitler, dass sofort ermittelt wird, wo solche Geschütze vorhanden sind, und zwar dass – falls erforderlich – auch Rohre von den in Beutelafetten eingelagerten 12,8-cm-Kanonen umgehend für diese Zwecke zurückdisponiert werden müssen. Die Transporte haben vorrangig zu erfolgen, erforderlichenfalls im Wehrmachtssektor. Sollte für die Gesamtaktion zeitlich auch durch diese Maßnahmen nicht ein voller Ausstoß möglich sein, so ist sofort die darüber hinaus mögliche Fertigungskapazität mit den 8,8-cm-Rohren L/71 auszustatten.«* [29]

Es erfolgte jedoch nur eine Rückverlagerung von drei 12,8-cm-Rohren aus 12,8-cm-Kanonen 81, was an den Produktionszahlen zu erkennen war. Im Januar 1945 fertigte das Nibelungenwerk zehn »Jagdtiger« mit der Fahrgestell-Nummer 305 052 bis 305 061. Die letzten beiden Fahrzeuge bekam die schwere Panzerjäger-Abteilung 512 zugeteilt, da die schwere Panzerjäger-Abteilung 653 unterdessen alle geplanten 45 Panzerjäger erhalten hatte. Das Eisenwerk Linz lieferte in diesem Monat die 105. Panzerwanne an das Nibelungenwerk.

Unterdessen lag der Bericht der Techniker über die hohen Ausfälle der auf dem Marsch im Moseltal ausgefallenen »Jagdtiger« vor. Darin schildert der leitende Offizier für Kraftfahrzeuge am 16. Januar 1945 an den Generalinspekteur der Panzertruppen, dass von den zwölf Fahrzeugen auf dem Marsch sechs Fahrzeuge nur langfristig zu behebende Schäden davon getragen hätten. Unter diesen besaßen vier Fahrzeuge einen defekten Motor mit Pleuellagerschäden sowie zwei Fahrzeuge einen Getriebeschaden. Die vier leichteren Schadensbilder zeigten eine defekte Schwinghebelwelle im Motor, einen Kabelbrand im Motorraum, einen Bruch der Kardanwelle zur linken Lüfterwelle sowie einen Getriebeölverlust.

Für die Behebung der schweren Fälle plante man ein bis zwei Wochen nach Eintreffen der Ersatzteile sowie der nötigen Technik ein. Die Ursachen lagen hauptsächlich im Mehrgewicht des »Jagdtigers« von ca. zehn Tonnen gegenüber dem »Tiger« II und in der unzureichenden Fahrer- und Technikerausbildung am Maybach-Motor sowie dem Olvar-Getriebe begründet. Der zersplitterte Einsatz der Abteilung machte wegen der ungenügenden Ausstattung der Instandsetzungsdienste und des Fehlens der nötigen Sonderwerkzeuge die instandsetzungsmäßige Versorgung unmöglich. [30]

Ein weiterer, schwerer Mangel zeigte sich am Lenkgetriebe L801 der Firma Henschel. Diese Lenkgetriebe besaßen eine konstruktive Schwäche in der Lagerung. Dadurch wurde eine Formänderung an allen Lenkgetrieben notwendig. Vorrangig mussten aber erst einmal die Lenkgetriebe der laufenden »Jagdtiger«-Produktion im Nibelungen-Werk getauscht werden. Deshalb wurde die Produktion der Panzerjäger gestoppt, um diesen Mangel zu beseitigen. Dies beeinflusste die Zeitplanungen für die Ausstattung der schweren Panzerjäger-Abteilung 512 nachhaltig.

Um ein Lenkaggregat zu wechseln, mussten die Schlosser zuerst das Geschütz samt Lafette entfernen. Danach war die vordere Abdeckplatte, die Antriebswellen zu den Vorgelegen und die Kardanwelle zum Motor zu entfernen und die Einheit Lenkgetriebe-Getriebe konnte herausgehoben werden. Nach der Montage des neuen Lenkgetriebes an das Schaltgetriebe schloss sich der Einbau der demontierten Teile an. Anschließend erfolgte ein Einschießen des Geschützes, das heißt, ein Abstimmen von Zielvorrichtung und Geschütz. Insgesamt benötigte dieser Umbau einen Zeitaufwand von vier Tagen. Da sich diese Umrüstung über Wochen hinzog, musste speziell die schwere Panzerjäger-Abteilung 653 bis zur fertigen Umrüstung aller Panzerjäger sehr sorgsam mit ihren Fahrzeugen umgehen. So waren Drehungen im Leerlauf möglichst zu vermeiden. Dies war aber ein Problem, da der Richtschütze sein Geschütz nur in einem begrenzten seitlichen Winkel richten konnte, ohne das Fahrzeug grob in die Schussrichtung zu drehen.

Für die schwere Panzerjäger-Abteilung 653 konnten diese Umrüstarbeiten nur einzeln durch ihre Werkstattkompanie im Feld erledigt werden, was wiederum das Vorhandensein von Kranfahrzeugen voraussetzte. Dieser schwere Konstruktionsfehler minderte die Zuverlässigkeit und Einsatzbereitschaft der Abteilung wesentlich. Die schwere Panzerjäger-Abteilung 512 dagegen gab ihre schon ausgelieferten elf Fahrzeuge zum Wechsel der Lenkaggregate ans Nibelungenwerk zurück. Dadurch verzögerte sich die Aufstellung dieser Einheit erheblich.

Das Eisenwerk Linz lieferte im Februar 1945 sieben Panzerwannen an das Nibelungenwerk, was die Gesamtzahl der produzierten Wannen auf 112 Stück erhöhte. Im Nibelungenwerk verließen statt der zwanzig geplanten Panzerjäger nur dreizehn Fahrzeuge mit den Fahrgestell-Nummern 305 062 bis 305 074 die Werkhallen, da, wie beschrieben, vorrangig

[29] Deutschlands Rüstung im Zweiten Weltkrieg, Seite 470.

[30] Jagdtiger – der stärkste König. Seite 56.

bei den schon auf dem Fließband stehenden »Jagdtigern« die Lenkgetriebe getauscht werden mussten.
Ab Februar 1945 wurden auch die Panzerjäger mit einem 2-t-Behelfskran ausgestattet. Dieser Kran sollte es den Werkstattzügen ohne eigenes Kranfahrzeug ermöglichen, die Motorabdeckung abzunehmen und Motor oder Vorgelege unter feldmäßigen Bedingungen zu wechseln. Diesen Behelfskran hatte man ursprünglich für den »Bergepanther« und für das Sturmgeschütz IV projektiert. Die maximale Kranausladung betrug ca. 2,4 m. Der Behelfskran bestand aus einem Standmast, zwei als Stützrohre bezeichneten Streben und dem Kranausleger. Die Kranauslage konnte mit Hilfe der Tragkette verstellt werden. Für das Sturmgeschütz IV reichten fünf Befestigungspilze aus, während auf Grund der größeren Abmessungen des »Jagdtigers« acht solche »Pilze« auf das Aufbaudach geschweißt wurden.
Ende Februar 1945 entstand – nach den schon geschilderten drei Zwischenberichten – auch der Abschlussbericht über die Schwingungsmessungen beim Jagdpanzer »Tiger« mit Henschel- und Porschelaufwerk. Die Ursachen beim Jagdpanzer mit Porsche-Laufwerk konnten von Wa Prüf 6 eindeutig geklärt werden, während beim Jagdpanzer mit Henschel-Laufwerk gravierende Schwierigkeiten an dem Schwingungsdämpfer HT 90 bestanden, die man nicht beheben konnte. Alle vier Dämpfer hatten erhebliche Ölverluste, die zu großen Längsschwingungen des Henschel-Fahrwerkes führten. Bei den vorderen Schwingungsdämpfern konnte das Problem durch Nachfüllen von Öl (1050 m^3 und 1400 m^3) vorübergehend gelöst werden, jedoch waren die hinteren Schwingungsdämpfer total unzugänglich, so dass weder Öl kontrolliert noch nachgefüllt werden konnte.
Zur Behebung dieses Problems musste der Maybach-Motor demontiert werden. Dazu schickte man, wie schon beschrieben, das Versuchsfahrzeug ins Nibelungenwerk zurück, um dort Schwingungsdämpfer der neusten Bauart einzubauen. Die Porsche-Ausführung benötigte wegen der sehr harten Federung keine Stoßdämpfer und war in Kombination mit der feingliedrigeren »Elefant«-Kette unproblematisch.
Im März 1945 konnte das Eisenwerk Oberdonau in Linz wegen schweren Luftangriffen nur zwei Panzerwannen ausliefern, wodurch sich die Gesamtzahl der produzierten Wannen auf 114 erhöhte. Im Nibelungenwerk entstanden acht »Jagdtiger« mit den Fahrgestell-Nummern 305 075 bis 305 082. Alle abgenommenen Fahrzeuge übernahm die schwere Pan-

Der »Bergepanther« mit dem aufgebauten 2-Tonnen-Hilfskran in der WTS in Koblenz.

zerjäger-Abteilung 512, die damit einen Bestand von 25 »Jagdtigern« besaß. In der 1. und 2. Kompanie befanden sich je zehn Fahrzeuge, die 3. Kompanie hatte nur fünf Fahrzeuge erhalten. Zwar konnten der 3. Kompanie am 25. März 1945 noch vier weitere Fahrzeuge zugewiesen werden, aber der schwere Bombenangriff vom 23. März 1945 traf auch den beladenen Zug und beschädigte die versandfertigen Panzerjäger schwer. [31]

Dieser schwere Luftangriff brachte die Produktion im Nibelungenwerk für zwei Wochen zum Erliegen, da auch alle schweren Kräne zum Einsturz kamen. Zwei der schon verladenen »Jagdtiger« waren zu stark reparaturbedürftig und verblieben im Werk. Die anderen beiden verladenen »Jagdtiger« wurden nach der Reparatur zwar noch in Richtung Sennelager geschickt, jedoch erreichte der Zug nie sein Ziel. Deshalb blieb der Bestand der 3. Kompanie der schweren Panzerjäger-Abteilung bei fünf »Jagdtigern«.

[31] RH 10/349 und H 16/246.

Im April 1945 konnten im Nibelungenwerk, trotz aller Schwierigkeiten, noch sieben »Jagdtiger« montiert werden. Nur drei Panzerjäger gelangten zur Abnahme, da bei den in der Zwischenzeit hergestellten vier 8,8-cm-»Jagdtigern« mit den Fahrgestell-Nummern 305 078 bis 305 081 keine Winkelzielfernrohre und die 8,8-cm-Munition vorrätig war. Die Firma Carl-Zeiss Jena als Produzent von Zieloptik war am 13. April 1945 von den Amerikanern besetzt worden, wobei der vorherige Beschuss der Stadt jegliche Produktion zum Erliegen brachte.

Die drei letzten 12,8-cm-»Jagdtiger« mit den Fahrgestell-Nummern 305 082 bis 305 084 erhielten bis zum 15. April 1945 noch zurückgelagerte 12,8-cm-Panzerjäger-Kanonen 80 als Bewaffnung. Als letzte Auslieferung des Nibelungenwerkes übergab man am 29. April 1945 die drei 12,8-cm-Panzerjäger, zusammen mit einem reparierten 12,8-cm-»Jagdtiger«, den warteten Mannschaften der schweren Panzerjäger-Abteilung 653. Diese vier Fahrzeuge kämpften noch unter dem Befehl der schweren SS-Panzerabteilung 501 bis

Dieser 12,8-cm-Henschel-»Jagdtiger« im Nibelungenwerk vor der Halle VII wurde schon vor der Sprengung als Materialspender genutzt, da Ketten zum Ende des Krieges Mangelware waren. Die fertigen Fahrzeuge lieferte man zum Ende des Krieges nur mit den schmalen Verladeketten aus. Die Geländeketten, wenn vorhanden, gelangten direkt vom Ketten-Herstellerwerk zur Truppe.

Die 12,8-cm-Panzerjägerkanone 80 war durch Ablassen des Öles der Rücklaufbremse und durch Abfeuern des letzten Schusses in der hintersten Stellung verkeilt (wie auch die Kanone beim »Jagdtiger« 305 020 in Aberdeen). Gut zu erkennen sind das abgebrochene Schildlager der Kanone und die starke Frontpanzerplatte des Aufbaus.

zum 5. Mai 1945. Nach unbestätigten Berichten erfolgte noch die Herstellung von drei weiteren 8,8-cm-»Jagdtigern« mit den Fahrgestell-Nummern 305 085 bis 305 088.

Am 4. Mai 1945 besetzten die Amerikaner das in der Nähe liegende Linz. Daraufhin sprengte die im Nibelungenwerk Sankt Valentin noch auf Fahrzeuge wartenden Besatzungen der schweren Panzerjäger-Abteilung 653 sieben bis acht halbfertige Panzerjäger. Darunter muss sich noch ein defekter 12,8-cm-»Jagdtiger« ohne Ketten befunden haben. Die beiden Bilder vom Mai 1945 zeigen einen späten Henschel-Panzerjäger (er besitzt schon Kran-Pilze) vor der Halle VII im Nibelungenwerk. Dieser ist vermutlich ein durch den Bombenangriff vom 23. März 1945 beschädigtes Fahrzeug, das für die 3. Kompanie der schweren Panzerjäger-Abteilung 512 bestimmt war.

Am 09. Mai 1945 besetzte die Rote Armee das Nibelungenwerk. Danach wurde unter der Regie der »Roten Armee«, parallel zur Werksdemontage, aus dem noch vorhandenen Material neben 45 Panzer IV Ausf. J noch *ein* »Jagdtiger« produziert. Diese Fahrzeuge wurden zusammen mit den demontierten Werkzeugmaschinen in die UdSSR transportiert. [32]

[32] Report NARA-USSBS.

Ein Teil der Panzer IV soll noch an der Siegesparade in Moskau teilgenommen haben. Von den nachweislich hergestellten 80 »Jagdtigern« mit der 12,8-cm-Panzerjägerkanone 80 (laut Fahrgestell-Nummer: Nr. 305 **001** bis 305 **084 minus** der vier nicht ausgelieferten 8,8-cm-»Jagdtiger« mit den Nr. 305 078 bis 305 082) wurden bei den schweren Panzerjäger-Abteilungen 653 und 512 nur etwa 20 bis 30 % der Fahrzeuge durch Feindeinwirkung vernichtet, der größte Teil musste auf Grund mechanischer Probleme gesprengt bzw. zurückgelassen werden. Trotz aller Probleme mit den schweren, untermotorisierten Fahrzeugen konnte man noch ca. 350 gegnerische Panzer und andere Fahrzeuge vernichten, was letztendlich – neben dem Kampfesmut der Besatzungen – der hervorragenden 12,8-cm-Panzerjäger-Kanone und der starken Panzerung zu verdanken war. Nur etwa acht »Jagdtiger« fielen dem damaligen Gegner intakt in die Hände. Heute existieren nur noch drei dieser Fahrzeuge in den internationalen Panzer-Museen der Sieger.

Die »Jagdtiger« im Museum und ihre Technik

Der Tester

Den Krieg und die späteren Verschrottungsaktionen überlebten nur diese drei »Tiger«-Jäger, die 305 004, 305 020 und 305 083. Der »Jagdtiger« mit der Fahrgestell-Nummer **305 004**, der einzige Porsche-»Jagdtiger« des Trios, war ein Erprobungsfahrzeug auf dem Gelände der Firma Henschel bei Haustenbeck in der Nähe des »Sennelagers«.

Schleppversuche eines »Tiger« B mit Hilfe des »Jagdtigers« 305 004 im Winter 1944/45.

Porsche Rollenwaagen.

Der »Jagdtiger« 305 004 stand hier auf der Sammelfläche der Beutefahrzeuge im Sennelager, neben dem VK 3001(H) Nr. 2. Der linke Porsche-Rollenwagen war während der Erprobung der »Dräger«-Anlage am 6. Februar 1945 abgebrochen und nicht wieder ersetzt worden.

Die britischen Truppen erprobten diesen »Jagdtiger« in Haustenbeck ausführlich, wobei auch ein Film entstand. Das Fahrzeug wurde anschließend nach England transportiert und weiter getestet. Zurück blieben die mittlere Motorabdeckung, der sogenannte Gräting sowie der abgebrochene Rollenwagen im Sennelager. Das Fahrzeug besaß die Auspuff-Verkleidung der ersten Serie, die ein Glühen des Schalldämpfers bei Nacht verdecken sollte, später aber eingespart wurde. Die halbhohe Zimmerit-Schicht gegen Haftminen wurde nur bis zum neunten Fahrzeug angebracht. Dieser »Jagdtiger« besaß die Befestigungsmöglichkeiten für acht Reserve-Kettenglieder am seitlichen Aufbau. Die äußere Bohrung für die Halterung der zusätzlichen Stern-Antenne für die 30-Watt-Funkanlage der Befehlsfahrzeuge war noch nicht verschlossen. Als einzig bekannter »Tiger«-Jäger besaß er keine äußere Rohrabstützung.

In den späten 50er Jahren kam das Fahrzeug zum Testgelände im englischen Bovington Camp in Dorset und steht heute in gutem Zustand im Tankmuseum, zusammen mit zwei »Tiger« B mit den taktischen Nummern 104 und 300 sowie dem einzigen fahrbereiten »Tiger« mit der taktischen Nummer 131. Im Museum fehlten zusätzlich zu den schon genannten Teilen die seitlichen Kettenabdeckungen und die Reserve-Kettenglieder. Die Ausstattung war bei diesem Versuchsfahrzeug nicht produktionsüblich. Schon während der Erprobung fehlten die sonst üblichen Ausrüstungsgegenstände sowie die äußere Zurrung der 12,8-cm-Panzerjägerkanone. Deshalb konnte das Fahrzeug auch nicht kampffähig sein, da, wie schon im Text zuvor beschrieben, ein Fahren ohne gezurrtes Geschütz eine Justierung von Kanone und Zielfernrohr hinfällig machte. Auf dem Dachaufbau fehlen heute die Heißösen des Daches und die hinteren Winkelspiegel, da sich im Tankmuseum vor Jahren für die Besucher eine Art Balkon auf dem Dach befand.

Im Original besaß der »Jagdtiger« einen dunkelgelben Anstrich. Im Tank-Museum in Bovington war der Panzerjäger unterschiedlich lackiert zu sehen. Das Fahrzeug wurde als Nächstes dunkelgrün gespritzt, später in einen Drei-Farb-Tarnanstrich umlackiert und heute steht er in Panzergrau mit sandgelben Tupfen im Tankmuseum.

419

57

Gut erkennbar die Bruchstellen des Rollenwagens (rot) und die Reste der abgebrannten Kettenzähne (orange) der inneren Zahn-Reihe der Henschel-Kette.

Hier der Blick über das Motordeck des »Jagdtiger« 305 004 im Tankmuseum. Der original Maybach-Motor HL 230 P 45 wurde als Ersatz für den defekten Motor des »Tiger« 131 verwendet. Der Motorraum des Fahrzeuges während und nach dem Motorwechsel des Maybach-Motors.

Über dem teilzerlegten Maybach-Motor die zweiflüglige Einstiegs- und Montageluke für die 12,8-cm-Panzerjägerkanone 80.

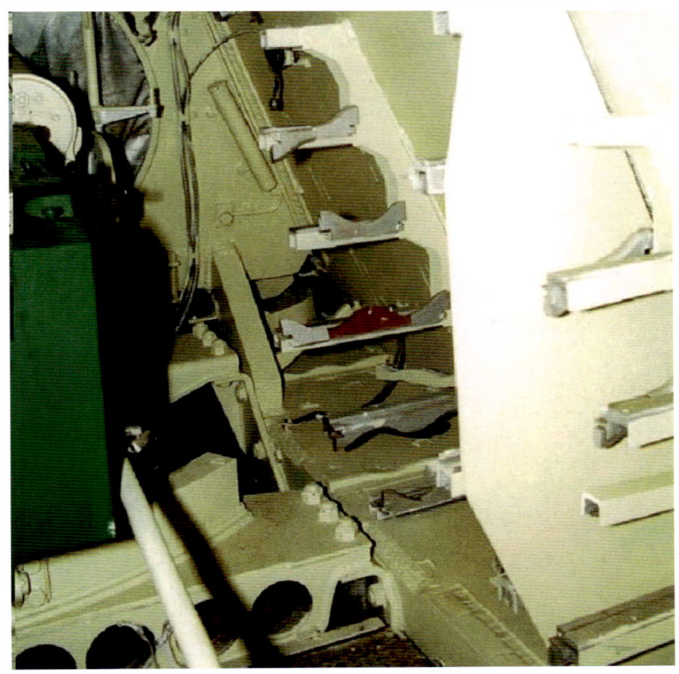

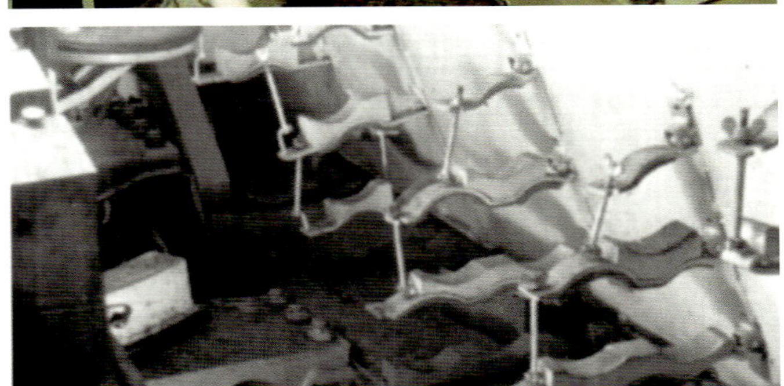

Im Innenraum sind gut die Waffen- und Munitionshalterungen zu sehen. Die Munitionsanordnung hatte sich während der Produktion mehrfach geändert. Bei diesem Fahrzeug befanden sich vier Kartuschen auf der linken Seite (in Fahrtrichtung gesehen) neben dem Richtschützensitz, dahinter weitere acht Kartuschen. Auf der rechten Kommandantenseite lagen ebenfalls vier Kartuschen und dahinter weitere acht. Nur der hintere Bereich unterschied sich. Hinten rechts war eine weitere Halterung für sechs Kartuschen. Hinten links dagegen standen oder lagen zwischen elf und vierzehn Granaten. Die Befestigung der Kartuschen bestand beim »Jagdtiger« 305 004 zuerst aus einer Art Schraubklemme (unten), die man später durch schneller lösbare, klappbare Leisten ersetzte.

Links hinten standen in diesem Fahrzeug in Bovington vierzehn Granaten, im Fahrzeug Nr. 305 083 in Kubinka standen elf Granaten. Bei der älteren Halter-Ausführung des Fahrzeuges Nr. 305 004 befanden sich elf waagerecht angebrachte Granaten plus darüber eine zusätzliche Kartusche. Davor fünf Kartuschen und direkt neben dem Richtschützen nochmals fünf Stück. Rechts drei Stück neben der Brücke, zwei Stück neben dem Kommandanten, dahinter sieben Stück und ganz rechts sechs Kartuschen. Aber wie schon beschrieben gab es weitere Unterschiede wie auf den amerikanischen Bildern vom »Jagdtiger« X 7.

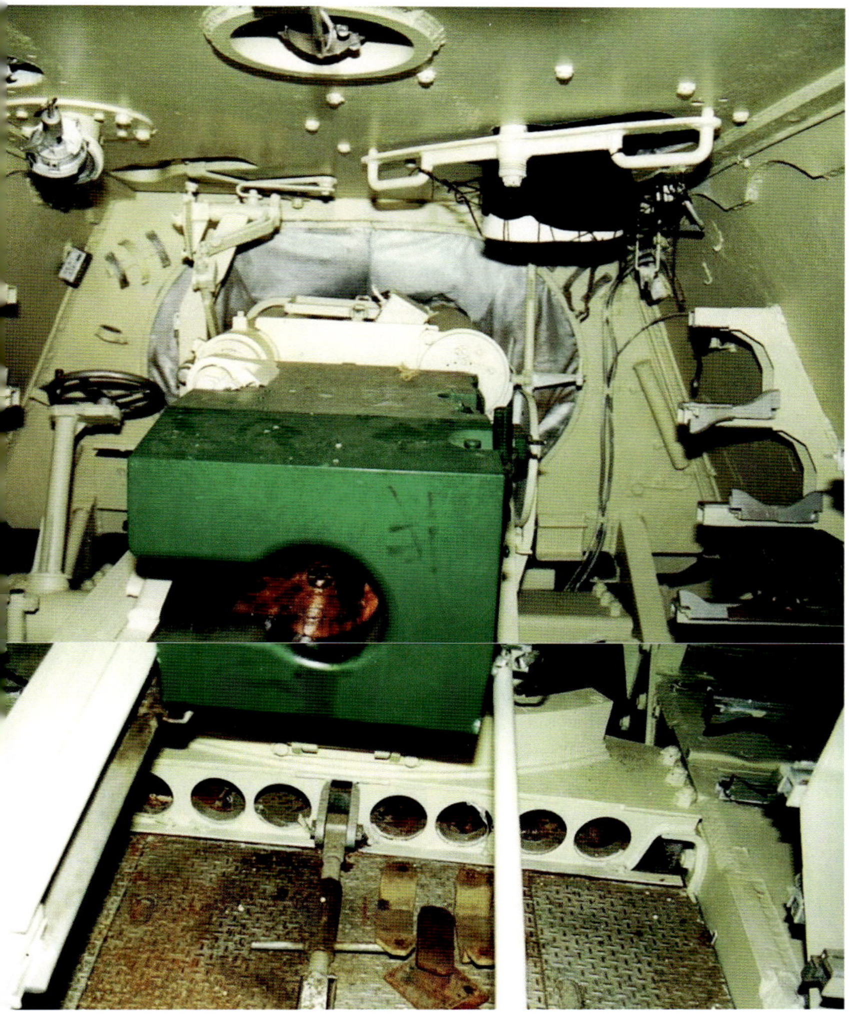

Die Lagerung der acht Granaten in der Geschützbrücke. Weitere vierzehn Granaten und acht Kartuschen lagerten unter den Blechdeckeln im Boden über den beiden Batterien. Das Öffnen der Deckel gestaltete sich oft schwierig, da Schmutz auf den Blechen oft die Aussparungen verstopfte.

Der Platz des Kommandanten mit Scherenfernrohr. Hier sind in der vorderen, drehbaren Luke die Halterung für das Scherenfernrohr 14 sowie der drehbare Winkelspiegel zu sehen. Der Einschub außen auf Höhe des abgedeckten Antennenfußes war geplant zur Aufnahme eines tragbaren Entfernungsmessgerätes (Em 0,9) und fiel später weg.

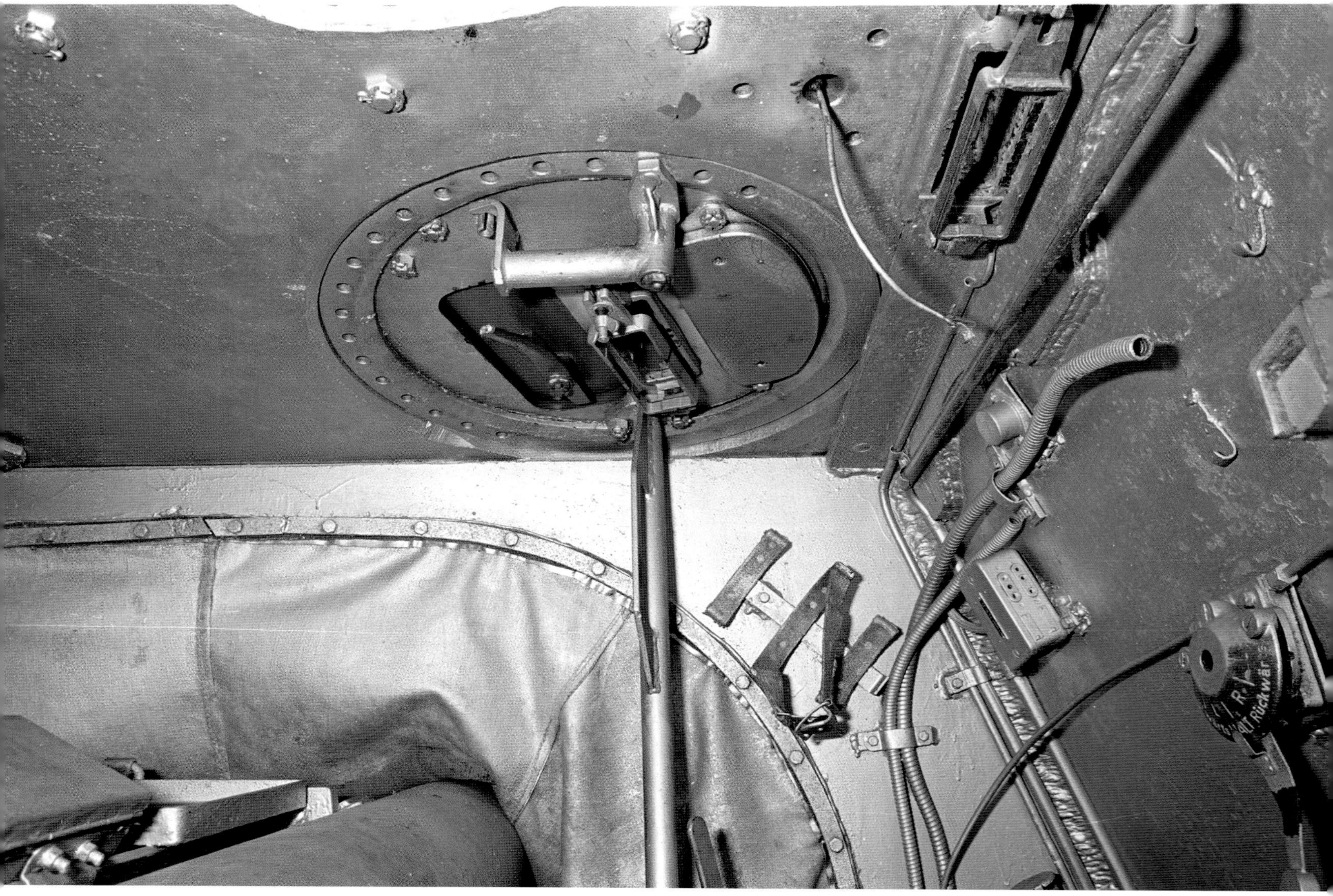

Das Kabel in der Mitte ist das Antennenkabel, rechts befindet sich der seitliche Winkelspiegel. Der rechte Hebel mit Bowdenzug war das sogenannte »Telekin-Kommandogerät«, eine Art Maschinentelegraph wie auf einem Schiff, mit dem der Kommandant bei Ausfall der Bordsprechanlage den Fahrer mittels der Befehle »Vorwärts« mit »Links« und »Rechts« und »Rückwärts« mit »Links« und »Rechts« sowie »Stopp« dirigieren konnte.
Der Fahrer hatte rechts neben dem Lenkrad seine Informationsanzeige. Dazu gehörten noch ein Sprechschlauch und eine Glocke. Das war wichtig, weil der Fahrer den Panzerjäger grob auf das Ziel einschwenken musste.
Das Geschütz konnte der Richtschütze bekanntermaßen nur geringfügig nach links und rechts schwenken. Vorn an der Stirnwand befand sich der Behälter für die Gasmaske des Kommandanten. Dazu gehörte noch ein Behälter mit dem Atemschlauch. Zwischen Rohrbremse und Luftvorholer lagerte eine Kiste mit Reserveteilen für das Zielfernrohr.

Neben dem Fahrer-Platz, unten ohne Sitzkissen und Lehne, befindet sich rechts das verkleidete OLVAR-Getriebe mit dem sich daran befindlichen Vorwählschalter und der Notschaltung. Auf dem Getriebekasten das Armaturenbrett und die Kiste mit dem Bordsprechgerät, bestehend aus Kopfhörer und Kehlkopfmikrofon. Unten die Kupplungs-, Brems- und Gaspedale sowie die Notlenkhebel. Darüber die Verkleidung der Antriebswelle zum linken Seitenantrieb. Zwischen dem Lenkrad die Besonderheit beim »Jagdtiger«, das Kommando-Gerät für den Fahrer mit Zeiger und Hupe. Über dem Lenkrad der dreh- und schwenkbare Winkelspiegel. Links oben der Bedien-Hebel für die schwenkbare Fahrerluke.

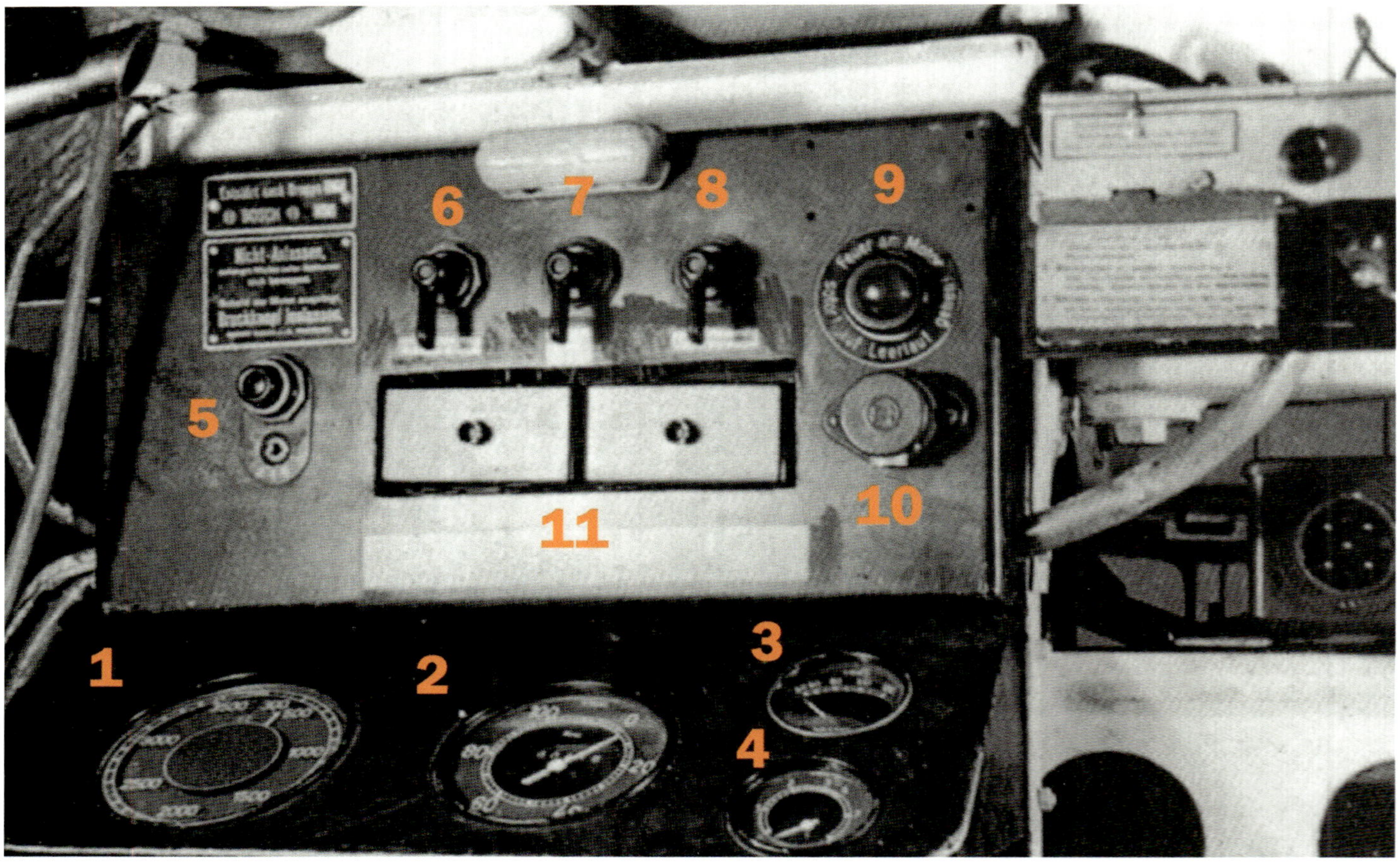

1 - Drehzahlmesser
2 - Tachometer mit Kilometerzähler
3 - Motorthermometer
4 - Motoröldruckmanometer
5 - Starterknopf mit Boschschaltkasten (Zündschloss)
6 - Schalter Abstandsrücklicht
7 - Schalter Abblendlicht
8 - Schalter Schaltbrettleuchten
9 - Warnleuchte der automatischen Feuerlöschanlage
10 - Steckdose der Handlampe
11 - Zwei Sicherungsdosen mit 12 Sicherungen

Der Blick des Fahrers nach rechts fiel auf das große Schaltbrett im Original. Rechts neben dem großen Schaltbrett das kleine Schaltbrett für die Sammler (Batterie)-Beheizung und -Ladung. Dazu konnte an die + und - Klemme am Schaltbrett ein externes Ladegerät angeschlossen werden. Zum Schnellheizen der Sammler musste der externe + Anschluss an die Klemme SH+ angeschlossen werden. Wenn der Motor lief, musste zum Warmhalten nur der Heizschalter eingeschaltet werden. Die Lichtmaschine lieferte dazu den nötigen Strom. Die (grüne) Kontrolllampe oben rechts zeigte an, dass die Heizplatten angeschlossen waren. Der Heizschalter lag rechts daneben (nicht im Bild).

Beim Funker-Platz befand sich im Wannenboden der mit einem Handrad versehene Notausstieg (oben) und der rechte Stoßdämpfer. Die Funker-Sitzfläche ist nicht mehr vorhanden. Die Rückenlehne ist zur Seite geklappt. Oben ist die Halterung des Bug-MG zu erkennen. Links kommt aus dem Getriebe die kleine Kardanwelle zum Antrieb des Gebläses der »Drägeranlage«. Darüber befindet sich das Rohr der Getriebebelüftung. Hinter dem Funkersitz befand sich eine Klappe, wo weitere sechs Granaten verstaut werden konnten. An der rechten Seitenwand sieht man die Halterung für die Gasmaske und den Reserve- Prismeneinsatz der Winkelspiegel. Auf dem Getriebe befindet sich die Halterung für die drei Funkgeräte.

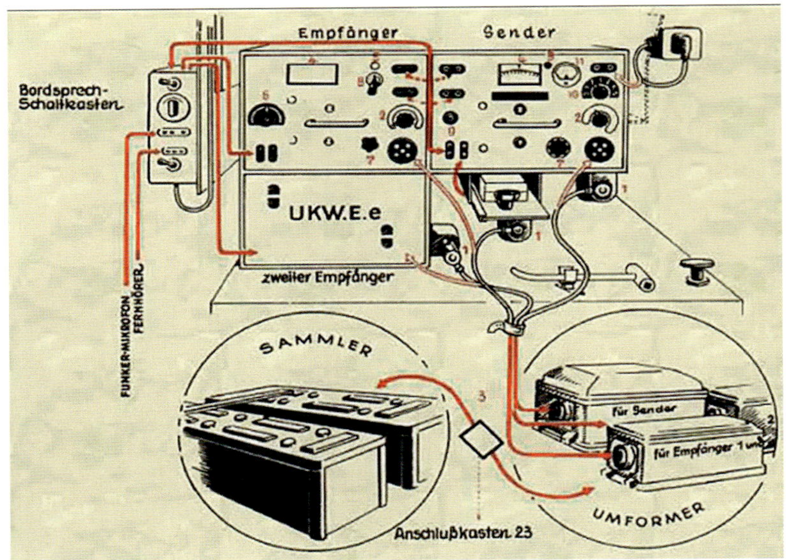

Diese Anlage nannte sich FuG 5 SE 10U und besaß zwei Empfänger UKW E.e und einen 10-Watt-Sender 10 W.S.c. Als Antenne kam eine 2-m-Stabantenne zum Einsatz. Der zweite Empfänger stand auf dem ersten Ukw.E.e. Die zwei Empfänger ermöglichten es, trotz laufendem Sende- und Empfangsbetrieb ständig erreichbar zu sein. Jedes Gerät besaß einen Umformer zur Spannungswandlung. Für Kommandeursfahrzeuge existierte eine Ausführung mit einem 30-Watt-Sender, die als FuG 8 30 bezeichnet und in Befehlspanzer zusammen mit der Sternantenne D eingebaut war.

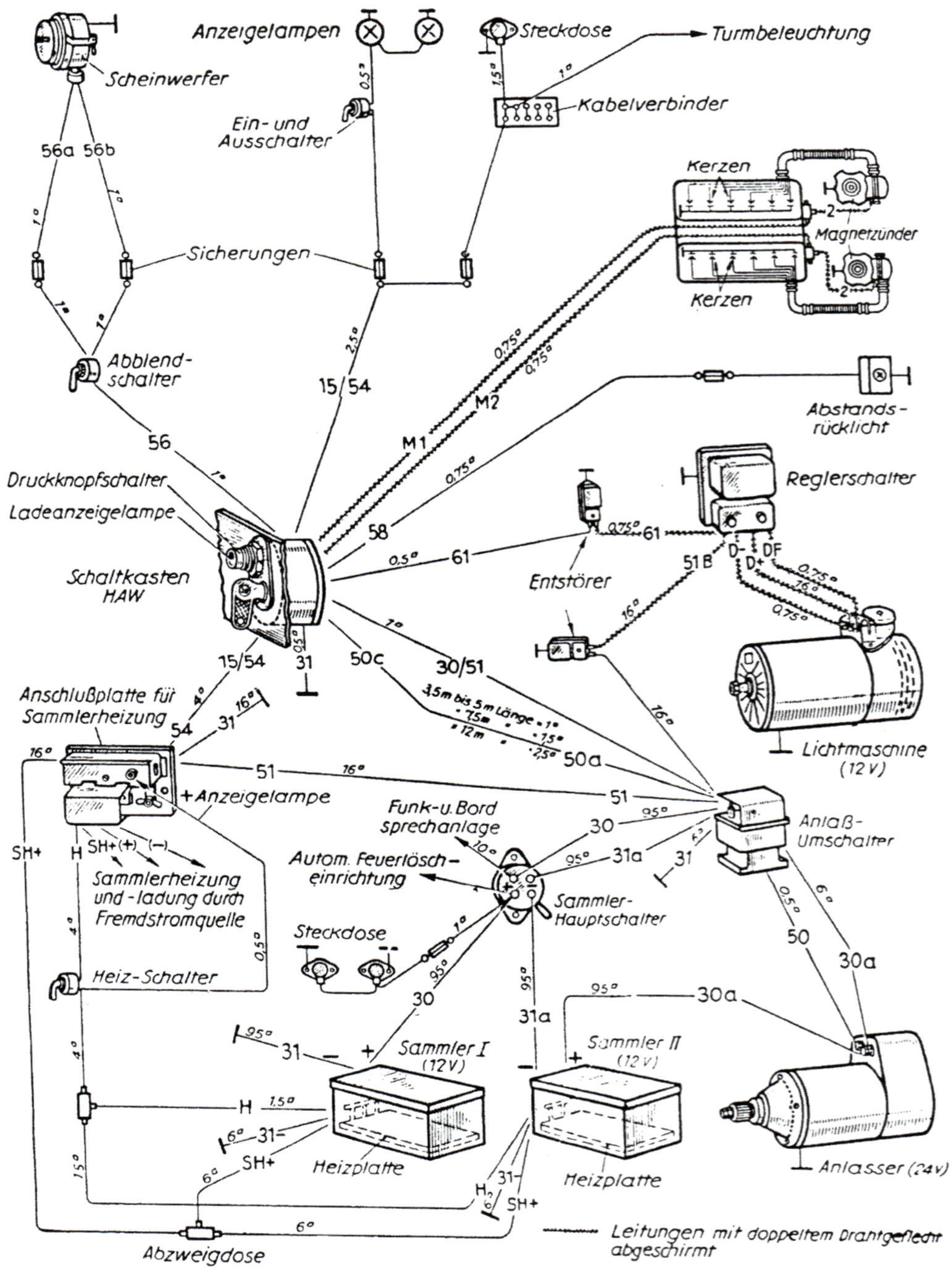

Der Schaltplan des »Tigers«: bis auf die Kommunikationsvorrichtung Fahrer – Kommandant war er identisch mit dem »Jagdtiger«.

Der Kämpfer

Der zweite, noch existierende »Jagdtiger« trägt die Fahrgestell-Nummer **305 020** mit Henschel-Fahrgestell. Er wurde am 24. November 1944 an die 3. Kompanie der schweren Panzerjäger-Abteilung 653 ausgeliefert und besaß die taktische Nummer 331. Am 23. März 1945 wurde er in Neustadt von den Amerikanern erbeutet, nachdem die Besatzung des Leutnant Kasper Göggler die letzte Munition verschossen hatte. Das Geschütz blieb in der hinteren Lage stecken. Zuvor hatte die Besatzung, zusammen mit zwei anderen »Jagdtigern« der Kompanie, 25 US-Panzer vernichtet. In diesem Gefecht bekam allein die Nummer 331 sechs Treffer, die aber auf Grund der starken Panzerung nicht durchdrangen. Dabei kam auch die äußere Rohrzurrung abhanden.

Dieses Fahrzeug wurde nach einer ersten Untersuchung auf der Sammelstelle für Beutefahrzeuge (im Hintergrund der »Panther«-Prototyp) zur Auswertung in die USA gebracht. In Aberdeen erfolgten weitere Tests auf dem dortigen Erprobungsgelände. Nach den vielen Jahrzehnten unter freiem Himmel hat natürlich das Äußere samt Technik und Innenraum stark gelitten.

Der Grund für die beiden demontierten linken Zahnkränze könnte dieser Treffer zwischen Antriebsrad und Seitenpanzerung gewesen sein, der das Fahrwerk verklemmt hatte. Um das Fahrzeug rangierfähig zu halten, entfernte man deshalb die linken Zahnkränze.

Dieser Treffer an dem Wiegenpanzer der Kanone könnte auch die Ursache gewesen sein, warum die Kanone im Rücklauf steckenblieb (oben: Vergleich mit intakter Kanone). Der Treffer hat sicherlich auch die Gleitbahn des Kanonenrohrs beschädigt und sich beim Schuss mit der Kraft des Rückstoßes in den Führungsbuchsen der Rohrwiege verklemmt. Damit war die Besatzung wehrlos. Der verklemmte linke Antrieb bremste dazu noch die Weiterfahrt, so dass die Besatzung das Fahrzeug nur noch aufgeben konnte.

Die Drehstäbe sind in den Jahren erheblich ermüdet und die Kettenglieder in den Gelenken festgerostet. Vorn links sind die fehlenden Zahnkränze zu erkennen. Das um etwa 90 cm eingefahrene Rohr lässt die Proportionen des Panzerjägers verändert erscheinen.

Drei Treffer auf der Bugplatte, ein Treffer an der Aufbaukante, ein Treffer am Vorgelege und ein Treffer an dem Wiegenpanzer zeugen von dem harten Kampf der Besatzung. Dabei wurde auch ein Teil der Halterung für die äußere Rohrzurrung weggeschossen. Damit ist das Fahrzeug 331 der »kampferprobte« Veteran unter den letzten »Jagdtigern«.

Auf dem Dach ist die Öffnung für den Winkelspiegel des Kommandanten provisorisch durch eine Platte ersetzt worden. Die Halterung für den Entfernungsmesser fehlt bei dieser Baureihe schon.

1. Der um 360°-drehbare Winkelspiegel des Kommandanten mit der Öffnung für das Scherenfernrohr 14.
2. Die dreh- und verschließbare Kommandantenluke (Ein- und Ausstiegsklappe).
3. Der 12-Volt-Dachlüfter zum Absaugen der Pulvergase.
4. Die beiden Winkelspiegel am Heck für die Ladeschützen.
5. Der rechte starre Winkelspiegel des Kommandanten, daneben der Antennenfuß.
6. Der um 360° drehbare Winkelspiegel des Ladeschützen.
7. Die um 360° drehbare Nahverteidigungswaffe.
8. Die bewegliche »Nieren«-Öffnung des Winkelzielfernrohrs 2/1.
9. Das montierte Winkelzielfernrohr 2/1.

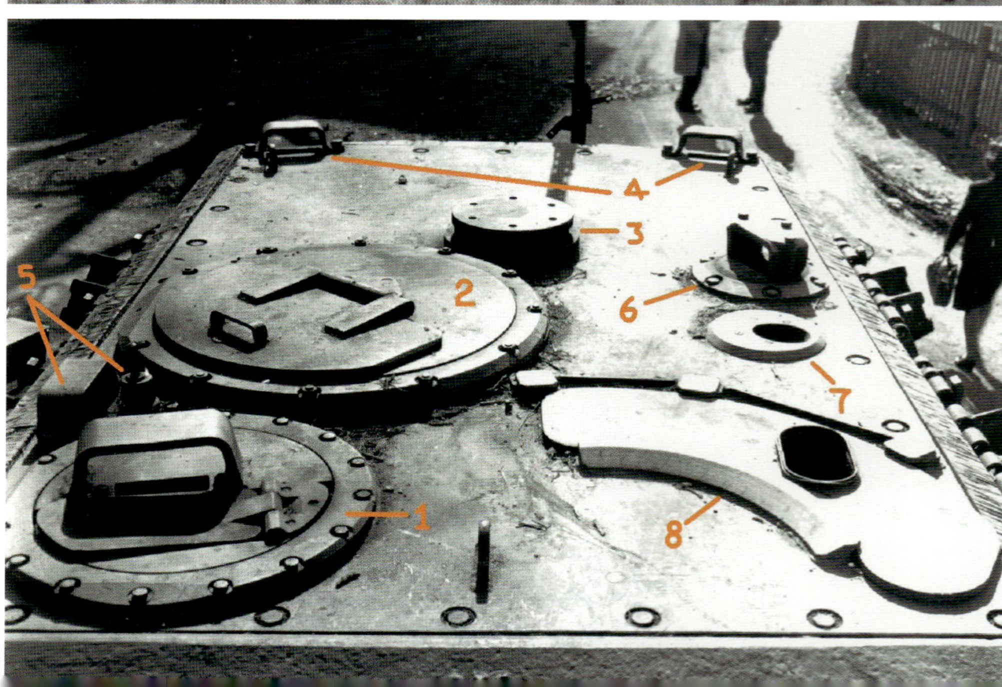

Auch ausrüstungmäßig hat der Panzerjäger arg gelitten, da alles, was außen angebracht war, schon fehlt. Die Heckklappe hat man vorsorglich verschweißt, um das Fahrzeug vor weiteren Plünderungen zu schützen. Statt der Öffnung für die Sternantenne der 30-Watt-Funkanlage der Befehlsfahrzeuge hat die Nummer 020 eine aufgeschraubte Panzerabdeckung über der Hecktür erhalten, so dass eine Umrüstung zum »Befehls-Jagdtiger« kein Problem mehr darstellte.
Die kleinen Befestigungsösen an den Seiten waren für die Befestigung einer 2,7 x 1,73 m großen Abdeckplane vorgesehen. Der spätere Haltegriff über der Luke als Hilfe zum Ein- und Aussteigen der Besatzung fehlt hier noch.

Im Bild links neben der Funker-Luke ist die gepanzerte Saughutze der Getriebebelüftung zu sehen. Daneben die Öffnung des starren Winkelspiegels für den Funker, während der Fahrer-Winkelspiegel dreh- und kippbar war. Dafür hatte man die Kante der oberen Bugplatte ausgespart.

Winkelspiegel des Fahrers.

Oben der Motorraum des »Jagdtigers« aus Bovington zum Vergleich. Unten die Motorgräting in Aberdeen und die Bedeutung der Öffnungen. Die ungeschützten Motorabdeckungen lassen den Zustand darunter nach ca. 70 Jahren erahnen, obwohl die Drahtschutzgitter noch teilweise vorhanden sind. Ihre Aufgabe war, das Eindringen von Laub, aber auch von Patronenhülsen des 7,92-mm-Flugabwehr-Maschinengewehrs 42 zu verhindern. Die aufklappbare Motorabdeckung besitzt schon die Halterung für dieses Maschinengewehr. In den späteren Ausführungen wurde der Standfuß etwas nach hinten verlegt, da an dieser Stelle der Sicherungshaken der Motorklappe hinzu kam.

Das Aberdeen-Fahrzeug besaß serienmäßig keine Auspuff-Ummantelung, die Auspuffrohre sind weggerostet. Alles in allem ist das Fahrzeug sehr restaurierungsbedürftig.

Der Neuling

Der dritte, noch existierende »Jagdtiger« ist der jüngste der noch vorhandenen Panzerjäger. Das Fahrzeug mit der Fahrgestell-Nummer **305 083** wurde am 15. April 1945 gebaut und gehörte zusammen mit drei weiteren Fahrzeugen zu dem letzten ausgelieferten 12,8 cm schweren Panzerjäger. Am 30. April 1945 übernahmen die wartenden Besatzungen der schweren Panzerjäger-Abteilung 653 die Fahrzeuge und unterstellten sie der »Leibstandarte Adolf Hitler«. Am 5. Mai 1945 ergaben sich die Besatzungen bei Strengberg (Österreich) den amerikanischen und russischen Truppen. Der »Jagdtiger« besaß, wie die anderen drei übernommenen Fahrzeuge, kein taktisches Kennzeichen, sondern nur Karikaturen.

Das Fahrzeug mit der Nummer 83 wurde von Feldwebel R. Schlabs geführt und gelangte nach der Kapitulation fahrbereit zur Erprobung auf das Testgelände Kubinka, etwa 50 km vor Moskau. Der »Jagdtiger« stand, wie auch die anderen Exponate, bis zur Eröffnung des Panzermuseums Kubinka im Jahr 1978 im Freien. Er befindet sich in relativ gutem Zustand und ist im Wesentlichen komplett. Zwei Besonderheiten sind die mittige Abschleppvorrichtung am Heck sowie die Kranpilze für den 2-t-Hilfskran.

Anfänglich bekam das Fahrzeug eine ausgefallene zweifarbige Lackierung, später jedoch einen dreifarbigen Anstrich, der dem Original weitgehend nachempfunden wurde. Alle Kettenabdeckbleche sind vorhanden, aber sämtliche Anbauteile – wie Werkzeug und Reserve-Kettenglieder – fehlen. Das Bug-Maschinengewehr ist eine Attrappe und der mittige Scheinwerfer russischer Bauart.

20 мм

Die mittige Abschlepp-vorrichtung hatte man bei der Erprobung in Kubinka abgebrochen.

Die Flugabwehr-Maschinengewehr-Halterung fehlt, aber auf der Motorabdeckplatte ist die geänderte Position der Halterung zu erkennen, die dem Sicherungshaken weichen musste.

Die Öffnung für das Teleskoprohr der Unterwasserausrüstung war bei dieser Ausführung mit einem Panzerdeckel geschützt. Neu war auch der Sicherungshaken für den Motordeckel. Die Auspuffanlage sieht im Vergleich zum Aberdeen-Panzerjäger wie neu aus.

Über der Hecktür sind Neuerungen wie der Haltegriff sowie der hintere Kran-Pilz zu sehen. Davon gab es an jeder Seite einen sowie weitere vier auf dem Dach. Damit konnten verschiedenste Arbeiten vorgenommen werden, wie z. B. die Motor- und Getriebeabdeckung abnehmen, den Motor aus- und einbauen und die Vorgelege vorn links und rechts wechseln.

Das Dach vorn links mit offener »Nierenklappe« für das Winkelzielfernrohr. Danach hinter einem Kran-Pilz die drehbare, geschlossene Nahverteidigungswaffe. Der linke äußere Kran-Pilz liegt neben dem drehbaren Winkelspiegel des einen Ladeschützen. Auf der rechten vorderen Seite hinter einem weiteren Kran-Pilz die schwenkbare Kommandantenluke, dahinter der Rest vom Antennenfuß und der seitliche Winkelspiegel des Kommandanten.

Die verschließbare Ein- und Ausstiegsluke, daneben der rechte Kran-Pilz. In der Mitte des Daches der Lüfter zum Absaugen der Pulvergase.

Interessant ist die offensichtlich nachträglich vorgenommene Vergrößerung des Sichtwinkels der beiden Winkelspiegel nach hinten, in dem man einfach eine Ecke des Aufbaudaches abbrannte.

Von innen der Blick zurück auf die Heckwand zeigt die inneren Verschlüsse der Hecktür.

Hinten rechts die Halterung für die Kartuschen, unten der Halter der automatischen Feuerlöscheinrichtung. Der Abweiser (der sichtbare Bügel) dient dem Schutz der Besatzung vor dem rücklaufenden Bodenstück der Kanone nach dem Schuss.

Die rechte Seite des Kampfraumes zeigt neben den Munitionshalterungen weitere Halterungen für Munition der Leuchtpistole und der Nahverteidigungswaffe.

Obligatorisch die Halterung für Schutzmaske und Atemschlauch.

Links im Bild die »Nahverteidigungswaffe« mit halbgeöffnetem Verschluss. Davor befand sich der drehbare Winkelspiegel des Ladeschützen. Im Hintergrund die Öffnung des Winkelzielfernrohres. Rechts oben die Öffnung des fehlenden 12-Volt-Dach-Absauglüfters.

Der Kommandantenplatz mit der bekannten Drehspiegelöffnung, dem Stab für das Scherenfernrohr, den Steckdosen für Kopfhörer und Kehlkopfmikrofon sowie dem sogenannten Telekin-Kommandogerät. Zwischen den beiden Zylindern eine Halterung für die Kiste mit den Verschlussvorratsteilen.

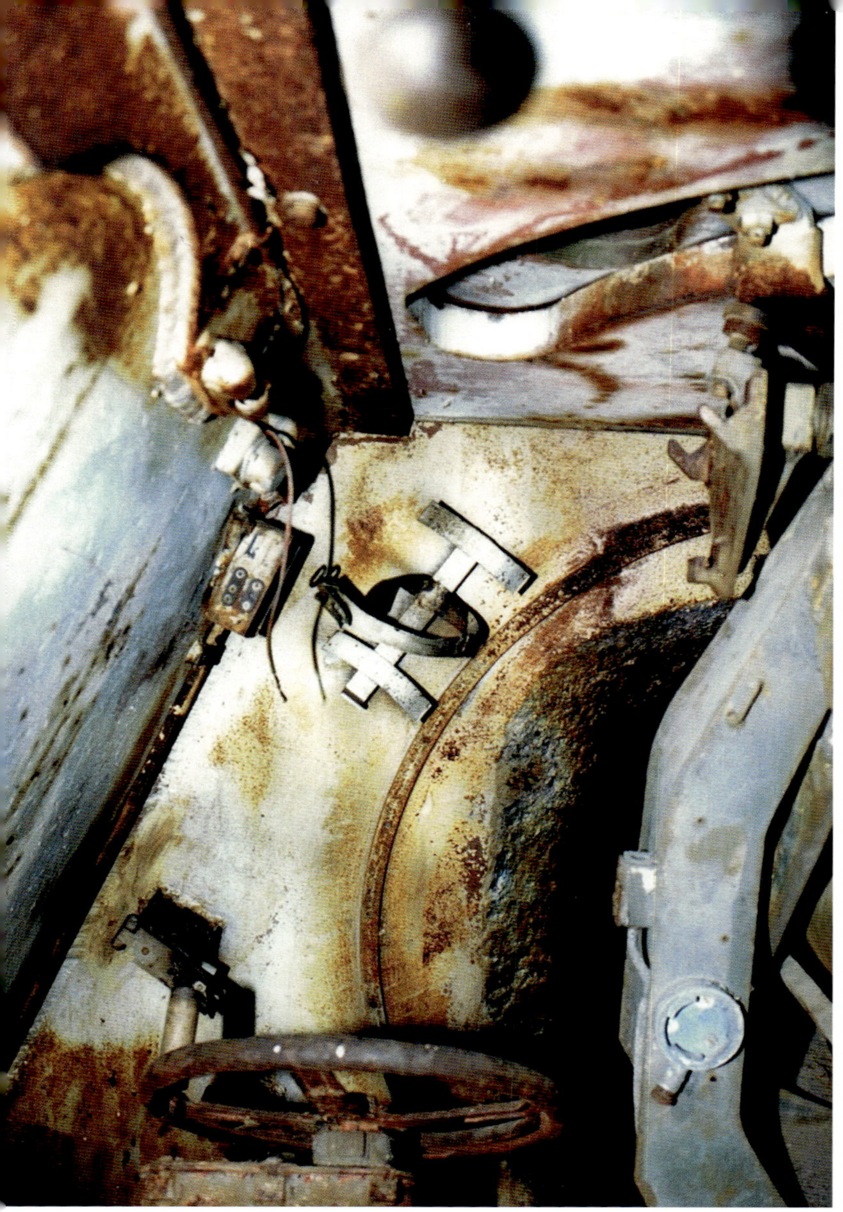

Die Sicht vom Richtschützensitz zum Handrad der Seitenrichtmaschine. An der Wand die Steckdosen des Bordsprechgerätes und der Halter der Schutzmaskendose. Rechts die Zielfernrohrhalterung mit darunter liegendem Abfeuerschalter und dem Handrad der Höhenrichtmaschine.

Unter dem Sitz der Behälter für Kopfhörer und Kehlkopfmikrofon. Davor die Befestigung der Geschützbrücke, ein Platz für diverse Ausrüstungsgegenstände (s. Ausrüstungsliste).

Der Verschluss der 12,8-cm-Panzerjägerkanone steht offen, die Öffnerkurbel ist ausgeschwenkt. Es ist sogar noch Fett am Verschlusskeil.

Im Gegensatz zum Fahrzeug 004 aus Bovington mit fünfzehn Granaten hatte man, genau wie bei dem Fahrzeug 020 aus Aberdeen, Lagermöglichkeiten für elf Granaten vorgesehen. Die Kartuschen-Halterungen befanden sich in diesem Fall weiter hinten.

Blick vom Fahrersitz zu den Kontrollinstrumenten und zum Behälter für das Sprechgeschirr.

Die Trennwand zum Motorraum ist noch relativ gut ausgerüstet. Die Lage einzelner Komponenten hatte sich von Fahrzeug zu Fahrzeug gelegentlich geändert (z. B. die Pumpe für Anlasskraftstoff).

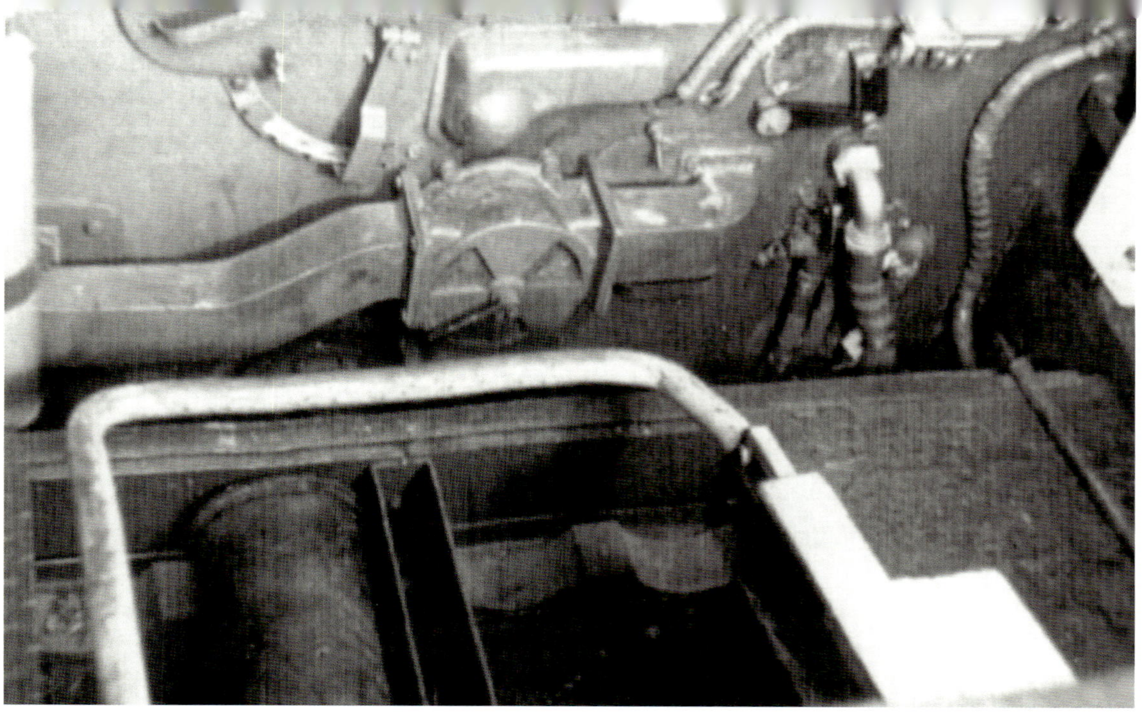

Unter dem Zurrhaken und der Blech-Abdeckung das Munitionsfach. Darunter befindet sich das Batteriefach. An der Trennwand die Lüftungsklappe und die Anlasskraftstoff-Einspritzvorrichtung. Ganz rechts ein Kraftstoffschlauch vom linken Tank.

Noch ein Blick auf die äußere Geschützzurrung, die erst ganz kurz vor dem Gefecht abgeklappt werden sollte. Eine riskante und gefährliche Situation für den Ladeschützen.

Technik im Detail

Die Bewaffnung

Ich möchte hier die Dokumente zur 12,8-cm-Panzerjägerkanone 80 und die 10-seitige Ausrüstungsliste unverändert vorstellen. Einige Abschnitte davon sind schon bei Karl R. Pawlas und Walter J. Spielberger veröffentlicht worden. Es war mir ein wichtiges Bedürfnis, die *komplette* Beschreibung D 1884 zusammen mit der Ausrüstungsliste (Technische Lieferbedingungen 21 ...) dem Leser vorzustellen. Die D 656/43 für das Fahrgestell des »Tiger« B war leider im Rahmen dieser Veröffentlichung zu umfangreich.

Beschreibung zur 12,8-cm-Panzerjägerkanone 80

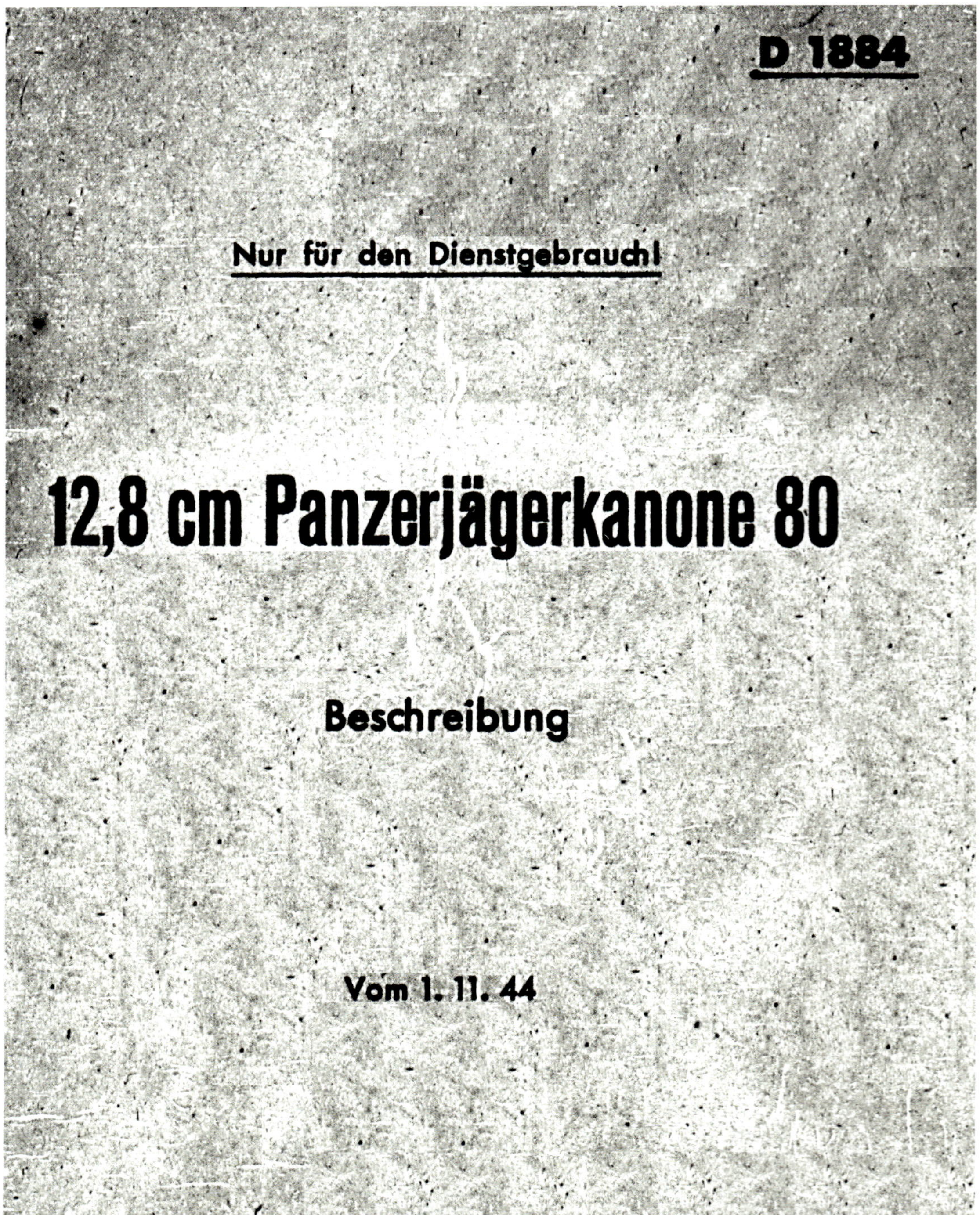

D 1884

Nur für den Dienstgebrauch!

12,8 cm Panzerjägerkanone 80

Beschreibung

Vom 1. 11. 44

Inhalt

A. Kennzeichnung
(Bilder 1 bis 4)

1. Die 12,8 cm Panzerjägerkanone 80 – 12,8 cm Pak 80 – ist eine panzerbrechende Waffe. Sie ist auf dem Panzerjäger Tiger (Fahrgestell des Pz Kpfw Tiger II – Sd Kfz 186 –) aufgebaut. Der Panzerjäger (Waffe und Wagen zusammen) hat die taktische Benennung Jagdtiger. Die Pak verfeuert Panzer- und Sprenggranaten in getrennter Munition. Der Verschluss ist ein Schubkurbel-Flachkeilverschluss, der sich nach rechts öffnet und von Hand bedient wird. Die elektrische Abfeuerung befindet sich auf der linken Seite der Oberlafette am Handrad der Höhenrichtmaschine. Der Abfeuerungsstrom wird aus der Batterie des Wagens entnommen. Die zum Geschütz gehörige Notabfeuerung wird am Druckknopfstecker angeschlossen.
Zum direkten Richten dient das Winkelzielfernrohr 2/1, indirektes Richten ist nicht vorgesehen.

B. Beschreibung
(Bilder 1 bis 4)

2. Die Hauptteile des Geschützes sind:
Rohr mit Bodenstück und Verschluss,
Lafette

I. Rohr mit Verschluss
(Bild 5)

3. Das Rohr ist ein Vollrohr mit leicht abnehmbarem Bodenstück. Es ist in der Rohrwiege gelagert. Seine Hauptteile sind:
Vollrohr mit Spannschraube
Bodenstück und Verschluss

a) Vollrohr
(Bilder 6 und 7)

4. Das Vollrohr ist durch die Spannschraube mit dem Bodenstück verbunden. An dem hinteren Teil, dem sogenannten Tragzapfen, schließen sich nach vorn zwei längere zylindrische Teile an, die in der Rohrwiege Aufnahme finden und das Rohr führen. Nach der Mündung hin verjüngt sich das Rohr.
An der Mündung sind Markenstriche zum Festlegen der Seelenachse beim Überprüfen der Ziellinie angebracht.
Das Rohrinnere gliedert sich in den Ladungsraum, den Übergangskegel und den gezogenen Teil. Dieser hat 40 Züge, die mit Rechtsdrall von 6° 38´13´´ (27 Kaliber) verlaufen.
5. Die Spannschraube, die in das Bodenstück eingeschraubt ist und sich gegen einen Bund des Vollrohres legt, verbindet beide Teile miteinander. Ein Sicherungsstück rechts am Bodenstück greift in eine Verzahnung der Spannschraube ein und sichert sie gegen Verdrehen.

b) Bodenstück
(Bild 8)

6. Das Bodenstück dient zur Aufnahme des Verschlusses.
In zwei seitlichen Nocken sind die Kolbenstangen von Rohrbremse und Luftvorholer befestigt.
7. Die wesentlichen Teile des Bodenstückes sind:
Eigentliches Bodenstück mit den beiden Nocken,
Sicherungsstück gegen Verdrehen des Vollrohres,
Sicherungsstück gegen Lösen der Spannschraube,
Drallnocken,
Anschlag für den Rücklaufmesser,
Druckhebel zur Anwerferwelle,
die Rollenlager für den Verschlusskeil,
die Rollenlager für das Bodenstück, [33]
Nocken zum elektrischen Sicherheitsschalter.
8. An und im Bodenstück befinden sich:
Das Keilloch zur Aufnahme des Verschlusskeiles,
das Ladeloch mit Handausschnitt,
eine Bohrung für den Drehbolzen der Öffnerkurbel des Verschlusses,
eine Bohrung für die Auswerferwelle, die durch vier Spannstifte begrenzte Winkelmesserebene.
9. Im vorderen Teil des Bodenstückes befindet sich die Bohrung zur Aufnahme des Vollrohres nebst Gewinde für die Spannschraube.

[33] Die Rollenlager im Bodenstück sind nur für die Ausführung 1 bis 70 maßgebend, ab 71 sind 2 Rollenlager im Verschlusskeil untergebracht.

c) Verschluss
(Bilder 9,9a und 10)

10. Der Verschluss ist ein waagerechter Schubkurbel-Flachkeilverschluss mit elektrischer Abfeuerung, der sich nach rechts öffnet und von Hand bedient wird.
Beim Öffnen wirft ein Auswerfer die leere Hülse aus und hält den Verschlusskeil fest.
Die elektrische Abfeuerung befindet sich auf der linken Seite der Oberlafette am Handrad der Höhenrichtmaschine.
Eine Sicherung verhindert das unbeabsichtigte Abfeuern.
11. Der Verschluss besteht im Wesentlichen aus folgenden Teilen:
Verschlusskeil mit eingebauten Rollenlagern,
Rast zur Klinke der Öffnerkurbel,
Stahlplatte mit Scheiben und Schrauben,
Schlagbolzen,
Schlagbolzenfeder,
Gegenlager,
Stromzuführung,
Sicherung,
Haltebolzen zur Sicherung und Stromzuführung,
Rückholbolzen,
Öffnerkurbel mit Klinke und Drehbolzen,
Auswerferwelle,
Auswerfer mit Krallen und Schrauben.

Wirkungsweise

12. Öffnen. Klinke ausrasten und Handgriff der Öffnerkurbel rechts herum drehen. Der Verschlusskeil wird zunächst durch den Winkelarm der Öffnerkurbel entriegelt. Hierauf schiebt die Rolle am Winkelarm den Verschlusskeil nach rechts aus dem Keilloch heraus.
13. Das Öffnen wird durch den Auswerfer begrenzt. Der Verschlusskeil stößt am Ende gegen die kurzen Auswerferarme. Hierbei schwingen die langen Auswerferarme schlagartig nach hinten, so dass die leere Hülse von den Krallen erfasst und ausgeworfen wird. Der ausgeschwungene Auswerfer hält den geöffneten Verschlusskeil in Ladestellung fest. Er selbst wird durch das am Bodenstück sitzende Druckstück, das gegen den Handgriff der Auswerferwelle drückt, in ausgeschwungener Stellung festgehalten.
14. Während der Entriegelung des Verschlusskeiles dreht der Winkelarm der Öffnerkurbel auch den Rückholbolzen und hält ihn fest. Der Rückholbolzen drückt den Schlagbolzen gegen den Druck der Schlagbolzenfeder so weit zurück, dass bei Beginn des eigentlichen Öffnens die Schlagbolzenspitze bereits in die Bohrung der Stahlplatte hineingezogen ist.
15. Schließen. Geschoss und Kartusche ansetzen und Handgriff der Öffnerkurbel links herum drehen. Wenn nicht geladen wird, gegen den Druckhebel der Auswerferwelle drücken, hierbei Öffnerkurbel etwas anlüften und anschließend links herum drehen.
Der Hülsenrand nimmt die Krallen des Auswerfers mit und zieht dabei dessen Haken vom Verschlusskeil ab.
Im zweiten Fall wird der Auswerfer durch die Auswerferarme etwas gedreht, so dass ebenfalls die Haken vom Verschlusskeil abgezogen werden.
Der Winkelarm der Öffnerkurbel schiebt den Verschlusskeil in das Keilloch hinein und verriegelt ihn dann. Am Ende der Schließbewegung greift die Klinke der Öffnerkurbel in die Rast am Verschlusskeil und sichert damit den geschlossenen Verschluss.
Während der Verriegelung des Verschlusskeiles lässt der Druck des Winkelarmes, der die Drehbewegung des Rückholbolzens verursachte, nach, und die sich entspannende Schlagbolzenfeder drückt den Schlagbolzen nach vorn. Hierbei wird der Rückholbolzen in seiner Ruhelage zurückgedreht.
Die Schlagbolzenspitze dringt durch die Stahlplatte hindurch und schlägt, wenn geladen ist, die Zündschraube leicht an, worauf abgefeuert werden kann.

16. Abfeuern. Erst dann, wenn das Rohr genügend weit vorgelaufen und der Verschluss richtig geschlossen ist, berührt die Stromzuführung des Verschlusskeiles den Auflaufkontakt an der Rohrwiege. Wird jetzt die Sicherung auf »Feuer« gestellt, ferner auf den Knopf des elektrischen Sicherheitsschalters gedrückt und am Abzug des Abfeuerschalters gezogen, ist der Stromkreis geschlossen und der Schuss fällt.
17. Sichern und Entsichern (Erstausführung). (Bild 9) Es kann jederzeit gesichert und entsichert werden. Zum Sichern wird der Griffknopf aus seiner Rast im Keil herausgezogen und nach oben umgelegt, so dass er in die mit »Sicher« bezeichnete Rast einrastet. Hierbei drückt der Bolzen der Sicherung, dessen abgeflachtes Ende vor einem Ansatz des Schlagbolzens liegt, den Schlagbolzen gegen den Druck der Schlagbolzenfeder nach hinten und zieht damit die Schlagbolzenspitze in die Bohrung der Stahlplatte hinein.
18. Zum Entsichern wird die Sicherung wieder nach unten umgelegt, so dass ihr Griffbolzen in die mit »Feuer« bezeichnete Rast des Keils einrastet. Hierbei gibt der Bolzen der Sicherung den Schlagbolzen frei. Die sich entspannende Schlagbolzenfeder drückt den Schlagbolzen nach vorn, so dass die Schlagbolzenspitze durch die Stahlplatte hindurchdringt und die Zündschraube leicht anschlägt.
In der Ruhestellung bei freiem Rohr soll die Sicherung auf »Feuer« stehen, da sonst die Schlagbolzenfeder dauernd gespannt ist.
19. Sicherung (vereinfachte Ausführung). (Bild 9a). Bei dieser vereinfachten Ausführung wird der Schlagbolzen zur Sicherung gegen unbeabsichtigtes Abfeuern nicht zurückgezogen, sondern bleibt ständig mit der Zündschraube in Berührung.
Soll nach dem Laden gesichert werden, so wird lediglich der hierbei als Sicherungshebel dienende äußere Stromzuführungsteil von der Kontaktschiene abgeschwenkt, so dass die Abfeuerleitung unterbrochen wird und nicht abgefeuert werden kann.
Die am Keil angebrachten Bezeichnungen »Feuer« und »Sicher« lassen die jeweilige Stellung der Sicherung erkennen. Ein Sperrbolzen hält die Sicherung in der gewünschten Stellung fest und muss vor jedem Verstellen in den Keil hineingedrückt werden.

II. Lafette

20. Die Lafette besteht in der Hauptsache aus:
Der Rohrwiege mit Abweiser und Ausgleichgewichten,
der Rohrbremse,
dem Luftvorholer,
der Oberlafette mit Kugelzapfen, Grundplatte und Richtsitz,
der Höhenrichtmaschine,
der Seitenrichtmaschine,
der elektrischen Einrichtung,
der Rohrzurrung und
dem Winkelzielfernrohr 2/1.

a) Rohrwiege (Bild 11)

21. Die Rohrwiege, eine sogenannte Jackenwiege, dient zur Führung und Lagerung des Rohres.
Ihre Hauptteile sind:
Die eigentliche Rohrwiege mit eingesetzten und angeschraubten Schildzapfen,
die Lager für Rohrbremse und Luftvorholer,
die Lagerbuchsen für das Rohr,
die Puffer für den Rohranschlag, der Halter für das Zahnsegment der Höhenrichtmaschine nebst Höhenanschlag und Abweiser.
Am hinteren Ende ist auf der Rohrwiege eine Hilfsjustierfläche angebracht.
22. Die R o h r w i e g e nimmt das Rohr auf und führt es in zwei Lagerbuchsen. Sie ist mit den beiden Schildzapfen drehbar in der Oberlafette gelagert. Das Kopfstück der Wiege trägt an seinem Umfang zwei Reihen

Stauchbügel zur Aufnahme des Wiegenpanzers. An der Stirnseite ist ein Dichtring angeschraubt, der das Eindringen von Staub in das Wageninnere verhindert.
23. Der A b w e i s e r schützt die Bedienung vor dem zurücklaufenden Rohr. Er ist an dem hinteren Flansch der Rohrwiege angeschraubt. An der linken Seitenwand des Abweisers sind Ausgleichsgewichte angebracht, ein weiteres Ausgleichsgewicht befindet sich auf der rechten Seite unter dem Lager für den Sicherheitsschalter. Am Abweiser sind ferner der Druckknopfstecker der Abfeuereinrichtung und am Ende des linken Seitenteils der Rücklaufmesser angebracht. An der linken Abweiserwand ist ferner die Führung für den Drallnocken am Bodenstück. Die Führung dient zur Aufnahme des Dralldruckes.

b) Rohrbremse
(Bilder 12 und 13)

24. Die Rohrbremse hemmt den Rücklauf und regelt den Vorlauf des Rohres. Sie liegt in zwei Lagern über dem Führungsrohr auf der linken Seite der Rohrwiege.
Zu ihr gehören folgende Hauptteile:
Bremszylinder,
Zylinderboden (Verschraubung),
Stopfbuchse,
Kolbenstange mit Kolbenkopf,
Reglerstange mit Schieberventil und Vorlaufhemmstange.
25. Der Bremszylinder ist vorn durch den eingeschraubten Zylinderboden und hinten durch die Stopfbuchse abgeschlossen. Durch die Stopfbuchse hindurch ragt die mit dem linken Bremsnocken verschraubte hohle Kolbenstange, deren Kolben im Zylinder geführt wird. Die schwach kegelförmige Reglerstange ist im Zylinderboden eingeschweißt und liegt in der hohlen Kolbenstange. Die Vorlaufhemmstange, die von hinten her in der Kolbenstange eingeführt und verschraubt ist, ragt in die Reglerstange hinein. Sie ist mit einer nach hinten an Tiefe abnehmenden Nut versehen.
Am hinteren Ende der Reglerstange sind radiale Bohrungen für den Durchtritt der Bremsflüssigkeit angebracht, dahinter befindet sich das Schieberventil.
26. Die Stopfbuchse besteht im Einzelnen aus Grundbuchse, die in den Zylinderboden eingeschraubt und gesichert ist, zwei Simmerringen, einer Nutringmanschette mit einem durch einen Seegerring gehaltenen Stützring, und der ebenfalls durch einen Seegerring gehaltenen Druckbuchse.
Im Zylinderboden bzw. im hinteren Befestigungsflansch des Bremszylinders sind Bohrungen zum Nachfüllen bzw. zum Ablassen der Bremsflüssigkeit vorgesehen. Diese Bohrungen sind durch eingeschraubte Stopfen, die gesichert sind, verschlossen.
Die Rohrbremse enthält 12,25 l Bremsflüssigkeit (braun-ark).

W i r k u n g s w e i s e
(Bild 16)

27. Das beim Schuss zurücklaufende Rohr nimmt die mit dem linken Nocken verbundene Kolbenstange mit Kolben und die Vorlaufhemmstange mit zurück, während Bremszylinder und Reglerstange stehenbleiben. Die hinter dem Kolben stehende Bremsflüssigkeit wird durch die Bohrung des Kolbens und die ringförmige Öffnung zwischen Reglerstange und Kolben gedrückt. Infolge des zunehmenden Durchmessers der Reglerstange vermindert sich der Durchflussquerschnitt zwischen ihr und dem Kolben, bis er schließlich gleich Null wird. Hierdurch wird der größte Teil der Rücklaufenergie allmählich aufgezehrt.
Ein Teil der Flüssigkeit dringt an der Reglerstange entlang über das geöffnete Schieberventil des Regelstangen-kopfes in die hohle Kolbenstange und tritt durch die Bohrung der Vorlaufhemmstange in diese sowie in die Reglerstange.
Ein Teil der Rücklaufenergie wird unter Erhöhung des Luftdruckes im Rohrvorholer aufgespeichert. Beim Vorlauf wird die vor dem Kolben befindliche Flüssigkeit unter Einwirkung des Luftvorholers durch die immer größer werdende Öffnung zwischen Reglerstange und Kolben sowie durch dessen Bohrungen hinter den Kolben gedrückt.

Die über die Reglerstange nach vorn gleitende Kolbenstange und die in der Reglerstange sich immer tiefer einschiebende Rücklaufhemmstange verdrängen die in die Kolbenstange und in die Reglerstange eingedrungene Flüssigkeit und drücken sie, da ihr der Weg über das Ventil jetzt verschlossen ist, durch die Nuten und die radialen Bohrungen der Vorlaufhemmstange. Durch die Abnahme des Durchflussquerschnittes dieser Nuten auf null gelangt das Rohr stoßfrei in seine Schussstellung zurück. Der Bremszylinder muss stets ganz mit Bremsflüssigkeit gefüllt sein.

c) Luftvorholer
(Bilder 14 und 15)

28. Der Luftvorholer bringt das zurücklaufende Rohr wieder in Schussstellung vor. Er ist in zwei Lagern auf der rechten Seite der Rohrwiege gelagert und besteht aus folgenden Hauptteilen:
Luftbehälter mit Boden, Deckel und Klappe,
Verdrängungszylinder,
Stopfbuchse,
Kolbenstange mit Kolben.

29. Der Luftbehälter besteht aus einem Zylinder, der vorn durch den Deckel und hinten durch den Boden abgeschlossen ist. Im Boden befinden sich oberhalb der Stopfbuchse das Luftventil mit Sicherung, Verschlussstopfen und Fülllochschraube. Die Stopfbuchse besteht im Einzelnen aus der in den Behälterboden eingeschraubten Grundbuchse, 2 Nutringmanschetten, 2 Stützringen, 2 Seegerringen und dem Druckring. Einer der beiden Seegerringe hält den vorderen Stützring, der andere den Druckring.

30. Der Verdrängungszylinder ist im Luftbehälter exzentrisch gelagert. Er wird vorn durch die Klappe, die in den Zylinderkopf geschraubt ist, im Luftbehälter gehalten. Ein in die Klappe eingeschraubter Druckschmierkopf wirkt als Ventil und verhindert die Bildung eines Luftpolsters und das Eindringen von Staub in den Verdrängungszylinder.
Auf dem Kolbenstangenkopf ist der aus Druckring, 2 Nutringmanschetten und 2 Stützringen bestehende Kolben durch 2 Seegerringe befestigt.
Der Luftvorholer enthält 11,6 l Bremsflüssigkeit, der Luftdruck beträgt 50 atü.

Wirkungsweise
(Bild 16)

31. Das beim Schuss zurücklaufende Rohr zieht die Kolbenstange mit zurück. Die hinter dem Kolben befindliche Flüssigkeit wird in den Luftbehälter gedrückt, so dass die hier befindliche Luft noch mehr zusammengepresst wird. Nach beendetem Rücklauf drückt die sich entspannende Luft im Luftbehälter die Flüssigkeit in den Verdrängungszylinder zurück und schiebt den Kolben samt Rohr wieder vor.

d) Oberlafette mit Kugelzapfen
(Bilder 17 und 18)

32. Die Oberlafette trägt in ihren Schildzapfenlagern die Rohrwiege mit Rohr. Sie ist vorn auf einem Kugelzapfen gelagert und gegen Abheben durch einen unten an das Kugelzapfenlager angeschraubten Ring gehalten. Hinten ist sie mit Führungsrollen in der Schwenkschiene der Grundplatte geführt. Diese hat ein Segment, an dem der Zahnbogen für das Ritzel der Seitenrichtmaschine angeschraubt ist. Die Grundplatte ist auf der Plattform des Fahrzeuges festgeschraubt.

33. Die Oberlafette besteht aus den beiden Seitenwänden und den Zwischenwänden. Beide sind vorn durch das Mittelstück zusammengefasst und tragen das eingeschweißte Kugelzapfenlager. Auf die Seitenwände sind die Schildzapfenlager aufgeschraubt, deren Linkes das Lager für das Winkelzielfernrohr 2/1 trägt.

Vor dem Handrad zur Höhenrichtmaschine ist an der linken Seitenwand die Aufnahmelasche für den Abfeuerschalter, am Optikbock ist die Notabfeuerung befestigt.
Hinten an der Lafette sind zwei in Kugellagern laufende Führungsrollen angebracht; ferner befinden sich hinten an der Oberlafette noch die Seitenzurrung, deren Spindel durch den angeketteten Knebel in einer Ausnehmung der Schwenkschiene geschraubt und festgestellt werden kann. [34]
Ein an der Oberlafette angebrachter Zeiger kennzeichnet in Verbindung mit einer Marke an der Grundplatte die Zurrstellung der Oberlafette.
Der Richtsitz auf der linken Seite der Lafette besteht aus dem verstellbaren Kübelsitz und der Rückenlehne. Der Kübelsitz ist um einen Bolzen nach vorn und hinten schwenkbar. Eine mit Gegenmutter versehene Schwenkschraube begrenzt die Neigung des Kübelsitzes nach vorn.

e) Höhenrichtmaschine
(Bild 19)

34. Die an der linken Seite der Oberlafette angeordnete Höhenrichtmaschine ist eine Zahnbogenrichtmaschine.
Sie besteht im Wesentlichen aus folgenden Teilen:
Gehäuse für Handradwelle, Schneckenwelle und Schneckenrad,
Handrad,
Welle,
Kegelräder,
Schnecke,
Schneckenrad und Ritzel.
Dazu kommt der an der Rohrwiege befestigte Zahnbogen.
35. Die Drehung des Handrades wird über die Welle und die Kegelräder auf die Schnecke übertragen. Diese dreht das Schneckenrad und somit das Antriebsritzel, das in den Zahnbogen der Wiege eingreift.
Die Tellerfedern auf der Schneckenwelle bewirken ein stoßfreies Arbeiten der Höhenrichtmaschine und die Entlastung des Getriebes beim Schuss.
Die einzelnen Teile sind bis auf Zahnbogen und Ritzel in entsprechenden, miteinander verschraubten Gehäusen gelagert. Das ganze Höhenrichtfeld erstreckt sich von - 7° bis + 15°.
Neben dem Handrad der Höhenrichtmaschine befindet sich der Bügel zur Handradabfeuerung.

f) Seitenrichtmaschine
(Bild 20)

36. Die Seitenrichtmaschine ist ebenfalls eine Zahnbogenrichtmaschine. Sie besteht im Wesentlichen aus folgenden Teilen:
Antriebsgehäuse und
Schneckengehäuse,
Handrad mit
Handradwelle,
Kegelräder,
Kugelgelenkwelle,
Schnecke,
Schneckenrad und
Antriebsritzel.
37. Die Drehung des Handrades wird über die Handradwelle und das Kegelräderpaar auf die Kugelgelenkwelle übertragen. Diese leitet die Drehung auf die Schnecke und das Schneckenrad im Schneckengehäuse und weiter auf das Antriebsritzel. Das Antriebsritzel, das durch ein Schutzblech geschützt ist, greift in den Zahnbogen an der Grundplatte ein.
Das ganze Seitenrichtfeld beträgt +/- 10°.

[34] Für spätere Ausführung erfolgt Zurrung durch eine Ratsche an Stelle des Knebels.

g) Elektrische Einrichtung
(Bild 21)

38. Die am Geschütz verlegte Leitung des Abfeuerstromkreises erhält den Strom von der Batterie des Wagens und leitet ihn über Abzweigkasten, Abfeuerschalter und Kontrolllampe zum elektrischen Sicherheitsschalter; weiter über Signallampe, Druckknopfstecker, Kontaktstückhalter, Stromzuführung im Keil und Schlagbolzen zur Glühzündschraube.
Vom Abzweigkasten führt eine zweite Leitung über Kupplungskasten und Stecker zur Nachtbeleuchtung der Optik.
Am Druckknopfstecker kann die Notabfeuerung angeschlossen werden.
39. Zur elektrischen Einrichtung gehören folgende Teile:
Stecker zur Stromentnahme am Fahrzeug,
Abzweigkasten,
Abfeuerschalter mit Kontrolllampe,
Kupplungskasten und Stecker für Abfeuerstrom,
Elektrischer Sicherheitsschalter,
Signallampe,
Druckknopfstecker und Druckknopf,
Kontaktstückhalter,
Stromzuführung im Keil,
Schlagbolzen,
Glühzündschraube,
Notabfeuerung mit Druckknopfstecker,
Kupplungskasten mit Stecker für Nachtbeleuchtung der Optik und
Nachtbeleuchtung der Optik.

Elektrischer Sicherheitsschalter

40. Der elektrische Sicherheitsschalter ist auf einem Träger rechts oben auf der Wiege befestigt. Er unterbricht nach jedem Schuss den Abfeuerstromkreis selbsttätig und vermeidet dadurch ein vorzeitiges Abfeuern.
Beim Rücklauf des Rohres gleitet ein Schaltnocken am Bodenstück unter der Rolle des Hebels am elektrischen Sicherheitsschalter hindurch und hebt diesen an. Dadurch wird der Stromkreis unterbrochen. Es kann erst abgefeuert werden, wenn der Schaltknopf in den Sicherheitsschalter hineingedrückt wird. Zum Aufheben der Feuerbereitschaft wird der außen am Sicherheitsschalter befindliche Knebel angehoben.
Beim Eindrücken des Schaltknopfes erscheint am Fenster des Schaltergehäuses ein »F« (Feuer), beim Herausspringen des Schaltknopfes ein »S« (Sicher).

Signallampe
(Bild 21)

41. Die Signallampe ist an der linken Seitenwand der Rohrwiege befestigt. Sie dient zur Kontrolle des Abfeuerstromkreises und zeigt bei einem Zündversager an, ob ein Teil des Abfeuerstromkreises unterbrochen ist. Sind die Kontakte des elektrischen Sicherheitsschalters und des Abfeuerstromkreises geschlossen, dann leuchtet die Signallampe auf. Bei Zündversagern liegt der Fehler dann am Druckknopfstecker, in der Stromzuführung des Verschlusskeiles, dem Schlagbolzen oder in der Zündschraube.
Leuchtet die Signallampe nicht auf, kann bei Aufleuchten der Kontrolllampe im Abfeuerschalter auf Beschädigung der Schalter oder der elektrischen Leitungen vom Abfeuerschalter bis zur Signallampe geschlossen werden.

h) Rohrzurrung

42. Die Rohrzurrung ist hinter der Lafette im Fahrzeug angeordnet. Sie besteht aus Zurrhaken mit Spannschloss und Stütze. Auf dem Marsch oder bei Nichtgebrauch wird das Geschütz gezurrt. Hierzu wird dem Rohr Erhöhung

gegeben und der Zurrhaken in das Bodenstück eingehakt. Durch Anziehen des Spannschlosses wird das Rohr gegen die hochgeklappte Stütze gedrückt. Zum Entzurren des Geschützes wird das Spannschloss gelöst und die Stütze heruntergeklappt.

i) Winkelzielfernrohr 2/1
(Bild 23)

43. Das Winkelzielfernrohr 2/1 dient zum direkten Richten. Infolge seiner hohen optischen Leistungen eignet sich das Zielfernrohr besonders zum Gebrauch bei Dämmerung und bei Nacht. Die Benutzung der Gasmaske ist nach Abnehmen der Augenmuscheln möglich. Der Aufsatzwinkel wird durch Einstellen der Schussentfernungsteilung und des damit verbundenen Aufsatzkurvenkörpers nach dem Ausblickspiegel übertragen. Damit der Schütze während des Schießens beim Einstellen der Schussentfernung das Auge nicht vom Okular abzusetzen braucht, ist die Schussentfernung (außer an einer Außenablesung) auch im oberen Teil des Gesichtsfeldes sichtbar.

44. Das WZF 2/1 hat folgende optischen Werte:

Vergrößerung	10-fach,
Gesichtsfeld	7° (= 122 m auf 1000 m),
Austrittspupille	6 mm Durchmesser.

45. Strichbild. Im Gesichtsfeld erscheinen eine Pfeilmarke und ein senkrechter Strich. Die Spitze der Pfeilmarke reicht bis zur Mitte des Gesichtsfeldes.

Links und rechts davon sind in waagerechter Richtung in einem Abstand von 4´ noch je sechs Vorhaltemarken angeordnet.

46. Bildschärfeneinstellung. Die Bildschärfe wird entsprechend der persönlichen Sehschärfe des Richtschützen durch Drehen am Okularrändelring eingestellt. Die Nullstellung (0 Dioptrie) ist durch einen Einstellstrich gekennzeichnet.

47. Farbglas. Zum Schutz gegen Blendung wird ein Farbglas verwendet.

48. Nachtbeleuchtung. Bei Dunkelheit werden das Strichbild und die Aufsatzwinkelteilung mit einer Einschraublampe beleuchtet. Zum Anschluss an die Stromquelle dient ein Kabel mit Stecker.

49. Stirnstütze mit Augenmuschel. Zum bequemen und dauernden Zielen ist über dem Okular eine Stirnstütze aus Weichgummi angeordnet, die in der Tiefe einstellbar ist.

50. Klarscheibe. Zum Schutz gegen äußeres Beschlagen der Okularlinse wird bei Kälte eine Klarscheibe vor das Okular gesetzt, die von der aufgesteckten Augenmuschel gehalten wird.

51. Aufsatzwinkeleinstellung. Der Aufsatzwinkel wird durch Drehen an dem gezahnten Einstellring eingestellt und wirkt über den damit gekuppelten Kurvenring und die Schiebestange auf den Ausblickspiegel, so dass die durch die Visiermarke gehende Visierlinie um den betreffenden Aufsatzwinkel nach unten verstellt wird.

Einstellbereich:	für 12,8 cm Pz Gr 43	von 0 bis 4000 m
	für 12,8 cm Spr Gr L/5,0	von 0 bis 8000 m
	Strichteilung	von 0 bis 176 Strich

Die eingestellte Schussentfernung wird außen im Ablesefenster und innen am oberen Rand des Gesichtsfeldes mit je einer Ablesemarke angezeigt.

52. Auswechselbarer Ausblickkopf. Der Ausblickkopf wird durch einen Hebelverschluss gehalten. Er kann jederzeit gegen einen Ersatz-Ausblickkopf ausgewechselt werden.

53. Austrocknung. Ist feuchte Luft in das Innere des Zielfernrohres eingedrungen, so wird ein Beschlagen der Optik dadurch vermieden, dass in das Fernrohrgehäuse unten und in den Ausblickkopf oben je eine Trockenpatrone eingeschraubt wird.

Falls bei nicht rechtzeitig ausgewechselten Trockenpatronen die optischen Teile innen beschlagen sind, muss das Fernrohr mit dem Trockengerät ausgetrocknet werden.

54. Lagerung des Zielfernrohres. Zur Lagerung des Zielfernrohres ist an der Oberlafette ein Lagerbock angebracht. In ihm ist eine Welle gelagert, deren Achse parallel zur Schildzapfenachse liegt. An einem Wellenende ist der Fernrohrträger angebracht, an dessen Lagerplatte das Winkelzielfernrohr mit seinen Lagerzapfen durch eine Druckschraube in die Lagerpfannen hineingepresst wird. Die Druckschraube ist durch einen Rastbolzen gegen Lösen gesichert. Am anderen Ende der Welle ist ein in seiner Länge verstellbarer Hebel angebracht, der mit der

an der Rohrwiege angelenkten und ebenfalls verstellbaren Schubstange gelenkig verbunden ist und hierbei als Parallelogrammgestänge wirkend die Bewegungen des Rohres gleichmäßig auf das Zielfernrohr überträgt.

III. Zubehör und Vorrat

55. Zubehör siehe Anlage J 1551. (siehe TL-Ausrüstungsliste)

C. Bedienung

56. Zur richtigen Bedienung des Geschützes ist die genaue Kenntnis der Einzelteile und ihres Zusammenwirkens erforderlich.
Es ist verboten:
Hemmungen am Geschütz, insbesondere an Rohr und Verschluss, an dem Zielfernrohr und an den Richtmaschinen mit Gewalt zu überwinden.
Eigenmächtige Änderungen an der elektrischen Einrichtung vorzunehmen.
Bei Friedensübungen weiterzufeuern, wenn der Rücklaufanzeiger auf »Feuerpause« zeigt.

I. Feuerbereitmachen des Geschützes

57. Durchschießbaren Mündungsbeutel, soweit Zeit vorhanden, abnehmen.
Kanone entzurren.
Winkelzielfernrohr dem Behälter entnehmen und einsetzen.
Verschluss öffnen.
Granate der Lagerung entnehmen und laden.
Ziel anrichten.
Schaltknopf am elektrischen Sicherheitsschalter eindrücken.
Am Abzugsbügel des Abfeuerschalters abfeuern.
Bei Ausfall der Hauptabfeuerung Notabfeuerung durch Aufdrücken des Steckers auf Druckknopf am Kontaktstück einschalten.
Durch Eindrücken des Notabfeuerungsknopfes abfeuern.

II. Verschluss

58.
1. Öffnen (12.)
2. Schließen (15.)
3. Abfeuern (16.)
4. Sichern und Entsichern (17., 18. und 19.)

III. Lafette

59. a) Während des Eisenbahntransportes und auf dem Marsch ist das Rohr durch die vorn am Wagen angebrachte Zurrstütze festzulegen.
Gleichzeitig ist der Zurrhaken im Kampfraum in das Bodenstück einzulegen und festzuziehen.

b) Vor dem unmittelbaren Einsatz des Panzerjägers ist die vordere Zurrstütze abzuklappen, nachdem vorher der hintere Zurrhaken gelockert wurde. Sodann ist der Zurrbock unter dem Bodenstück hochzuklappen und der Zurrhaken wieder anzuziehen.

D. Behandlung

60. Allgemeines Behandeln und Pflege der Waffen im Winter (H.Dv. 65 mit Anhang). Vorbedingung für die Verwendungsbereitschaft des Geschützes ist die ständige sachgemäße Behandlung und sorgsame Pflege.

I. Schmierung

61. Die Schmierung des Geschützes ist, wenn es dauernd kriegsbrauchbar sein soll, von ausschlaggebender Bedeutung. Geschmiert wird durch Einspritzen von Waffenschmieröl in die Einschlagöler, durch Einpressen von Abschmierfett in die Druckschmierköpfe oder durch Auseinandernehmen, Reinigen und Einölen zusammengesetzter Teile.
Die Gehäuse der Seitenrichtmaschine und der Höhenrichtmaschine sind mit Abschmierfett, das Ringfedergehäuse ist mit harz- und säurefreiem Getriebefett mit 10 % Flockengraphit und 5 % Collag gefüllt.
Folgende Stellen sind mit Druckschmierköpfen und Einschlagölern versehen, die mit der Fettpresse bzw. der Ölspritzflasche nach Bedarf, mindestens aber monatlich einmal, und außerdem vor jedem Einsatz, geschmiert werden müssen.

Schmierstellen
(Bild 24)

II. Aus- und Einbauen
Prüfen des Gerätes

62. Allgemeines. Das Auseinandernehmen des Verschlusses, d.h. das Ausbauen des Schlagbolzens, der Auswerfereinrichtung, das Herausnehmen des Verschlusskeiles aus dem Keilloch sowie das Zusammensetzen und Einbauen des Verschlusses ist ohne Werkzeug ausführbar und muss von jedem Mann der Geschützbedienung unter Aufsicht des Geschützführers vorgenommen werden können. Alle übrigen Arbeiten sind nach Weisung des Waffenmeisters von dem zuständigen Waffenmeisterpersonal auszuführen. Die Ausführung durch die Truppe ohne diese vorgeschriebene Leitung ist untersagt.

III. Aus- und Einbauen des Rohres

Lfd. Nr.	Zahl	Art	Sitz
1	2	Rohrwiege Druckschmierköpfe	vorn und hinten auf dem Führungsrohr, für die Führungsbuchsen
2	1	Lafette Druckschmierkopf	Auf dem Kugelzapfenlager. Schildzapfenrollenlager beim Einbau in Fett eingesetzt
3	1	Seitenrichtmaschine Einfüllstutzen	Am Schneckengehäuse
4	1	Höhenrichtmaschine Einfüllstutzen	Am Schneckengehäuse
5	1	Lagerung der Zieleinrichtung Druckschmierkopf	An der Lagerung
6	1	Lagerung der Zieleinrichtung Einschlagöler	An der Lagerung

63. Wagendecke abschrauben, dann Rohr etwa 2° Senkung geben, so dass Verlängerung der Rohrmitte etwa mit Aussteigeluke an der Rückwand übereinstimmt.
Abweiserstange abschrauben.
Kolbenstangenmutter von Rohrbremse und Luftvorholer nach Lösen der Sicherungen abschrauben.
Rohr langsam aus der Wiege nach hinten herausziehen.
Hierbei das Rohr vor dem Wiegenpanzer und gleichzeitig an einem in die Ladeöffnung eingeführten Holzpfosten hinter dem Bodenstück angreifen.
Rohr während des Herausziehens mehrmals langsam absetzen.
Einbau sinngemäß in umgekehrter Reihenfolge.

Schwerpunktabstand von Hinterkante Rohr beträgt
mit Verschluss = 1830 mm
ohne Verschluss = 1920 mm

IV. Abnehmen und Anbringen des Bodenstückes außerhalb des Fahrzeuges

64. Geeignete Unterlagen vorbereiten. Verschluss ausbauen. Sicherungsstück entfernen. Sicherungsstück für Spannschraube abnehmen. Spannschraube lösen, Bodenstück vorsichtig vom Tragzapfen des Rohres abziehen. Vor dem Anbringen des Bodenstückes Tragzapfen des Rohres gut reinigen und mit einer dünnen Schicht Abschmieröl und Graphit versehen.
Gewinde für Spannschraube stark fetten. Spannschraube auf das Rohr schieben. Bodenstück auf Tragzapfen aufbringen, Sicherungsstück befestigen.
Spannschraube im Bodenstück fest einschrauben und sichern. Rohr und Rohrwiege einbauen und Verschluss einsetzen.

V. Aus- und Einbauen des Verschlusses

65. Zustand des Verschlusses: Es ist abgefeuert, der Stromkreis der elektrischen Abfeuerung unterbrochen, der Verschluss geschlossen und entsichert.
66. Ausbauen des Schlagbolzens
Gegenlager gegen Druck der Schlagbolzenfeder bis zur Begrenzung nach vorn in den Verschlusskeil hineindrücken und um 90° nach links oder rechts drehen. Die Schlagbolzenfeder drückt dann das Gegenlager heraus.
Schlagbolzenfeder und Schlagbolzen aus dem Verschlusskeil herausnehmen.
67. Ausbauen der Sicherung und der Stromzuführung
Verschluss öffnen.
Haltebolzen nach oben, Sicherung und Stromzuführung seitlich aus dem Verschlusskeil herausziehen.
68. Herausnehmen des Auswerfers
Druckhebel auf dem Bodenstück so weit wie möglich in seine Bohrung hineindrücken und Auswerferwelle nach oben aus dem Bodenstück herausziehen. Verschluss etwas öffnen, Auswerfer von der Seite an seinen Griffzapfen fassen und bis zur Begrenzung nach hinten drücken. Verschluss vollständig öffnen und Auswerfer herausnehmen.
69. Abnehmen der Öffnerkurbel und Ausbauen des Verschlusskeils
Auswerfer herausnehmen.
Verschluss mit Überhub öffnen und Bolzen zur Öffnerkurbel nach oben aus dem Bodenstück herausziehen.
Öffnerkurbel abnehmen. Verschlusskeil vorsichtig nach rechts aus dem Keilloch herausnehmen.
70. Herausnehmen des Rückholbolzens
Verschlusskeil ausbauen. Rückholbolzen bis zur Begrenzung im Uhrzeigersinn drehen und oben aus dem Verschlusskeil herausnehmen.
71. Abnehmen der Stahlplatte
Verschlusskeil ausbauen. Schrauben zur Stahlplatte aus dem Verschlusskeil ausschrauben; Scheiben zu den Schrauben und Stahlplatte abnehmen.
72. Zusammensetzen des Verschlusses
Das Zusammensetzen des Verschlusses ist sinngemäß in umgekehrter Reihenfolge vorzunehmen.
Nach dem Zusammensetzen Verschluss durch wiederholtes Öffnen, Schließen, Sichern und Entsichern auf richtiges Zusammenwirken aller Teile prüfen.

VI. Rohrbremse

73. Nachfüllen der Rohrbremse
Rohr 4° Senkung geben.
Verschlussstopfen ausschrauben. Durch obere Einfüllöffnung so lange einfüllen, bis klare Flüssigkeit aus der

seitlichen Bohrung für die Entlüftungsschraube ausläuft.
74. Aus- und Einbauen der Rohrbremse
In horizontaler Lage des Geschützes Luft ablassen. Rohrbremse vom Bodenstück lösen. Rohr mit Hilfe einer Winde oder eines Flaschenzuges (notfalls Knippstange) etwa 300 mm zurückziehen. Befestigungsbrille der Rohrstange lösen. Nach entsprechender Drehung Rohrbremse schräg nach hinten herausziehen. Beim Wiedereinbau Rohr durch Luftvorholer vorziehen.
75. Zerlegen der Rohrbremse und Ersatz der Verschleißteile
Rohrbremse ausbauen, Bremsflüssigkeit ablassen, Sicherungen zur Stopfbuchse und zum Zylinderboden abnehmen. Stopfbuchse ausschrauben und vorsichtig abziehen, damit Simmerringe und Nutringmanschetten nicht beschädigt werden.
76. Zylinderboden ausschrauben und zusammen mit der Kolbenstange und Reglerstange aus dem Bremszylinder herausziehen.
Seegerring abnehmen und Druckring mittels Vorrichtung herausziehen. Nutringmanschetten und Simmerringe entfernen. Kolben nach Lösen der Sicherungsschraube abschrauben und Reglerstange aus der Kolbenstange herausziehen. Reglerstangenkopf nach Lösen der Sicherungsschraube abschrauben, Ventilschieber abnehmen und Kolben abschrauben. Zusammenbauen der Rohrbremse in umgekehrter Reihenfolge. Rohrbremse einbauen und füllen.

VII. Luftvorholer

77. Prüfen des Luftdruckes
Rohr 7° Senkung geben.
Drahtsicherung lösen, Verschlussstopfen ausschrauben.
Verbindungsstück mit Luftdruckmesser einschrauben und fest anziehen. Anschlussbohrungen des Verbindungsstückes durch Verschlussstopfen schließen. Luftventil langsam öffnen. Zeigt der Luftdruckmesser weniger als 49 atü an, dann Luft einfüllen. Verbindungsstück abnehmen, Verschlussstopfen schließen und Ventilkegel durch gemeinsamen Draht sichern.
78. Nachfüllen von Druckluft
Rohr 7° Senkung geben.
Kappe von Luftflasche abschrauben, Verschlussmutter vom Anschlusszapfen der Luftflasche entfernen.
Drahtsicherung lösen.
Verschlussstopfen ausschrauben. Verbindungsstück mit Luftdruckmesser einschrauben und durch Panzerschlauch mit Luftflasche verbinden.
Zuerst Ventil des Luftvorholers, dann Ventil der Luftflasche langsam öffnen.
Sobald Luftdruckmesser 50 atü zeigt, Ventile von der Luftflasche und Luftvorholer schließen.
Verbindungsstück abnehmen, Verschlussstopfen schließen und mit Ventilkegel durch einen gemeinsamen Draht sichern.
79. Prüfen der Flüssigkeitsfüllung
Luft ablassen und Rohr auf 0° Erhöhung bringen.
Fülllochschraube rechts unter dem Luftventil herausschrauben. Mit Fülltrichter Flüssigkeit bis zum Überlaufen nachfüllen. Fülllochschraube einschrauben und sichern.
80. Aus- und Einbauen des Luftvorholers
In horizontaler Lage des Geschützes Luft ablassen. Luftvorholer vom Bodenstück lösen. Rohr mit Hilfe einer Winde oder eines Flaschenzuges (notfalls Knippstange) ungefähr 300 mm zurückziehen. Halteschrauben des Luftvorholers lösen. Nach entsprechender Drehung Luftvorholer schräg nach hinten herausziehen. Beim Wiedereinbau Rohr durch Luftvorholer vorziehen.

VIII. Elektrische Einrichtung

81. Prüfen der Wirksamkeit der Kontaktstellen des elektrischen Sicherheitsschalters und des Abfeuerschalters.
Die Kontaktstellen werden nacheinander geöffnet und geschlossen. Wenn eine Kontaktstelle geöffnet und die

andere geschlossen wird, darf die Abfeuerung nicht erfolgen.
Die Prüfung wird mit der an Stelle des Gegenlagers in den Verschluss eingeführten Prüflampe durchgeführt. Den Mittelstift der Lampe auf hintere Fläche der Zündnadel setzen. Gehäuse der Lampe mit Verschlusskeil in Berührung bringen.

E. Justieren von Fernrohr und Parallelogramm (Zielbild)

82. Voraussetzung für richtige Lagerung des Winkelzielfernrohres an der Waffe:
Lagerzapfen an der Lagerplatte für Aufnahme des Zielfernrohres muss waagerecht sein.
Die Lagerplatte muss in der Höhenrichtung grob so ausgerichtet sein, dass die Libelle auf der Lagerplatte der eingehängten Gegenlehre eingespielt (Justierbereich am Zielfernrohr beträgt 2°). Ist keine Gegenlehre vorhanden, dann kann die Höhenrichtung der Lagerplatte auch mit Hilfe des eingesetzen Winkelzielfernrohes ausgerichtet werden. Bei abgenommenem Ausblickkopf muss die Auflagefläche für den Ausblickkopf waagerecht liegen.
83. Bei eingesetztem Zielfernrohr sind folgende Abstimmungen vorzunehmen:
In der Seitenrichtung
Ein vorhandener Visierfehler in der Seitenrichtung (nicht mehr als 6') wird durch Verstellen der Strichplatte im Zielfernrohr beseitigt. Zu diesem Zweck die Sicherungsschraube an der Einstellscheibe lösen. Einstellscheibe drehen, bis der vorhandene Visierfehler beseitigt ist, und die Sicherungsschraube wieder festziehen.

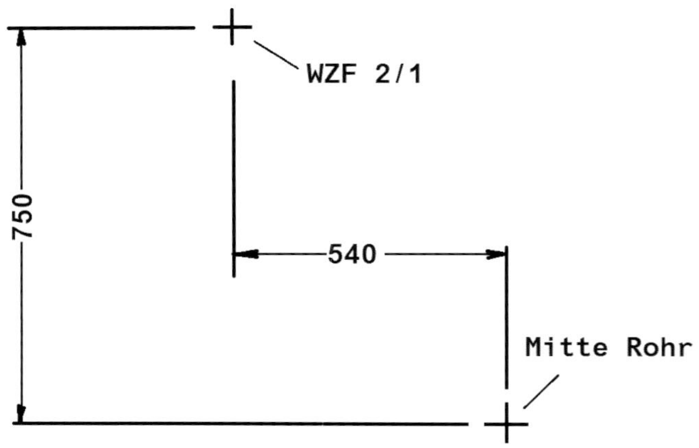

In der Höhenrichtung
Ein vorhandener Visierfehler in der Höhenrichtung (nicht mehr als 2°) wird durch Verstellen der beiden Einstellschrauben beseitigt. Zu diesem Zweck die Klemmschrauben lösen. Einstellschrauben verstellen, bis der Visierfehler aufgehoben ist, und Klemmschraube wieder festziehen.
84. Das Parallelogrammgestänge muss die Bewegungen der Rohrwiege gleichmäßig auf die Lagerung des Zielfernrohres übertragen. Die Achse der Fernrohrträgerwelle muss deshalb genau parallel mit der Schildachse verlaufen. Mit Hilfe vom Winkelmesser festgestellte Ungenauigkeiten können am Parallelogrammgestänge ausgeglichen werden.

F. Besondere Vorkommnisse

85.

Vorkommnis	Mögliche Ursache	Behebung
Versager: Signallampe an Rohrwiege brennt. **V o r s i c h t !** **Erst vorgeschriebene Zeit (1 Min) warten, dann Ursache ermitteln.**	Zündschraube versagt.	Neue Kartusche laden.
	Schlagbolzenfeder zu	Schlagbolzenfeder ausbauen
	schlapp oder gebrochen.	und ersetzen.
	Schlagbolzenspitze gebrochen.	Schlagbolzen ausbauen und durch Schlagbolzen B ersetzen. Schlagbolzen A mit neuer Schlagbolzenspitze versehen.
	Rohr ist weiter als 20 mm zurückgeblieben.	Rohr in Feuerstellung vorschieben und Druck im Vorholer prüfen.
	Kontakt zwischen Kontaktstück der Rohrwiege und Stromzuführung im Verschlusskeil schlecht.	Kontaktstelle prüfen.
	Druckknopfstecker hat keinen rastsicheren Kontakt auf Druckknopf an Rohrwiege.	Druckknopfstecker rastsicher auf Druckknopf aufdrücken.
Versager: Signallampe an Rohrwiege brennt nicht.	Stromquelle versagt.	Sicherung der Abfeuerleitung prüfen.
	Körperschluss der Abfeuerleitung. Verschmutzung oder Bruch der Kontakte im Stromkreis.	Kontaktstellen mit Prüflampe (Zubehör: Kasten »Geschützvorrat«) der Reihe nach abtasten und Störung entsprechend beseitigen.
Verschluss schließt nicht ganz.	Kartusche lässt sich nicht vollständig laden oder Geschoss sitzt schief in der Hülse.	Entladen, andere Kartusche laden.
Rohrrücklauf zu lang. Rohrvorlauf nicht vollständig.	Bremszylinder nicht genügend gefüllt.	Bremszylinder nachfüllen.
	Druck im Luftvorholer zu gering.	Druckluft nachfüllen.
	Buchsen der Rohrwiege laufen trocken.	Nachschmieren.
	Bremsflüssigkeit infolge hoher Erwärmung (über 60°) zu stark ausgedehnt.	Flüssigkeit ablassen (siehe Füllvorschrift der Bremse).
Rohrbremse bzw. Luftvorholer tropft.	Nutringmanschetten undicht.	Durch Waffenmeister ersetzen lassen.

G. Maß-, Gewichts- und Leistungsangaben

	Rohr	
86	Kaliber	12,8 cm
	Rohrlänge	7 020 mm
	Rohrlänge in Kalibern	55 Kal.
	Abstand der Bodenfläche vom	
	Ansatz der vorderen Keillochfläche	400 mm
	Länge der Seele	6 610 mm
	Länge des gezogenen Teils	5 533 mm
	Länge des gezogenen Teils in Kalibern	43 Kal.
	Züge	
	Anzahl	40
	Tiefe	1,7 mm
	Breite	6,05+0,6 mm
	Feldbreite	4,0-0,6 mm
	Ladungsraum	
	Durchmesser des hinteren kegelförmigen Teils	
	hinten	176,4+0,2 mm
	vorn	162,8+0,2 mm
	Durchmesser des vorderen kegelförmigen Teils	
	hinten	162,8+0,2 mm
	vorn	133,5+0,2 mm
	Länge des Ladungsraumes	1 077 mm
	Inhalt des Ladungsraumes	22,88 l
	Drall, gleichbleibend (27 Kaliber)	6° 38´13´´
	Schwerpunktabstand von Hinterkante Rohr	
	mit Verschluss	1 830 mm
	ohne Verschluss	1 920 mm
	Lafette	
87	Maßangaben:	
	Höhenrichtfeld	"+15° - 7°
	Seitenrichtfeld nach rechts und links je	10°
	Feuerhöhe	2 150 mm
	Rohrbremse	
88.	Mittlere Bremskraft etwa	33 000 kg
	Flüssigkeitsinhalt	12,25 l
	Rücklauflänge, normal	870 mm
	Rücklauflänge (max.) »Feuerpause«	900 mm
	Luftvorhohler	
89.	Anfangsspannung der Luft	50 kg/cm²
	Flüssigkeitsinhalt	11,6 l
	Winkelzielfernrohr 2/1	
90.	Einstellbereich für 12,8 cm Pz Gr 43 von	0 bis 4000 m
	Einstellbereich für 12,8 cm Spr Gr L/5,0 von	0 bis 8000 m
	Stricheinteilung von	0 bis 176 Strich
	Gewichte	
91.	Rohr, vollständig, mit Verschluss	3 300 kg

	Vollrohr	2 200 kg
	Bodenstück ohne Verschluss	810 kg
	Spannschraube	84 kg
	Verschlusskeil mit Innenteil	192 kg
	Rohrbremse	121 kg
	Luftvorhohler	121 kg
	Gesamtgewicht des Geschützes	7 000 kg
	Gesamtgewicht einschließlich Fahrzeug	74 000 kg
	Verlademaße	
92.	Geschütz ohne Fahrzeug	
	Größte Länge	8 000 mm
	Größte Breite	1 600 mm
	Größte Höhe	1 390 mm
	Fahrzeug mit Geschütz	
	Größte Länge	10 500 mm
	Größte Breite	3 270 mm
	Größte Höhe	2 945 mm
	Das Rohr überragt die Vorderkante des Fahrzeugs um	3 050 mm
	Verladegewicht der Munition	
	12,8 cm Pz Gr 43:	
	Geschoss mit Verpackung	31,8 kg
	Hülsenkartusche mit Verpackung	36,6 kg
	12,8 cm Spr Gr L/5,0:	
	Geschoss mit Verpackung	31,5 kg
	Hülsenkartusche mit Verpackung	33,8 kg

Leistungsangaben

93.

Geschossarten		12,8 cm Pz Gr 43	2,8 cm Spr Gr L/5,0
Geschosslänge	mm	496,5	623
Geschossgewicht	kg	28,3	28,0
Sprengladung	kg	0,55	3,60
Vo	m/sec	920	750
Größte Schussweite bei 15° Erhöhung	m	--	12 200
Mündungswucht	mt	1270	800
Konstruktionsdruck	kg/cm²	3700	3700
Gebrauchsdruck	kg/cm²	3000	2500
Länge des Verbrennungsraumes	mm	967,5	967,5
Inhalt des Verbrennungsraumes	l	20,4	20,4
Gewicht der Treibladung	kg	15,0	12,2
Hülsengewicht	kg	11,6	11,6
Länge der Hülse	mm	870	870
Durchmesser des Hülsenrandes	mm	192	192
Inhalt der Hülse	l	18,24	18,24

Berlin, den 1. 11. 44.

Oberkommando des Heeres
Heereswaffenamt
Amtsgruppe für Entwicklung und Prüfung
Im Auftrag
Wöhlermann

H. Verzeichnis der Bilder

Bild 1

Jagdtiger

Bild 2

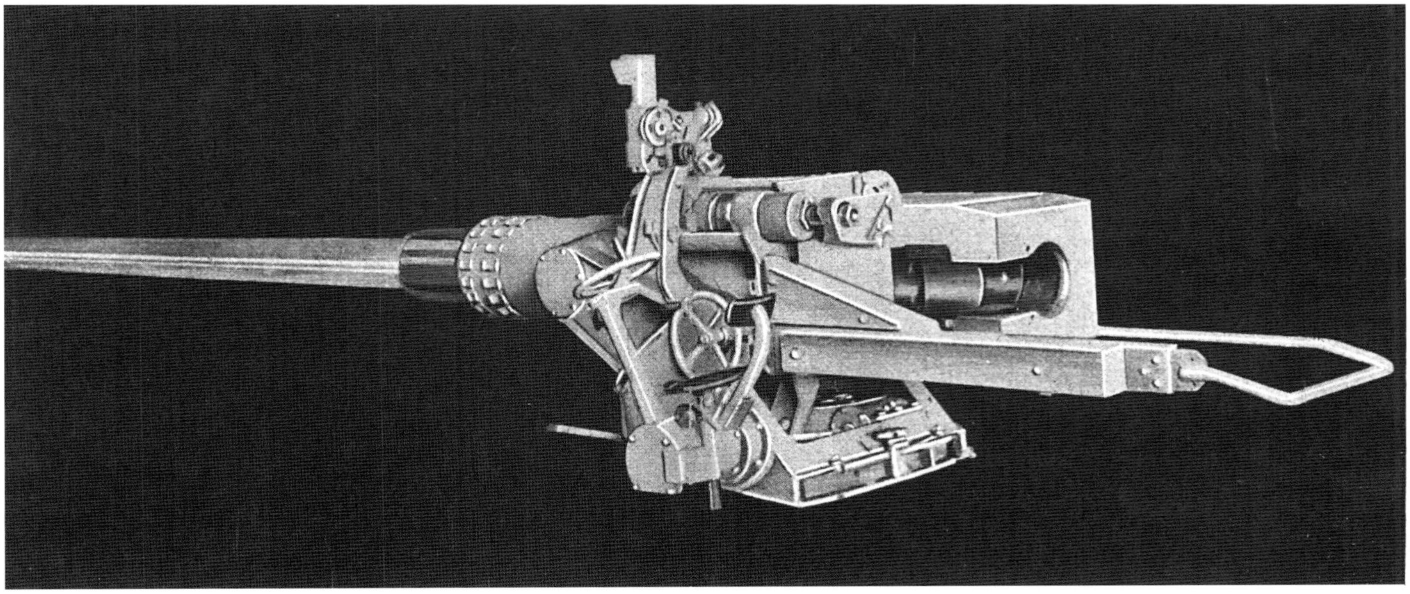

Pak von hinten links

Bild 3

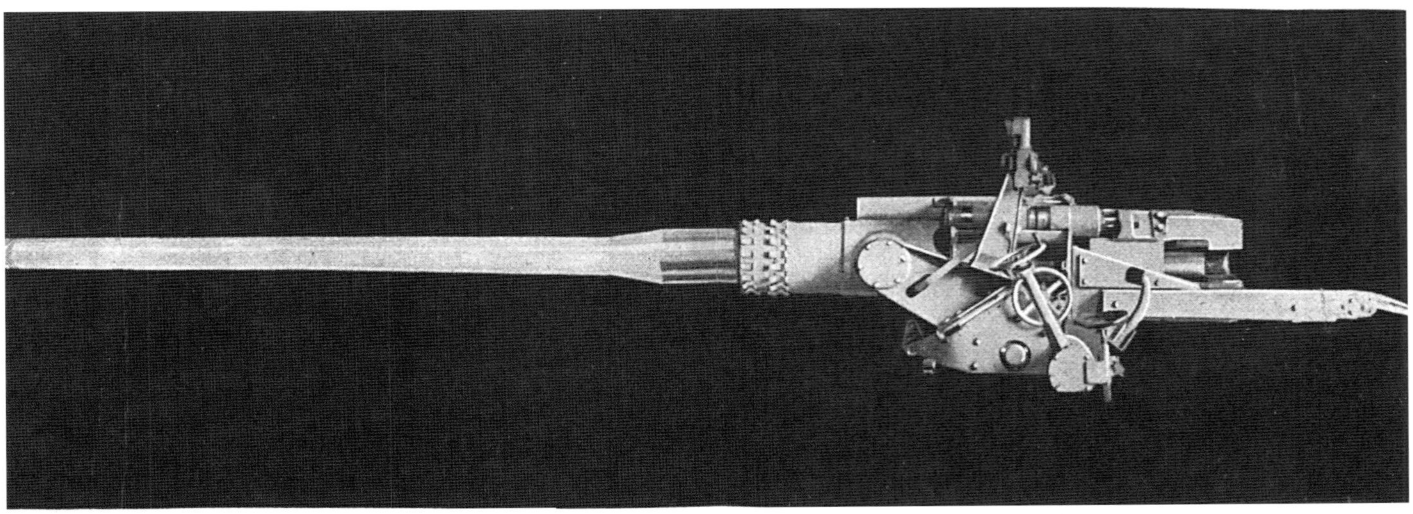

Pak, von links

Bild 4

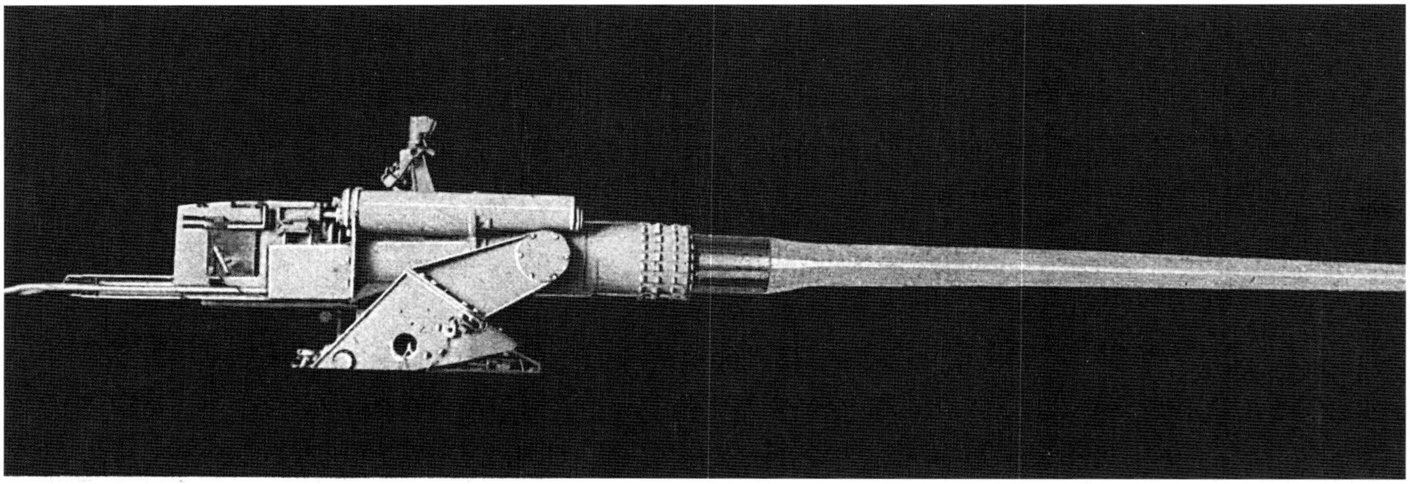

Pak von rechts

Bild 5

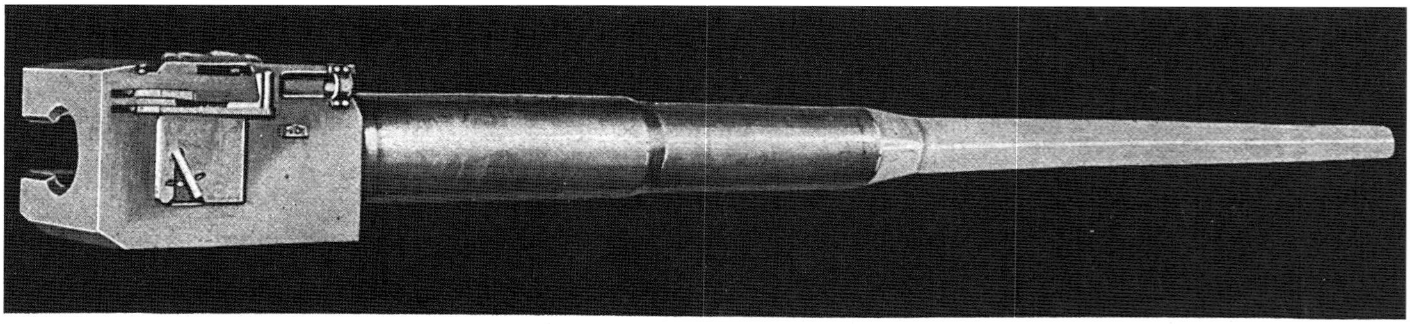

Rohr, vollständig

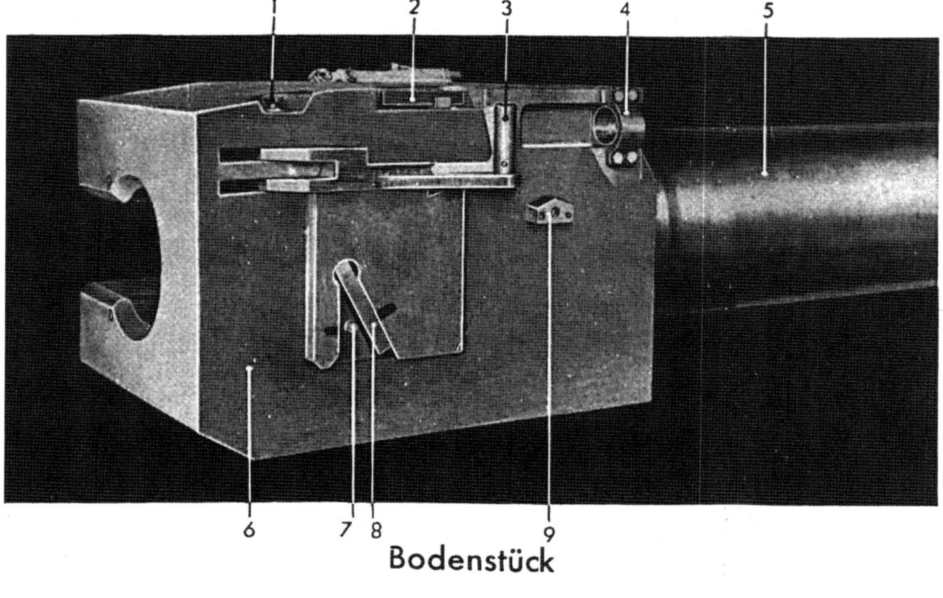

1 Drehbolzen
2 Druckhebel der Auswerferwelle
3 Öffnerkurbel
4 Vorholnocken
5 Vollrohr
6 Bodenstück
7 Sperrbolzen mit Schraubenfeder
8 Stromzuführung
9 Auflaufnocken

Bodenstück

Bild 6

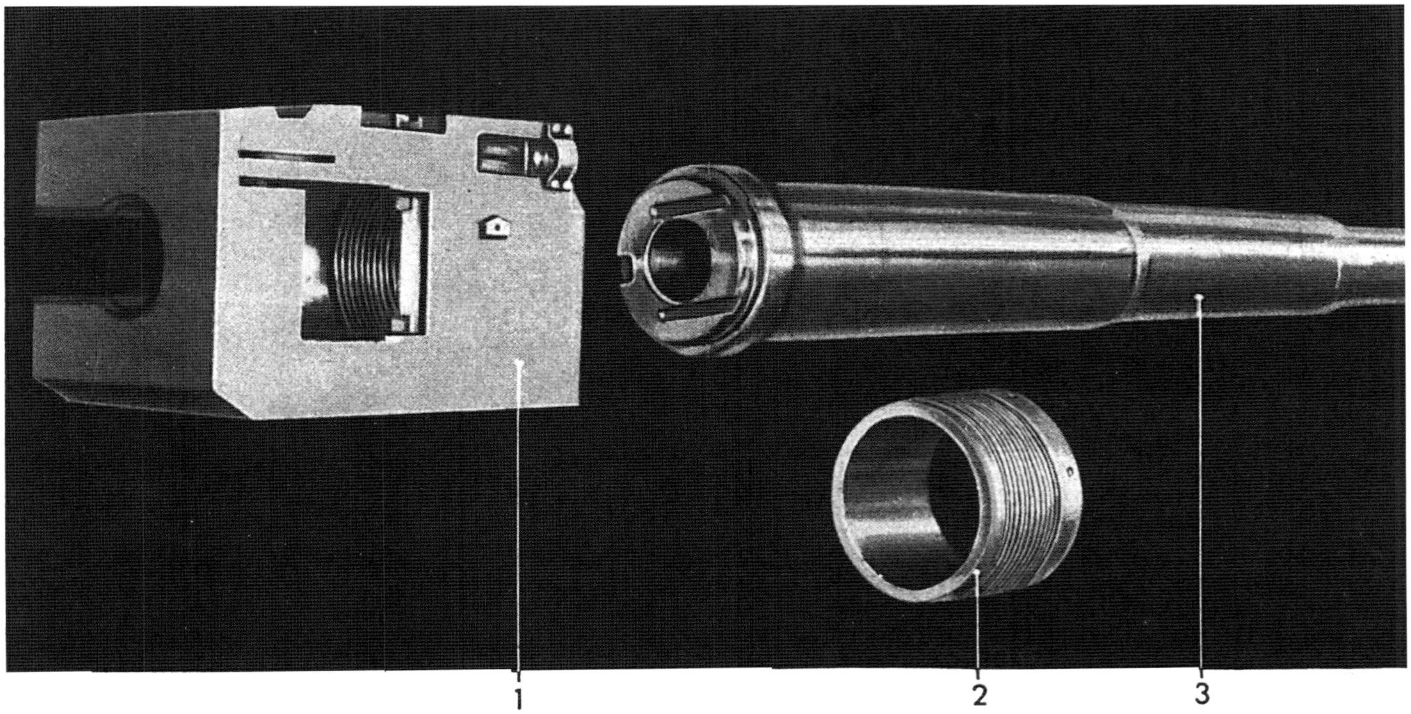

Rohr mit Bodenstück und Spannschraube

1 Bodenstück
2 Spannschraube
3 Vollrohr

Bild 7

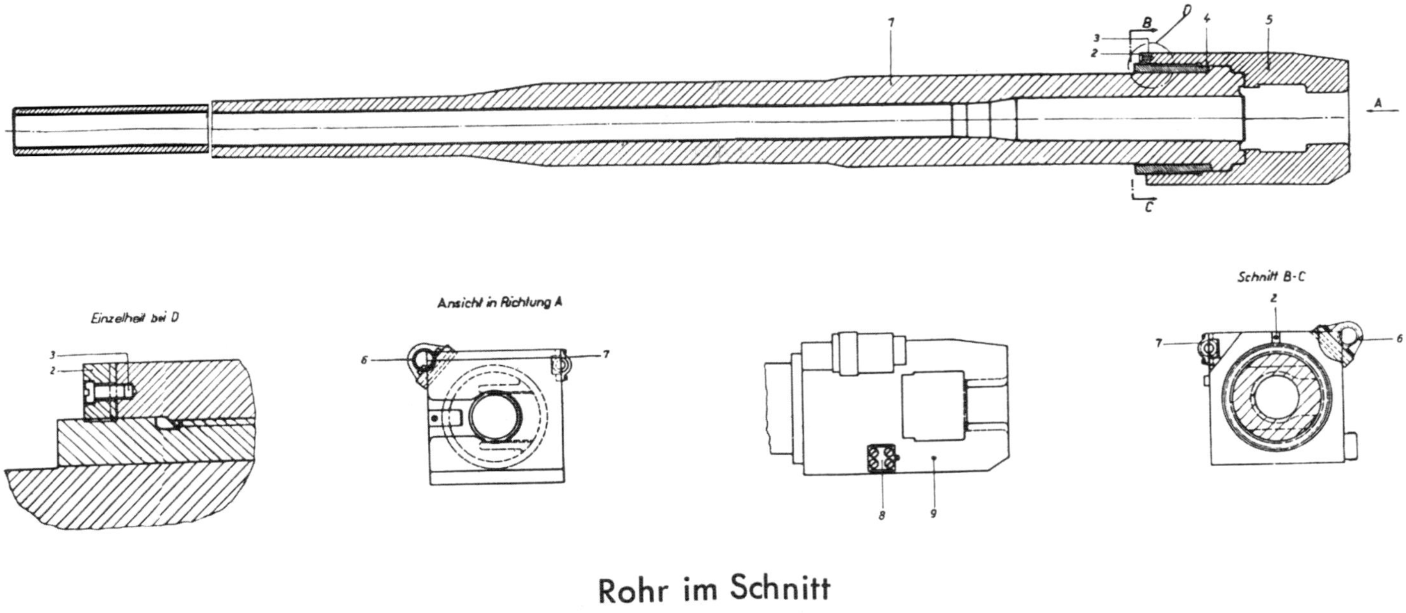

Rohr im Schnitt

1 Vollrohr
2 Sicherungsstück
3 Zylinderschraube
4 Spannschraube
5 Bodenstück
6 Bremsnocken
7 Vorholnocken
8 Drallnocken
9 Zylinderstift

Bild 7

1 Spannstifte (für Winkelmesserebene)
2 Bremsnocken
3 Sicherungsstück
4 Auflaufnocken
5 Vorholnocken
6 Druckbolzen mit Bügel
7 Aussparung für den Drehbolzen

Bodenstück

Bild 8

1 Verschlußkeil
2 Öffnerkurbel
3 Drehbolzen
4 Auswerfer
5 Stromzuführung
6 Haltebolzen
7 Sicherung
8 Schlagbolzenfeder (Schraubenfeder)
9 Schlagbolzen
10 Gegenlager
11 Rückholbolzen
12 Stahlplatte
13 Auswerferwelle

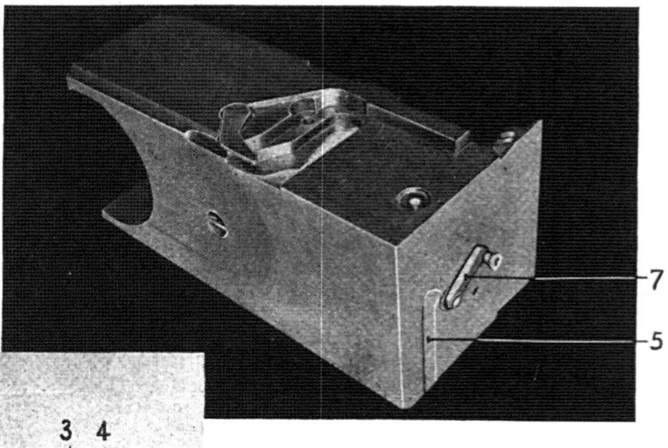

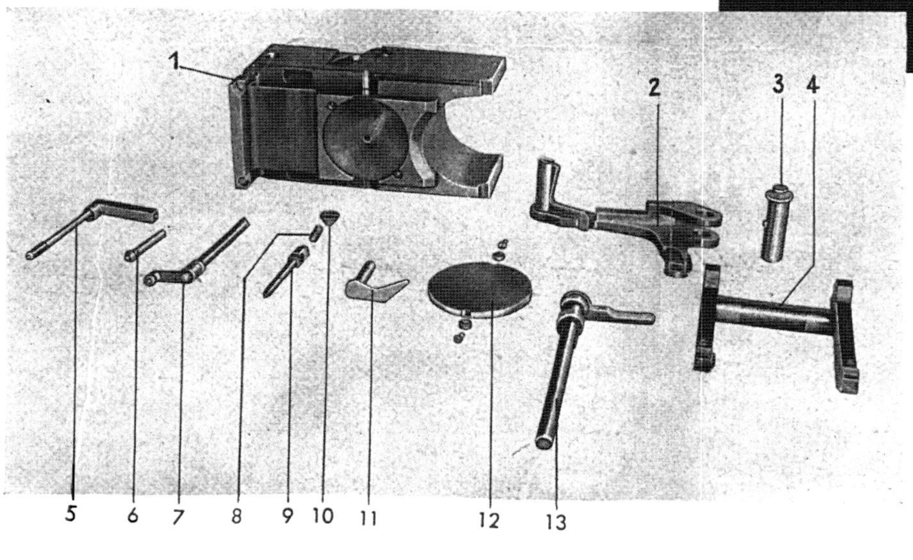

Verschlußkeil und Einzelteile
(Sicherung — Erstausführung —)

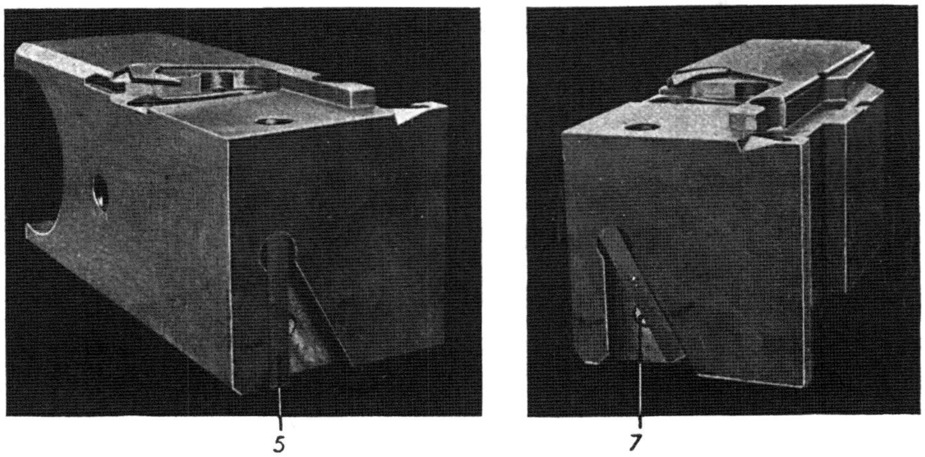

1 Verschlußkeil
2 Öffnerkurbel
3 Drehbolzen
4 Auswerfer
5 Stromzuführung
6 Schraubendruckfeder
7 Sperrbolzen
8 Haltebolzen
9 Gegenlager
10 Schlagbolzen
11 Schlagbolzenfeder (Schraubenfeder)
12 Rückholbolzen
13 Stahlplatte
14 Blanke Zylinderschrauben mit Scheiben
15 Auswerferwelle

Verschlußkeil und Einzelteile

(Sicherung – vereinfachte Ausführung –)

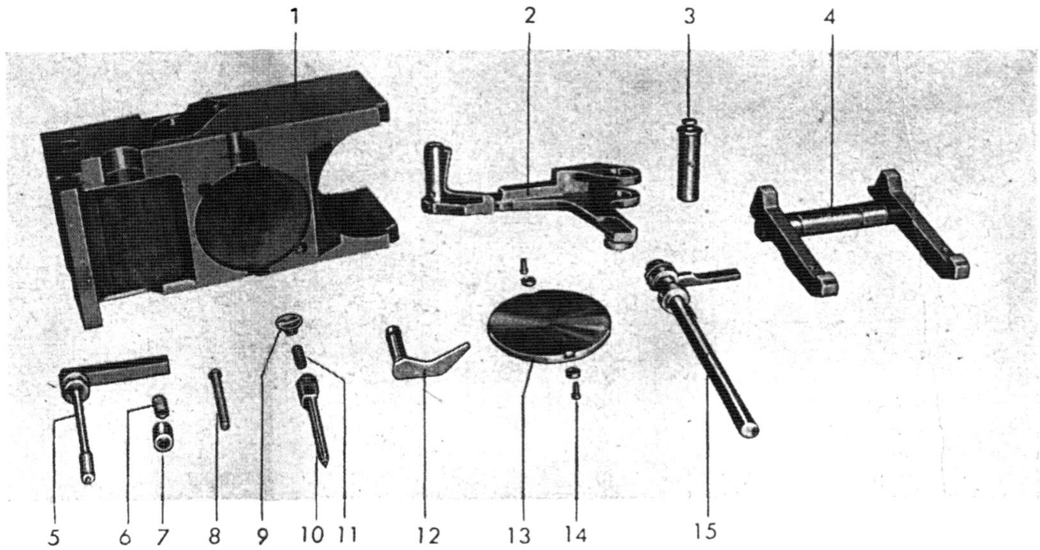

Bild 9a

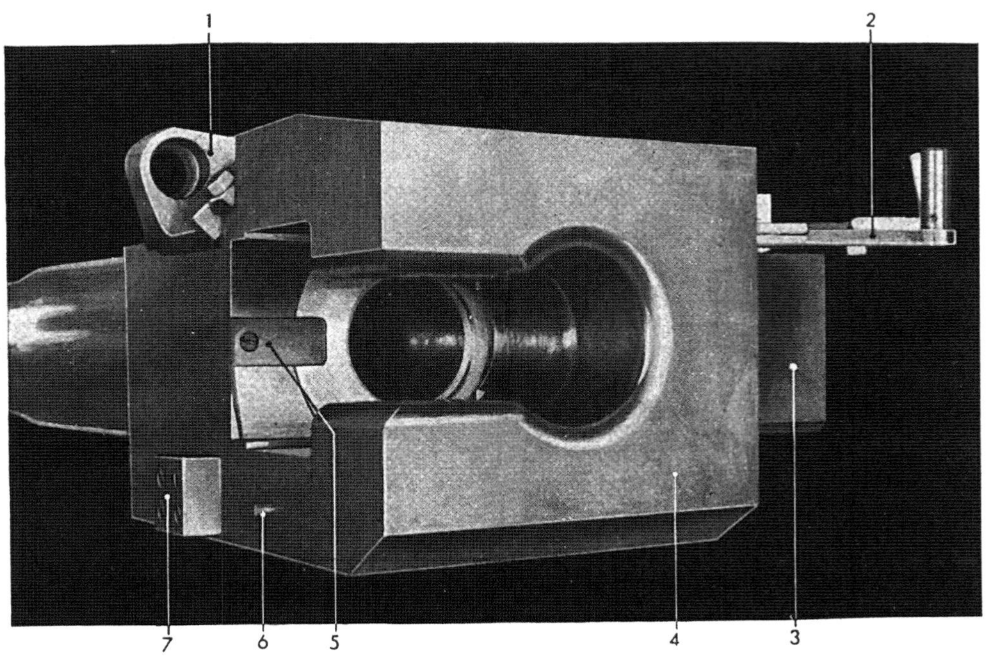

Bild 10

Verschluß geöffnet, von hinten links

1 Bremsnocken
2 Öffnerkurbel
3 Verschlußkeil
4 Bodenstück
5 Gleitfeder
6 Zylinderstift
7 Drallnocken

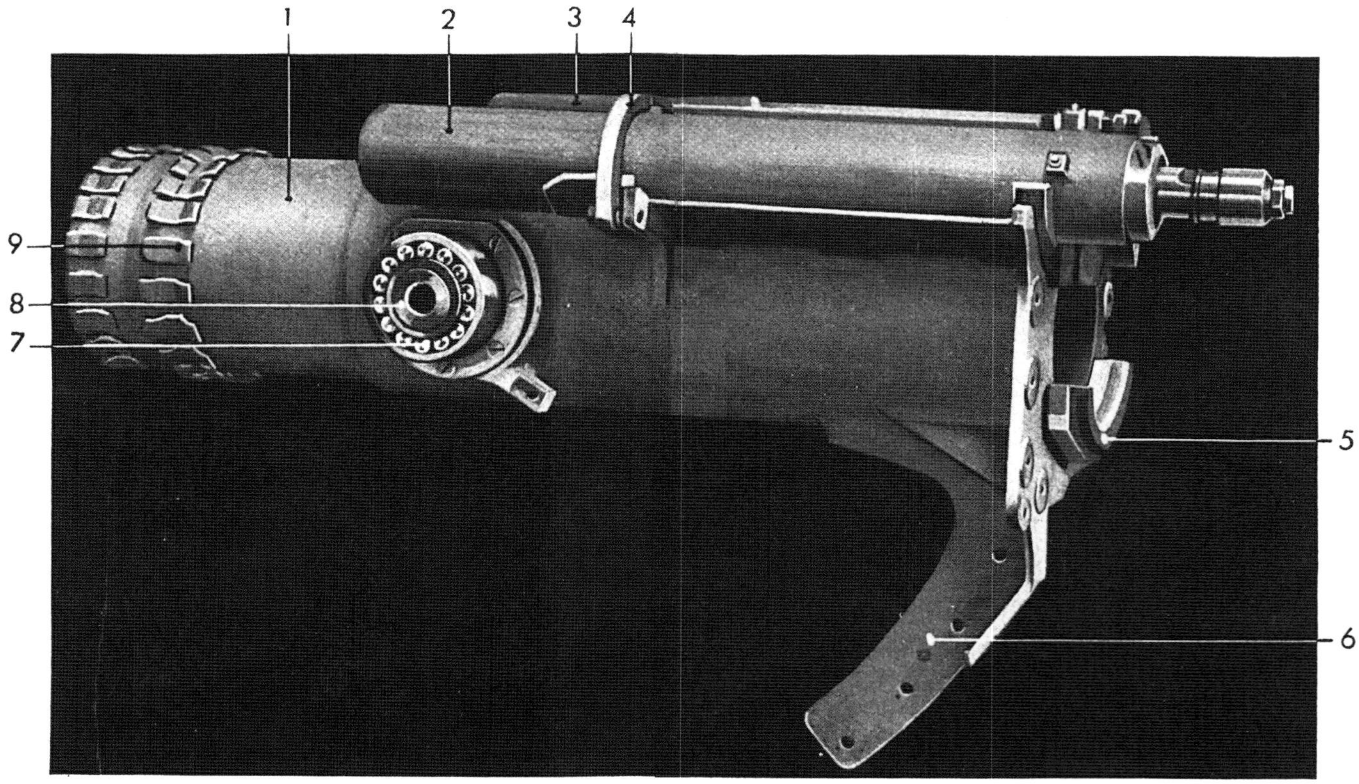

Rohrwiege

Bild 11

1 Rohrwiege
2 Rohrbremse
3 Luftvorholer
4 Brille
5 Puffer
6 Halter (für Zahnsegment der Höhenrichtmaschine)
7 Zylinderlager
8 Schildzapfen
9 Bügel

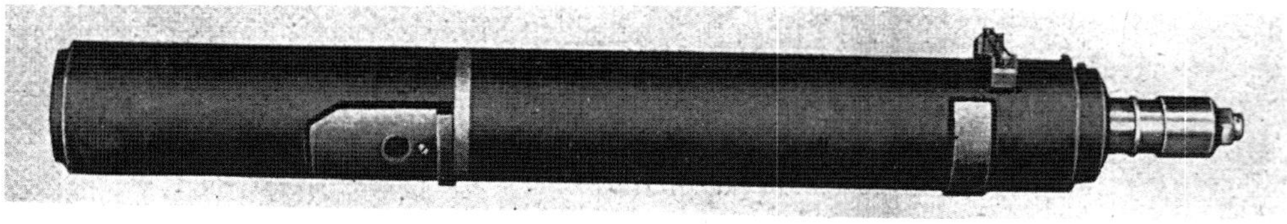

Rohrbremse, zusammengebaut

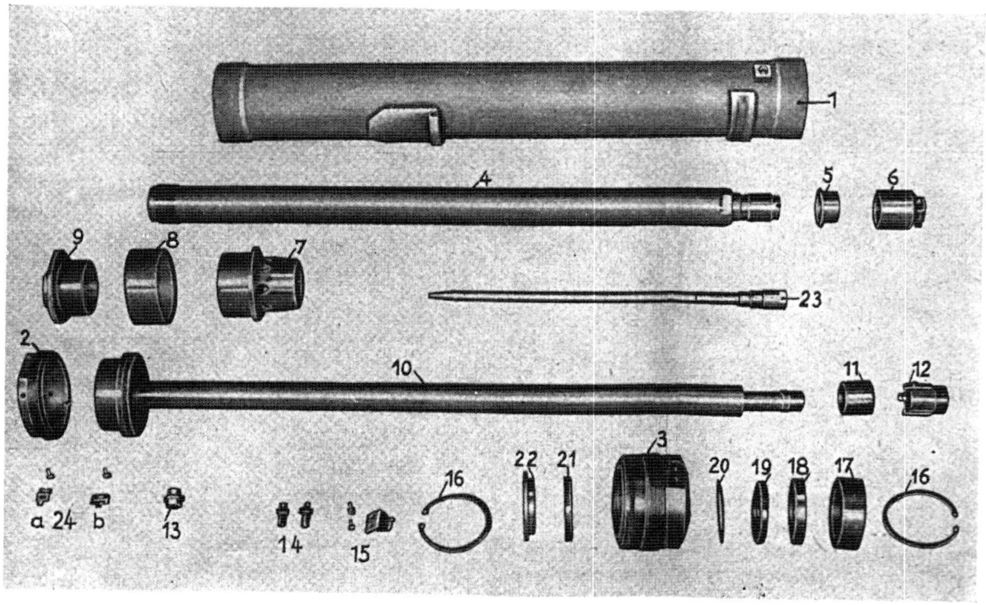

Rohrbremse, Einzelteile

Bild 12

1 Zylinder
2 Mutter
3 Mutter (Grundbuchse)
4 Kolbenstange
5 Buchse
6 Kolbenstangenmutter
7 Kolbenkopf
8 Kolbenring
9 Bremsbuchse
10 Reglerstange
11 Ventil
12 Mutter (Führungsstück)
13 Verschlußschraube
14 Füllochschrauben
15 Sicherung
16 Sg-Ring
17 Druckring
18 Ring
19 Abdichtring (2 Stck.)
20 Druckring
21 Nutringmaschette
22 Stützring
23 Vorlaufhemmstange
24 a u. b Sicherungen

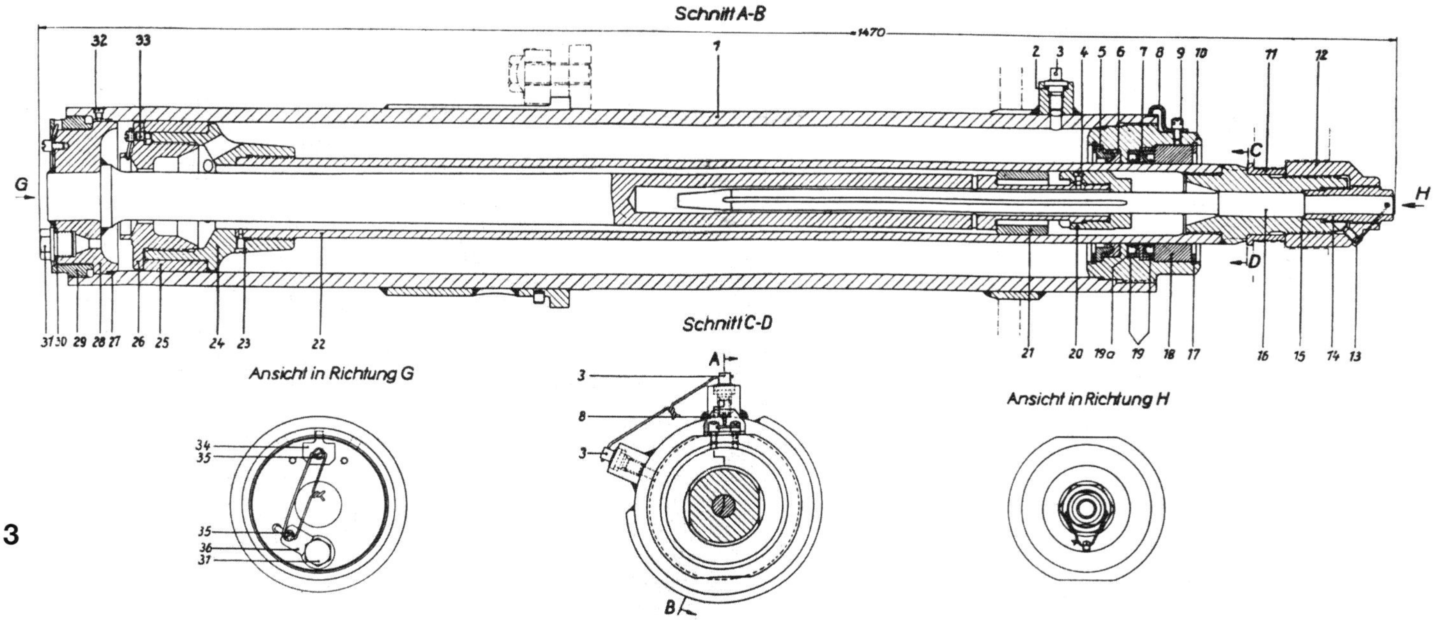

Bild 13

Rohrbremse im Schnitt

1 Zylinder
2 Dichtring
3 Füllochschraube
4 Schlitzschraube
5 Stützring
6 Nutringmanschette
7 Ring
8 Sicherung
9 Kreuzlochschraube
10 Mutter (Grundbuchse)
11 Buchse
12 Kolbenstangenmutter
13 Sechskantschraube mit Zapfen
14 Druckschraube
15 Dichtring
16 Vorlaufhemmstange
17 Sg-Ring
18 Druckring
19 Abdichtring
19a Druckring
20 Mutter (Führungsstück)
21 Ventil
22 Kolbenstange
23 Schlitzschraube
24 Kolbenkopf
25 Kolbenring
26 Bremsbuchse
27 Dichtring
28 Reglerstange
29 Mutter
30 Dichtring
31 Verschlußschraube
32 Schlitzschraube
33 Sicherungsschraube
34 Sicherung
35 Kreuzlochschraube
36 Sicherung

Luftvorholer, zusammengebaut

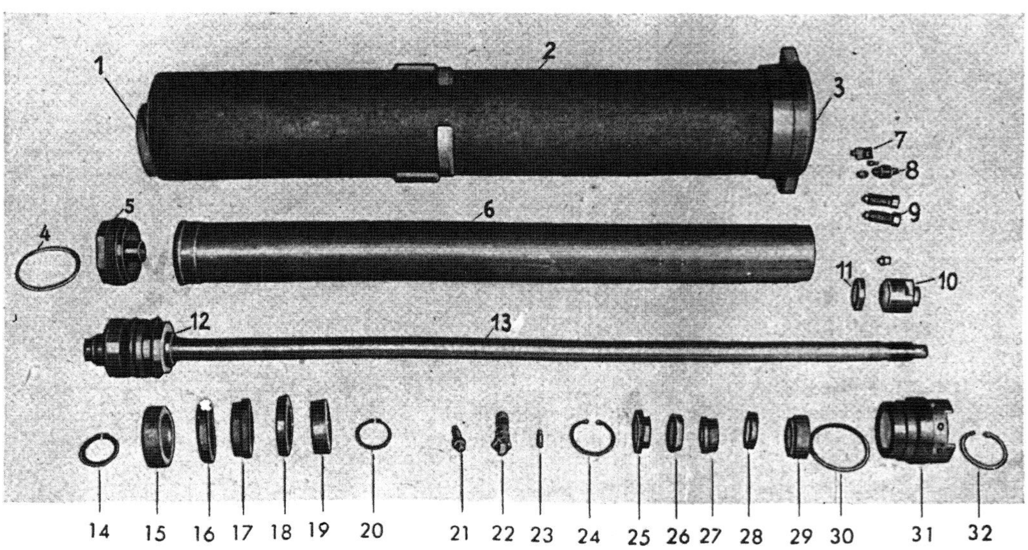

Bild 14

Luftvorholer, Einzelteile

1 Ansatz (Schweißteil)
2 Luftbehälter
3 Flansch (Schweißteil)
4 Dichtring
5 Mutter mit Abstandrohr
6 Zylinder
7 Sicherung mit Kreuzlochschraube
8 Verschlußstopfen und Dichtring
9 Sechskantschrauben mit Zapfen
10 Kolbenstangenmutter
11 Druckring
12 Kolben (Schweißteil)
13 Kolbenstange
14 Sg-Ring
15 Druckring
16 Nutringmanschette
17 Stützring
18 Nutringmanschette
19 Stützring
20 Sg-Ring
21 Füllochschraube
22 Ventil
23 Sicherungsbolzen
24 Sg-Ring
25 Stützring
26 Nutringmanschette
27 Stützring
28 Nutringmanschette
29 Druckring
30 Dichtring
31 Grundbuchse
32 Sg-Ring

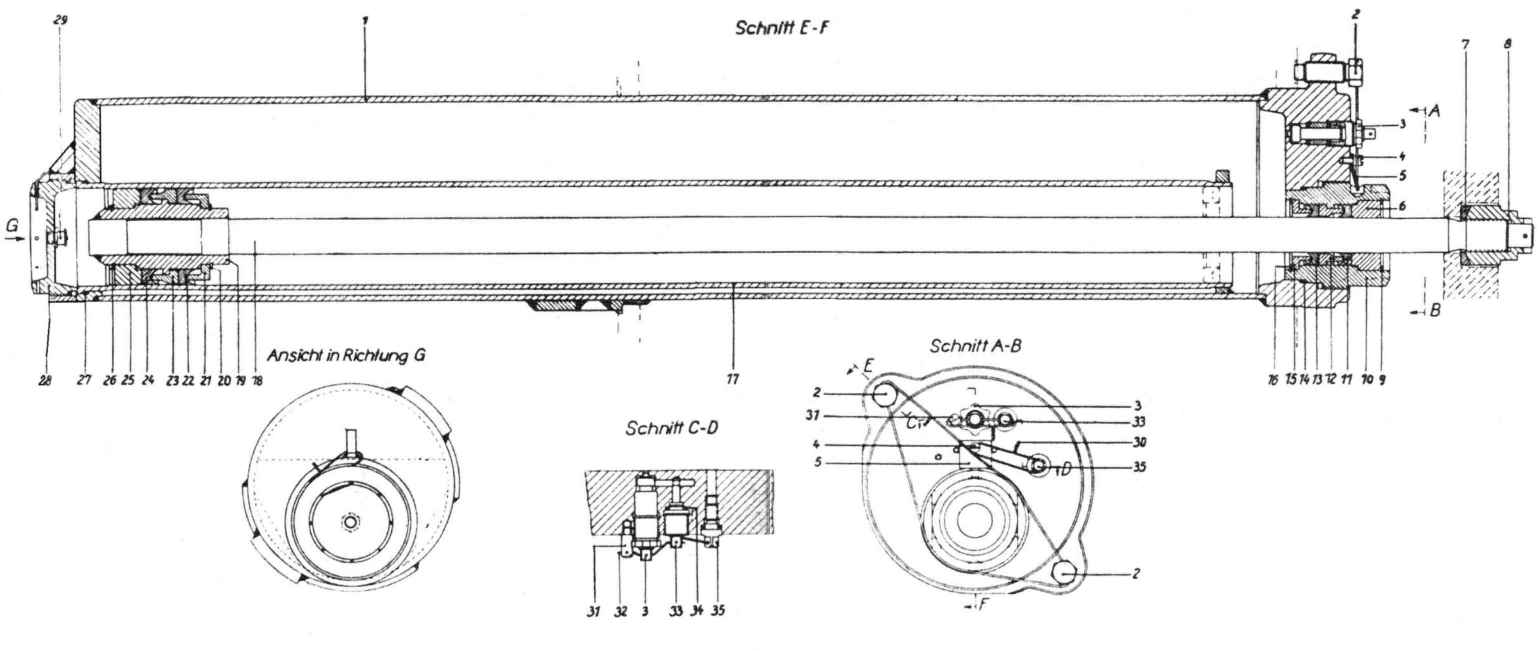

Luftvorholer im Schnitt

1 Luftbehälter
2 Sechskantschraube mit Zapfen
3 Ventil
4 Kreuzlochschraube
5 Sicherungsblech
6 Druckring
7 Druckring
8 Mutter
9 Sg-Ring
10 Grundbuchse
11 Nutringmanschette
12 Stützring
13 Nutringmanschette
14 Dichtring
15 Stützring
16 Sg-Ring
17 Zylinder
18 Kolbenstange
19 Kolben (Schweißteil)
20 Sg-Ring
21 Stützring
22 Nutringmanschette
23 Stützring
24 Nutringmanschette
25 Druckring
26 Sg-Ring
27 Dichtring
28 Mutter mit Abstandsrohr
29 Druckschmierkopf. blank
30 Sicherungsdraht
31 Sicherungsbolzen
32 Sicherungsdraht
33 Verschlußstopfen
34 Dichtring
35 Füllochschraube

Bild 15

Bild 16

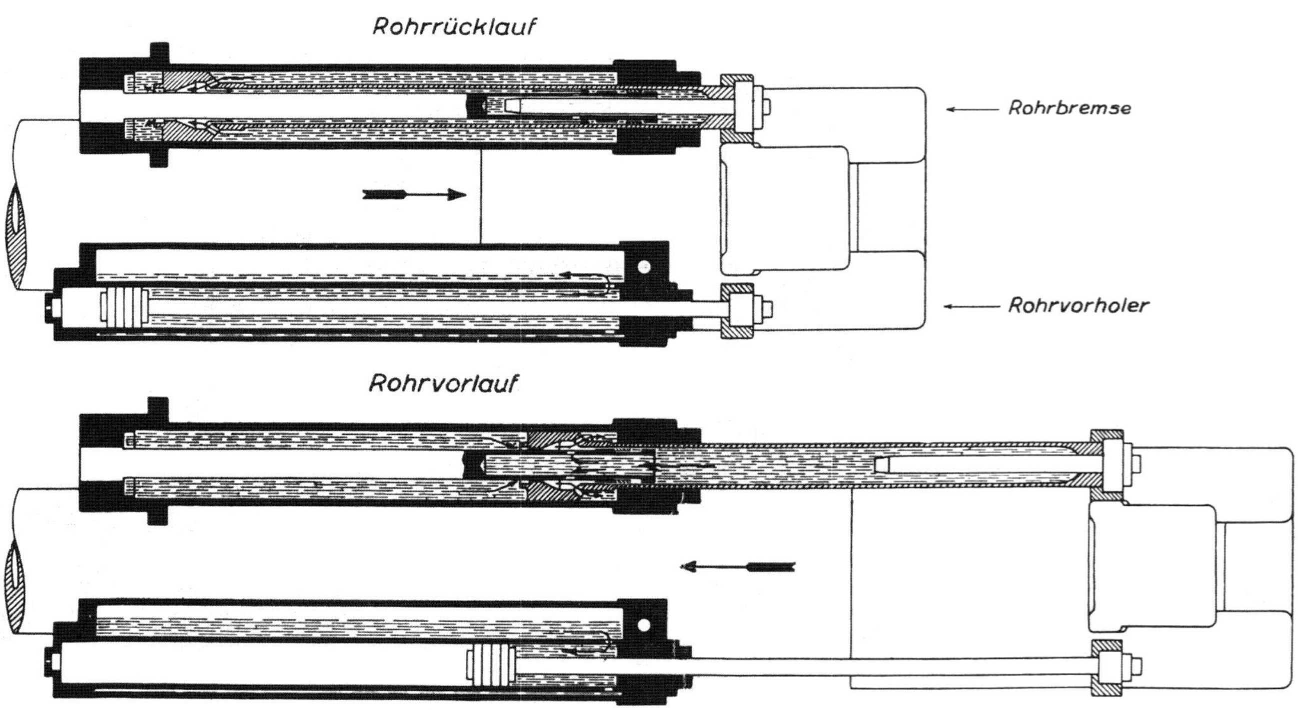

Wirkungsweise der Rohrbremse und des Luftvorholers

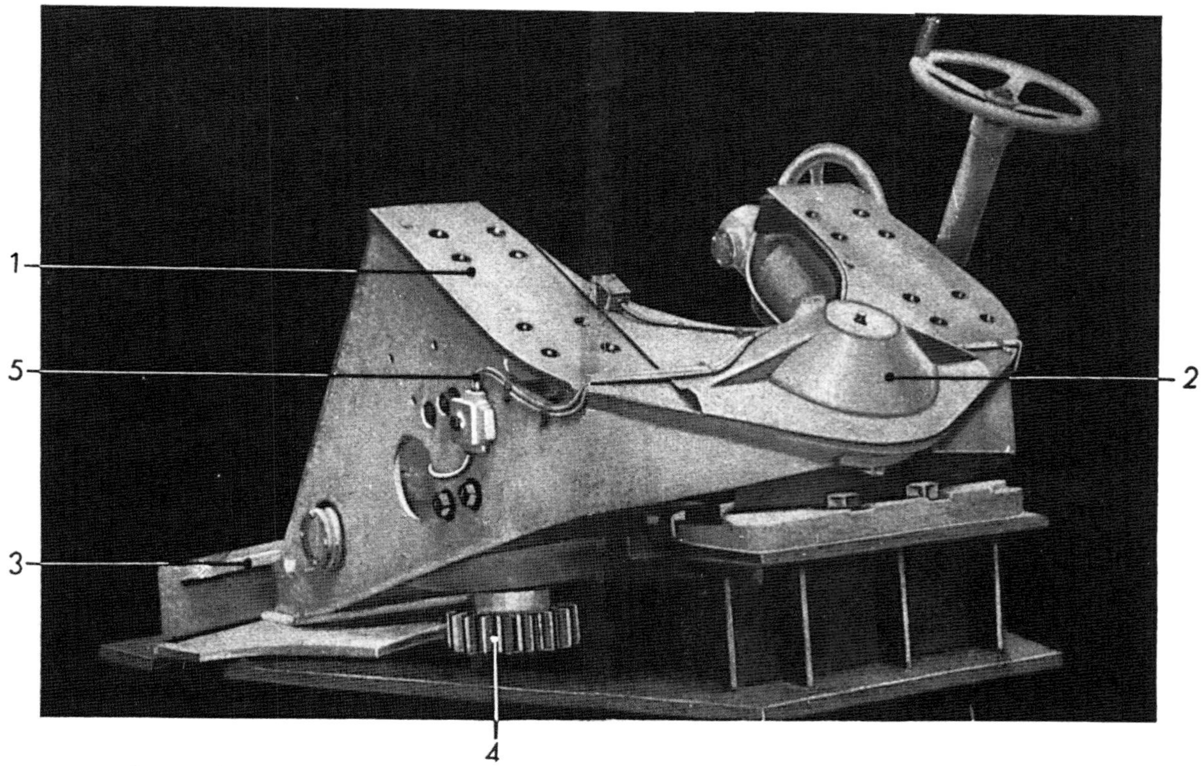

Oberlafette mit Kugelzapfen und Schwenkschiene, von vorn links

1 Lafette
2 Kugel (Schweißteil)
Zapfen (Schweißteil)
3 Schwenkschiene
(Schweißteil)
4 Ritzelwelle mit Ritzel

Bild 17

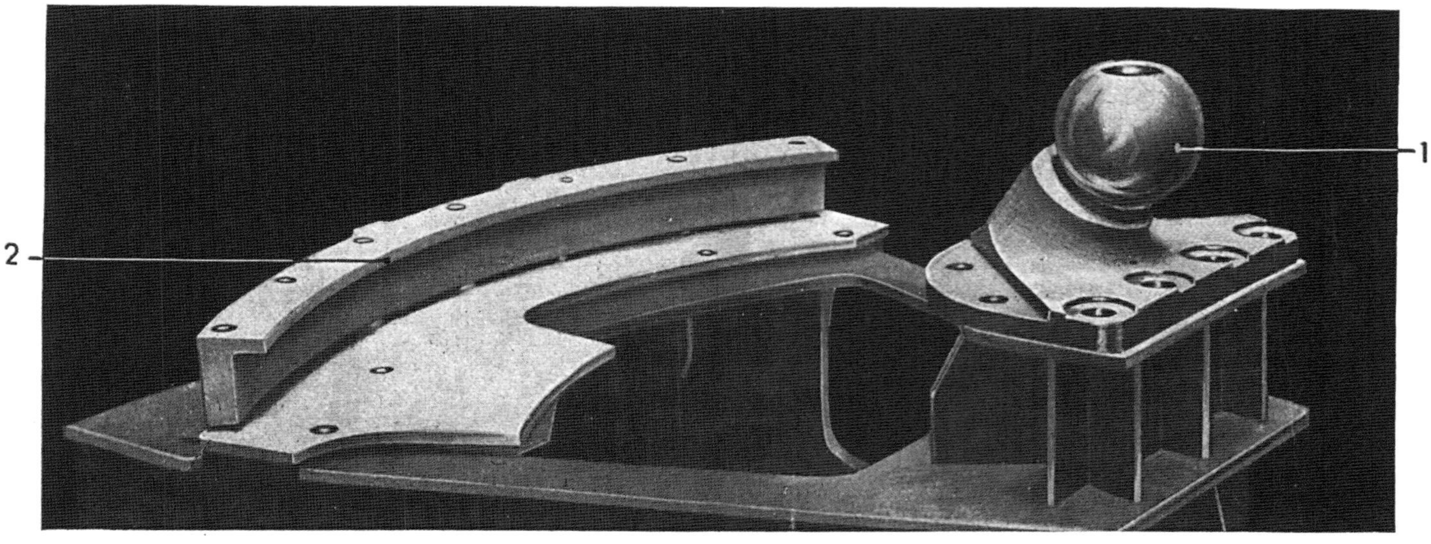

Kugelzapfen und Schwenkschiene

1 Kugel (Schweißteil)
Zapfen (Schweißteil)
Lager
2 Schwenkschienen
(Schweißteil)

Bild 18

1 Gehäuse
2 Handrad für Höhenrichtmaschine
3 Ritzel
4 Sechskantschraube mit Zapfen
5 Verschlußschraube (Fetteinfüllschraube) mit Dichtring

Bild 19

Höhenrichtmaschine

1 Handrad für Seitenrichtmaschine
2 Gehäuse
3 Gelenkwelle
4 Deckel
5 Lager
6 Verschlußschraube (Fetteinfüllschraube) mit Dichtring
7 Sechskantschraube mit Zapfen

Bild 20

Seitenrichtmaschine

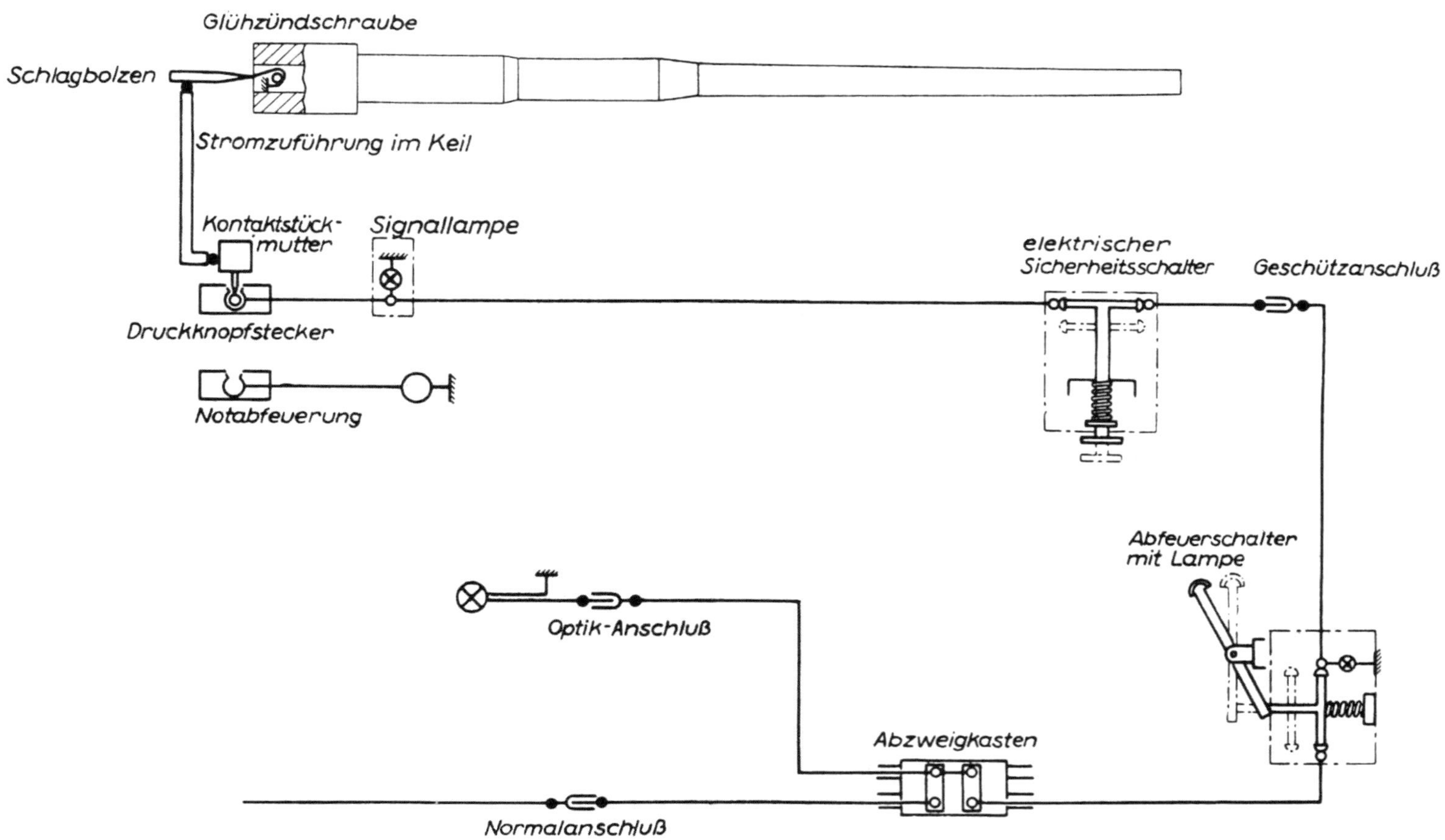

Bild 21

Gesamtplan der elektrischen Abfeuerung

1 Schwenkschiene (Schweißteil)
2 Rohrzurrung
Bock zur Rohrzurrung
Falle zur Rohrzurrung
3 Panzerleitung

Bild 22

Schwenkschiene mit Zurrstütze

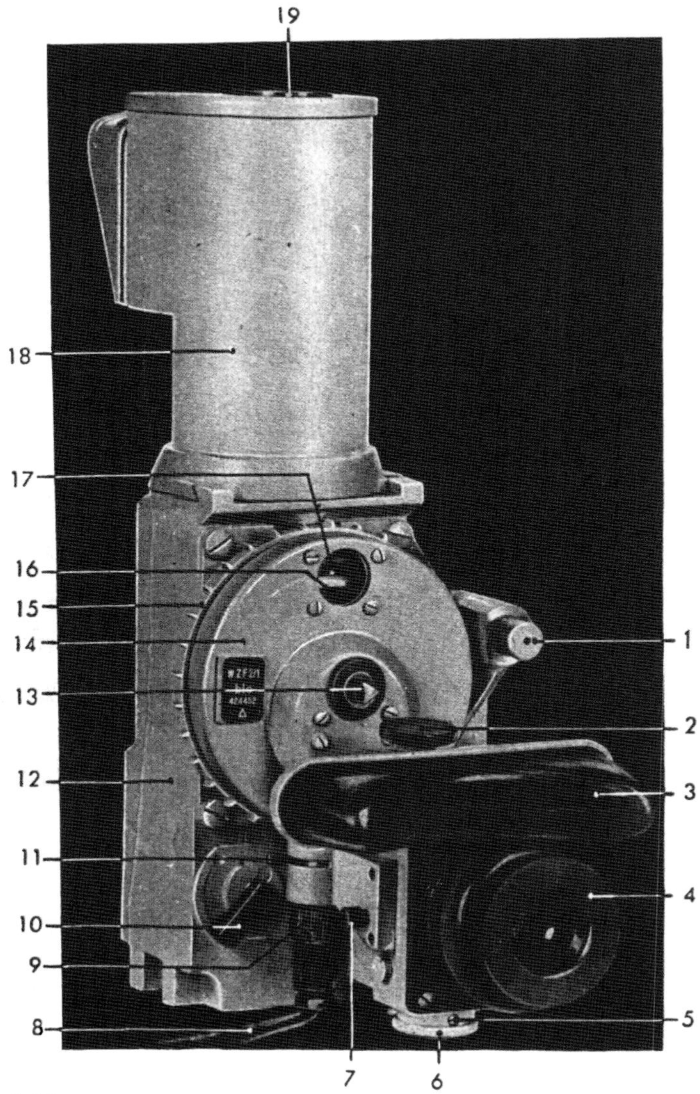

Bild 23

Winkelzielfernrohr 2/1, Einblickseite

1 Lagerzapfen
2 Klemmschraube
3 Stirnstütze
4 Augenmuschel
5 Sicherungsschraube
6 Einstellscheibe für Seitenjustierung
7 Knopf
8 Anschlußkabel
9 Einschraublampe
10 Schalthebel
11 Blendschieber
12 Unterteil
13 Dreikantschraube
14 Deckel
15 Einstellring
16 Ablesefenster
17 Ablesemarke
18 Oberteil
19 Trockenpatrone im Oberteil

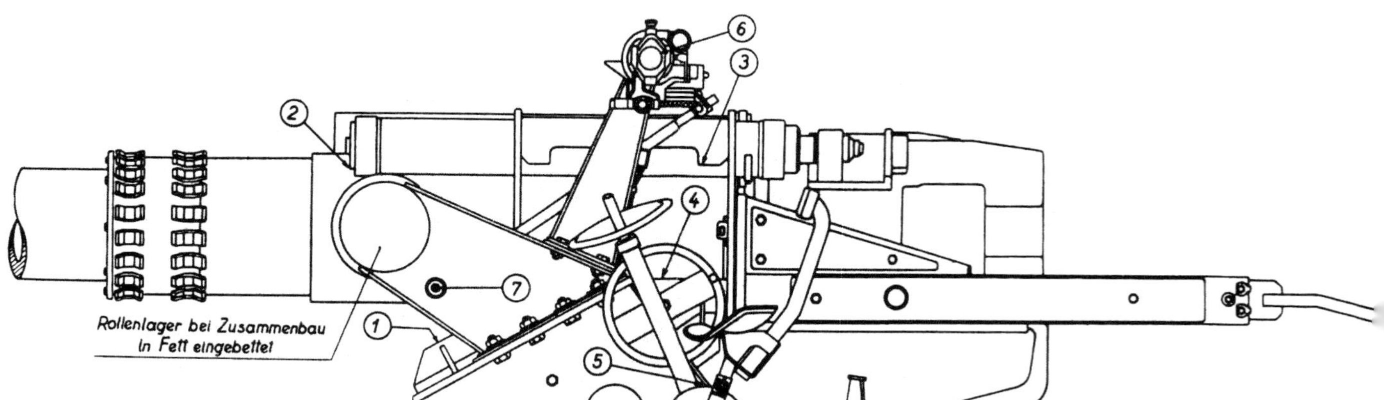

Bild 24

① Druckschmierkopf auf dem Kugelzapfenlager

②/③ Je ein Druckschmierkopf auf dem Führungsrohr für die Führungsbüchsen

④ Öleinfüllstutzen am Gehaüse der Höhenrichtmaschine

⑤ Öleinfüllstutzen am Gehaüse der Seitenrichtmaschine

⑥ Druckschmierkopf an der Lagerung der Zieleinrichtung

⑦ Einschlagöler " " " " " "

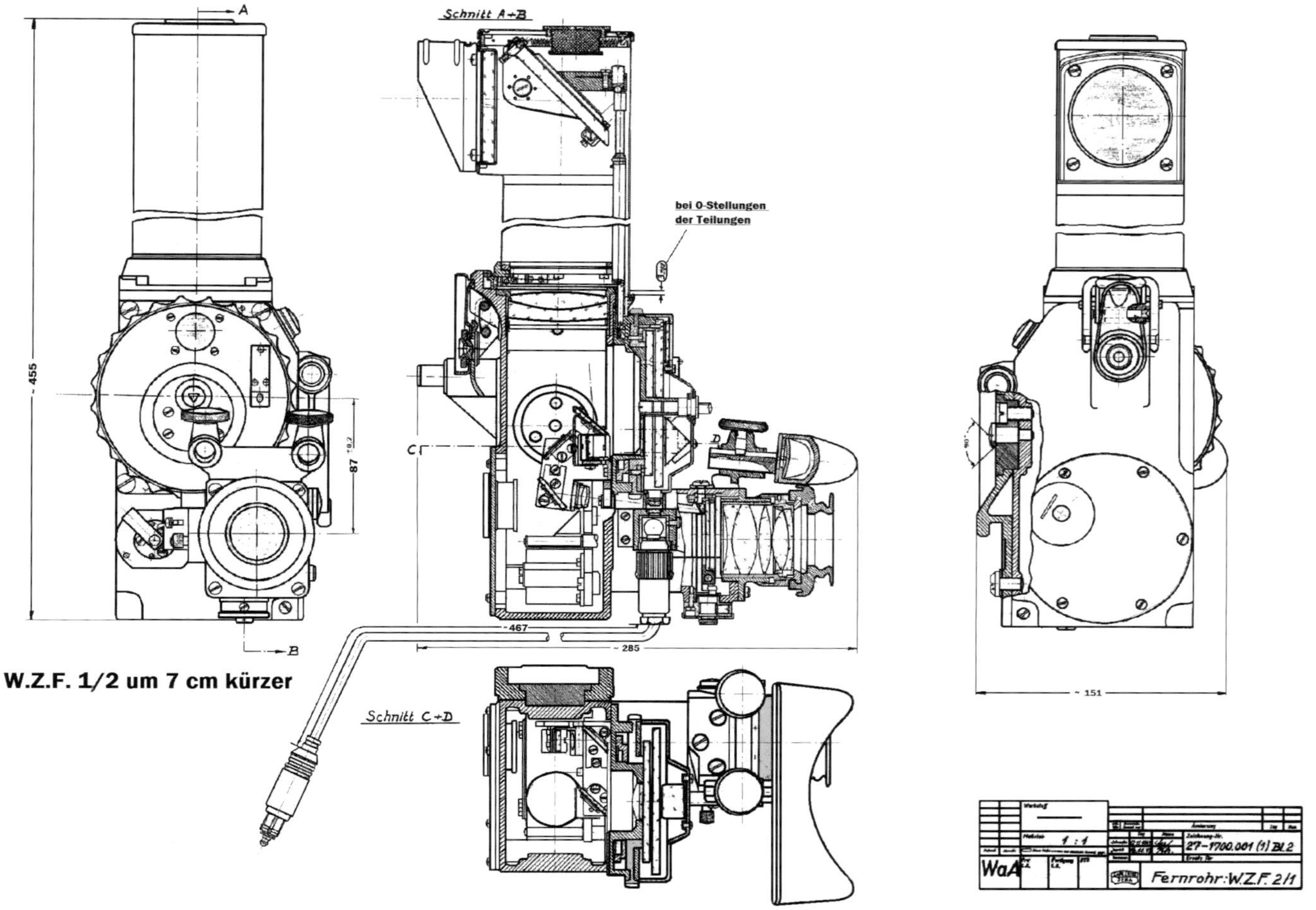

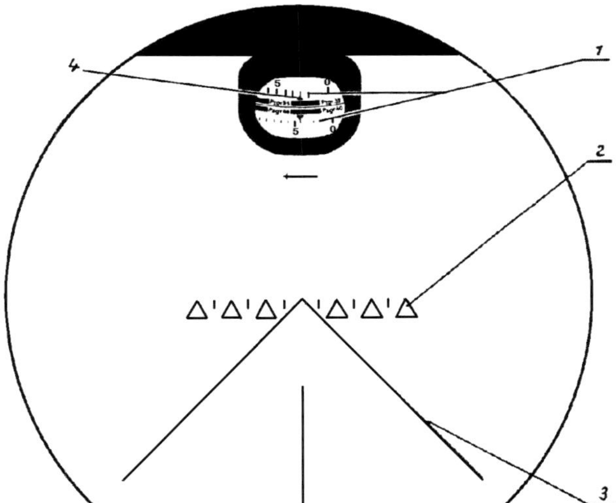

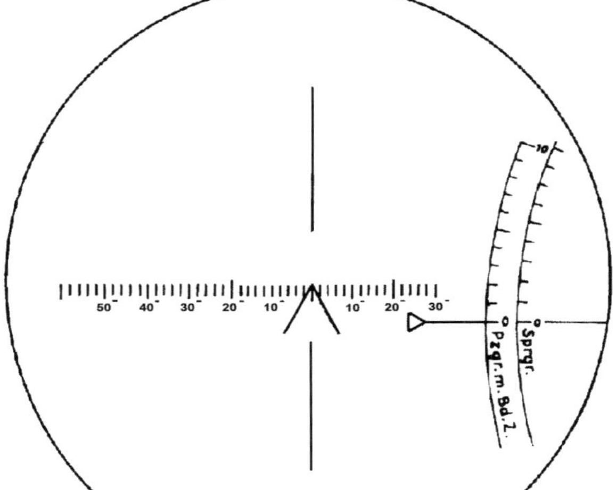

Gesichtsfeldbild
1 Schussentfernungsteilung
2 Vorhaltemarke
3 Hauptabkommen (Strichwinkelspitze)
4 Ablesemarke

Winkelzielfernrohr mit Vorhaltsermittler
vom 20. Januar 1945

Das Winkelzielfernrohr 2/1 des »Jagdtigers« und dessen Gesichtsfeldbild. Das WZF 2/1 unterschied sich vom WZF 1/2 des Panzerkampfwagens »Maus« nur durch die Höhe des Oberteils, der Art der Anbringung sowie der Länge des Einblicks. Der Höhenunterschied zwischen Ein- und Ausblick (Überhöhung) beträgt beim WZF 1/... 280 mm und beim WZF 2/... 350 mm. Die hinter dem Strich gesetzte Zahl unterscheidet bei gleichen WZF die unterschiedlichen Schussentfernungsstellungen. Laut der Beschreibung D 2082 und D (Luft) T 1467 haben die Geräte vom Heer, in Visierrichtung gesehen, den Fernrohrträger an der rechten, die Geräte der Luftwaffe an der linken Seite.

Ausrüstungsliste »Jagdtiger« Pak 80			TL 21... »Technische Lieferbedingungen«	
Lfd. Nr.	**Benennung (Unterbringung)** **I. Werkzeuge und Ersatzteile**	**Stück**	**Anforderungs-Zeichen oder Zeichnungs- Nr.**	**Beigestellt von (z.B. Waffen und Geräte**
	A. Im Fahrzeuginneren			**beim Heereszeugamt)**
	a. Hinter Fahrersitz			
1.	Kiste f. Werkzeug und Ersatzteile enthaltend:	1	NiSK - D 919 U	Fa. Wuga H.Za.
2.	Inhaltsverzeichnis	1	NiSK - F 969	Fa. Wuga H.Za
3.	Durchschlag	2	012 E 2799 -70	Fa. Wuga H.Za
4.	0,1 kg Eisendraht 1 mm Dm. auf Gabel (021 F 8999-12)	1	021 - 41099	Fa. Wuga H.Za
5.	Spannstifte f. Ring der Kettenbolzen in Blechbüchse	120	6 x 40 HgN 15206	Fa. Wuga H.Za
	(U 270/54)			
6.	Blechbüchse für Spannstifte	1	U 270/54	Fa. Wuga H.Za
7.	Flachmeißel *(200 mm lang)*	1	R 31 45	Fa. Wuga H.Za
8.	Mehrfachzange *(Kombizange 160 mm lang)*	1	R 44 06	Fa. Wuga H.Za
9.	Hammer mit Stiel 1500 g	1	R 45 89	Fa. Wuga H.Za
10.	Rohr	2	021 R 49599 U20	Fa. Wuga H.Za
11.	Ölkanne 0,15 Liter	1	U 401	Fa. Wuga H.Za
12.	Fettpresse mit Schlauch 500 cm^3 für Druckschmierkopf	1	U 348	Fa. Wuga H.Za
	(Flachkopfanschluss)			
13.	Lub - Stoßpresse 45 cm^3 mit Hohlmundstück	1	U 549/13 Tecalomit 1341	Fa. Wuga H.Za
14.	Stoßeinsatz	1	U 549/8	Fa. Wuga H.Za
15.	Putzlappen 0,5 kg	1		Fa. Wuga H.Za
16.	Steckschlüssel für Laufräder und Leitrad SW - 105	1	021 D 49599 - 22	Fa. Wuga H.Za
17.	Schraubenschlüssel SW 55 und 85	1	021 D 49599 - 23	Fa. Wuga H.Za
18.	Doppelringschlüssel SW 30 und 32	1	30 x 32 DIN 838	Fa. Wuga H.Za
19.	Öleinfülltrichter	1	021 K 2799 - 51	Fa. Wuga H.Za
20.	Werkzeugkasten in Kiste f. Werkzeug und Ersatzteile	1	021 B 7641	Fa. Wuga H.Za
	mit:			
21.	Inhaltsverzeichnis enthaltend:	1	021 Z 2799 - 100	Fa. Wuga H.Za
22.	Doppelmaulschlüssel 8 u. 9 SW	1	DIN E 895 R 5217/3	Fa. Wuga H.Za
23.	Doppelmaulschlüssel 10 u. 11 SW	1	DIN E 895 R 5217/5	Fa. Wuga H.Za
24.	Doppelmaulschlüssel 14 u. 17 SW	1	DIN E 895 R 5217/9	Fa. Wuga H.Za
25.	Doppelmaulschlüssel 19 u. 22 SW	1	DIN E 895 R 5217/12	Fa. Wuga H.Za
26.	Doppelmaulschlüssel 24 u. 27 SW	1	DIN E 895 R 5217/16	Fa. Wuga H.Za
27.	Sechskantschlüssel aus Rohr doppelseitig 8 u. 9 SW	1	DIN Z 895 R 5342/8	Fa. Wuga H.Za
28.	Sechskantschlüssel aus Rohr doppelseitig 10 u. 11 SW	1	DIN Z 895 R 5342/8	Fa. Wuga H.Za
29.	Sechskantschlüssel aus Rohr doppelseitig 14 u. 17 SW	1	DIN Z 895 R 5342/8	Fa. Wuga H.Za
30.	Sechskantschlüssel aus Rohr doppelseitig 19 u. 22 SW	1	DIN Z 895 R 5342/8	Fa. Wuga H.Za
31.	Sechskantschlüssel aus Rohr doppelseitig 24 u. 27 SW	1	DIN Z 895 R 5342/8	Fa. Wuga H.Za
32.	Drehstift 250 lang für Steckschlüssel	1	R 5355	Fa. Wuga H.Za
33.	Schnellspannschraubenschlüssel *(verstellbar, 125 mm lang)*	1	R 5292/7	Fa. Wuga H.Za
34.	Halbrundfeile 200 mm lang (Halbschlicht)	1	R 2103	Fa. Wuga H.Za
35.	Feilengriff mit Kappenring 23 mm Griff	1	R 2321	Fa. Wuga H.Za
36.	Schlosserhammer 500 g mit Stiel	1	R 4586	Fa. Wuga H.Za

Lfd. Nr.	B e n e n n u n g (Unterbringung) **I. Werkzeuge und Ersatzteile**	Stück	Anforderungs- Zeichen oder Zeichnungs- Nr.	Beigestellt von (z.B. Waffen und Geräte
37.	Schraubenzieher rund mit Griff f. Schraubenschlitzbreite 0,5 mm	1	R 5152/2	Fa. Wuga H.Za
38.	Schraubenzieher rund mit Griff f. Schraubenschlitzbreite 1,2 mm	1	R 5152/6	Fa. Wuga H.Za
39.	Rolle Isolierband 15 mm breit 5 m lg. in Frischhaltepackung	1	(o)	Fa. Wuga H.Za
40.	Schmelzeinsatz 8 (Sicherungen) (2 Packungen a 5 Stück)	10	DIN 72581	Fa. Wuga H.Za
41.	Reserveteilkasten (in Kiste NiSK-D 919 U) mit:	1	021 D 49599 U 4	Fa. Wuga H.Za
42.	Inhaltsverzeichnis enthaltend:	1	021 B 49599 -42	Fa. Wuga H.Za
43.	Ring	52	021 B 48380 -5	Fa. Wuga H.Za
44.	Sechskantschraube	24	M 20 x 65 DIN 931	Fa. Wuga H.Za
45.	Rändelschraube	18	021 F 50234 -18	Fa. Wuga H.Za
46.	Sechskantmutter	24	M 20 DIN 534	Fa. Wuga H.Za
47.	Sechskantmutter	18	M 14 SEL Stop	Fa. Wuga H.Za
48.	Sicherungsblech	12	021 E 49505 -16B	
49.	Kiste für Mannschaftsgepäck - leer	1	NiSK - D 919 U	Fa. Wuga H.Za
50.	Abdeckung für Gräting 2000 x 850 - lose auf Kiste	2	NiSK - E 904	Montagefirma
51.	Abdeckung für Aufbau 2700 x 1730	1	NiSK - D 905	Montagefirma
	b. In linke Nische vorne			
52.	Steckschlüssel	1	021 D 49599 -D2	Fa. Wuga. H.Za.
53.	Kettenschließer	1	021 D 49599 -U14	Fa. Wuga. H.Za.
54	**c. Auf dem Luftkanal an der Schottwand**			
55.	Heizlampe 2 Liter Inhalt	1	K 5512 (R 15882)	H. Za.
	d. Beim Fahrersitz gehaltert			
56.	Einheits-Tetra-Feuerlöscher	1	U 1705	OKH (Fz. In) b. Montage-Fa.
57.	Vortreiber für Kettenbolzen (im Halter NiSK - M 838 gelagert)	1	021 E 49599 - 40	Fa. Wuga. H.Za.
58.	Tasche für Beschreibung (im Halter NiSK - D 877) mit folgendem Inhalt:	1	021 R 7510	Fa. Wuga. H.Za.
59.	Schaltschlüssel für Bosch Schaltkasten	1	SAS 3/7 a	Henschel-Firma
60.	Schlüsselring	1	F 8999 - 86	Henschel-Firma
61.	Schild zum Schaltschlüssel	1	021 F 9299 - 202	Henschel-Firma
62.	Bedienungsanleitung			Fa. Wuga. H.Za.
63.	Pflegeheft			Fa. Wuga. H.Za.
64.	Schaltplan			Fa. Wuga. H.Za.
65.	Schmierplan			Fa. Wuga. H.Za.
66.	Ausrüstungsliste	1	TL 21/ …	OKH (WuG 6)
67.	Winterschild (am Schaltbrett aufgehängt)			Montagefirma
	e. In der Geschützbrücke			
68.	Waschbecken aus Segeltuch	1	U 306	Fa. Wuga. H.Za.
	f. Im Motorraum am Motor			
69.	Motor Werkzeugkasten enthaltend:	1	42529-600-000	Maybach
70.	Einstelllehre für Ventile, Unterbrecher und Elektrodenabstand	1	225084/1	Maybach
71.	Düsen- und Zündkerzenschlüssel	1	42529-000-000	Maybach
72.	Zündkerze W 225 TL	3	14 DIN 72502	Maybach
73.	Dichtring für Zündkerzen	3	C 14 x 20 DIN 7603	Maybach

Lfd. Nr.	**Benennung (Unterbringung)** **I. Werkzeuge und Ersatzteile**	Stück	Anforderungs-Zeichen oder Zeichnungs- Nr.	Beigestellt von (z.B. Waffen und Geräte
74.	Ersatzglocke für Kraftstoffpumpe	1	351192/1	Maybach
75.	Dichtungen für Ersatzglocke	1	351193/1	Maybach
76.	Zündkerzenbürste	1	U 58	Fa. Wuga. H.Za.
	B. Außen am Fahrzeug			
	a. Linke und rechte Seite (Anordnung siehe NiSK -563)			
77.	Stegglieder	8	HB 3665-1 Ritscher	OKH (WuG 6) b. Montage-Fa.
78.	Zwischenglieder für Geländeketten	8	HB 3063-2	OKH (WuG 6) b. Montage-Fa.
79.	Seitenglieder	24	HD 3063-5	
80.	Kettenbolzen	24	HE 3065-2	
81.	Andrehkurbel für Durchdrehvorrichtung	1	021 D 49538 U2	Montage-Firma
82.	Brechstange 1800 mm lang	1	H 1843	Fa. Wuga. H.Za.
83.	Stahldrahtseil 14 mm Dm.; 15 m lang zum Auflegen d. Gleiskette mit 2 Bügel	1	012 D 2799 U12	Fa. Wuga. H.Za.
84.	Spaten	1	29 C 46	H. Za.
85.	Stahldrahtseil 32 mm Dm.; 8,2 m lang	2	021 D 2799 - 45	Fa. Wuga. H.Za.
	b. Heckwand			
86.	Stahlwinde 20 t	1	U 1684/4	Fa. Wuga. H.Za.
87.	Unterlegklotz für Stahlwinde	1	C 21 E 39399 U4	Fa. Wuga. H.Za.
88.	C - Haken	2	C 21 C 48399. 171	Fa. Wuga. H.Za.
	c. Auf Abdeckung bei Fahrer und Funker			
89.	Axt	1	R 24	H. Za.
90.	Vorschlaghammer 6 kg mit Stiel	1	R 4605	Fa. Wuga. H.Za.
91.	Drahtschere	1	28 B 41	H. Za.
92.	Einheits-Tetra-Löscher 2 Liter für Pz.Kpfwg. mit Halter	1	U 1705	OKH (WuG 6) b. Montage-Fa.
	II. Zubehör			
93.	Handleuchte 12 Volt, 15 Watt, Kabel 7,5 m lang mit:	1	DIN 72 645	Fa. Wuga. H.Za.
94.	Glühlampe 12 V, G 5	1	DIN 72 600	Fa. Wuga. H.Za.
95.	Blechbüchse	1	C 21 E 8999 - 39	Fa. Wuga. H.Za.
96.	Heereseinheitskanister für Trinkwasser 20 Liter	2	574/ Wehrmacht	
97.	Heereseinheitskanister für destilliertes Wasser 20 Liter	1	574/ Wehrmacht	
	I. Waffen mit Zubehör			
	A. Im Fahrzeuginneren			
	a. Im Aufbau eingebaut, bes. gehaltert			
1.	12,8 cm Pjk 44 L/55 (fest eingebaut)	1		OKH (WuG 2)
2.	Verschlussvorratsteile im Kasten auf Rohrwiege:	1		OKH (WuG 2) H. Za.
	(gehaltert im Halterahmen NiSK - J 830 U) mit folg. Inhalt:			
	1 Inhaltsverzeichnis			
	1 Gegenlager für Schlagbolzenfeder		5 E 2602 - 20	
	2 Schlagbolzenfedern		5 F 2702 - 6	
	1 Schlagbolzen vollständig		5-1201.005 - 5001 (3)	

Lfd. Nr.	Benennung (Unterbringung) **I. Werkzeuge und Ersatzteile**	Stück	Anforderungs- Zeichen oder Zeichnungs- Nr.	Beigestellt von (z.B. Waffen und Geräte
	1 Stromzuführung		5-1201.003 - 5005 (3)	
	1 Auswerfer		5-1201.004 - 5007 (2)	
	1 Wischerholz (für Schlagbolzenbohrung)			
	1 Einheitsprüflampe m. 12 V Birne		3 D 2799 - 140	
	1 Prüfgerät für Notabfeuerung			
3.	MG 42 mit Zweibein u. Tragriemen ausbootbar	1		H. Za.
	(gehaltert im Halterahmen NiSK - 624 U u. K 829 U)			
	mit folg. Zubehör:			
	1 Reservelauf m. Laufschützer (in NiSK-E 827 U u. 832 U gehaltert)			
	1 Werkzeugtasche mit Inhalt			
	1 Fliegerdrehstütze			
4.	Maschinenpistole MP 40	1	J 53001	H. Za.
5.	Ansetzer	1		OKH (WuG 2) H. Za.
	a. Beim Funker			
6.	MG 34 (fest eingebaut in Kugelblende) mit folg. Zubehör	1	J 64051	OKH (WuG 2) H. Za.
	(gehaltert in NiSK - 913 U)			
	2 Reserveläufe im Laufschützer (gehaltert in NiSK - K 873 U u.			
	NiSK - E 939 U)			
	1 Werkzeugtasche mit Inhalt			
	1 Patronenkasten für Öl und Patronen			
	Mündungsschützer für Kugelblende		C21 C 390099 - 80	Wuga
	Mündungskappe		5 B 3899 - 5	Wuga
7.	Maschinenpistole MP 40	1	J 53001	H. Za.
	B. Außen am Fahrzeug			
8.	Wischerstangen (Mittelstück) 1448 mm lang 40 mm Dm	5	5 D 1699	OKH (WuG 2) H. Za.
9.	Wischerstange (Endstück) 980 mm lang	1	5 D 2899-37 U2	OKH (WuG 2H. Za.
	II. Munition			
10.	Getrennte Munition für 12,8 cm Pjk 44 (kompl. Schüsse)	40		H. Za.
11.	MG Patronen Munition:	3300		H. Za.
	Gurtsäcke (für MG 34 á 150 Patronen in NiSK - D 929 U gelagert)	16		
	Trommeln (für MG 42 á 50 Patronen)	6		
	Patr. Kasten 41 (für MG 42 a 300 Patr. gehaltert in NiSK - C 866 U)	2		
12.	MP Patr. Munition:	384		H. Za.
	Magazintragetaschen mit je 3 Magazinen a 32 Patr. für MP 40	4		
	(gehaltert in NiSK - R 840)			
13.	Eihandgranaten im Kasten	20		H. Za.
14.	Kasten f. Eihandgranaten (im Aufbau gehaltert)	1	021 C 2342 U1 -U4	Montagefirma H. Za.
15.	Schnellnebelkerze 39 (3 Stück im Aufbau gehaltert, 9 Stück in Kiste hinter Funkersitz)	12		H. Za.

Lfd. Nr.	**Benennung (Unterbringung)** **I. Werkzeuge und Ersatzteile**	Stück	Anforderungs-Zeichen oder Zeichnungs- Nr.	Beigestellt von (z.B. Waffen und Geräte
16.	Wurfladung in Kasten à 12 Stück siehe Z. Nr.	24		H. Za.
	(1 Kasten a 12 Stück im Aufbau gehaltert) NiSK - D 927 U			
	(1 Kasten in Kiste hinter Funkersitz)			
17.	Zündschraube C 43 im Kasten (gehaltert im Aufbau)	25		H. Za.
18.	Nahverteidigungswaffe für Pz. Fahrzeuge (für Nr. 15,16 und 17)	1	21 B 5658	Montagefirma H. Za.
	b. Hinter Funkersitz			
19.	Kiste für Munition und Vorratsteilkasten für Winkelzielfern-rohr mit	1	NiSK - D 919 U	OKH (WuG 2) H. Za.
20.	Inhaltsverzeichnis enthaltend:	1	NiSK - F 970	H. Za.
21.	Riemen f. Stellschlüssel	1	A 449	H. Za.
22.	Stellschlüssel für Az 23	1	A 447	H. Za.
23.	Hülsenzieher	1		H. Za.
24.	Entlader	1		H. Za.
25.	Wischerkolben	1	5 C 5299-199 U1	H. Za.
26.	Wischerüberzug	1	5 C 5299-199	H. Za.
27.	Ladehandschuh, rechter	2	A 32483	H. Za.
			5-08038.610-5003 (1)	
28.	Ladehandschuh, linker	2	A 32484	H. Za.
			5-08038.610-5001 (1)	
29.	Fettpresse 150 cm³ mit Schlauch	1	U 547	H. Za.
30.	Vorratskasten f. Winkelzielfernrohr 4 WZF 2/1 in Kiste hinter	1		H. Za.
31.	Funkersitz enthaltend:			
32.	2 Oberteile			H. Za.
33.	4 Trockenpatronen			H. Za.
34.	4 Glühlampen			H. Za.
35.	10 Klarsichtscheiben			H. Za.
	1 Putztuch			H. Za.
	1 Inhaltsverzeichnis			H. Za.
	c. Hinter Funkersitz gehaltert			
36.	Ölbehälter (f. 1,25 Liter Bremsflüssigkeit) in Tragrahmen	1	J 29208 47 D 23	H. Za.
37.	Ölbehälter (f. 1,25 Liter Reinigungsöl) NiSK - D 917 U gel.	2	J 29208 47 D 23	H. Za.
	d. In der Geschützbrücke			
38.	Dichtungskappe, äußere	2		H. Za.
39.	Dichtungskappe, innere	2		H. Za.
40.	Mündungskappe, durchschießbar	10		H. Za.
41.	Tasche f. Mündungskappe	1	5-0770.602	H. Za.
42.	Verschlussüberzug	1	5 C 6999-205	H. Za.
43.	Sprenggranat-Patronen 326 LP im Kasten (im Aufbau gehaltert)	36		H. Za.
	(für Nr. 54)			
44.	Zerstörer-Patronen *(auch als Sprengpatronen Z 120 bez.)*	2	Z 85 1 VI d.St. 988	H. Za.
	III. Optisches Gerät			
45.	Selbstfahrlafetten - Zielfernrohr WZF 2/1	1	27-1700-00 (Gr)	OKH (WuG 8) H. Za.

Lfd. Nr.	**B e n e n n u n g** (Unterbringung) **I. Werkzeuge und Ersatzteile**	Stück	Anforderungs-Zeichen oder Zeichnungs- Nr.	Beigestellt von (z.B. Waffen und Geräte
46.	Kopfstütze für Zieleinrichtung im Kasten für Sfl. WZF 2/1	1	K 6488 5 D 2899-37 U12	OKH (WuG 2) H. Za.
47.	Scherenfernrohr 14 für Sfl. mit Zubehör	1	A 61567 27 Gr. 19	OKH (WuG 8) H. Za.
48.	Regenrohre für Scherenfernrohr im Zubehörkasten	2	A 60345 27 Gr. 19	OKH (WuG 8) H. Za.
49.	Überzug für Scherenfernrohr	1	33999-9	(WuG 8) H. Za.
50.	Kugelzielfernrohr KZF 2 (eingebaut)	1	027 Gr. 5075	OKH (WuG 8) H. Za.
51.	Ersatzteile f. KZF 2 im Kasten	1		
	1 Schutzglas			
	1 Schlüssel			
	1 Lappen im Behälter			
52.	Prismeneinsatz (im Halter 021 D 2752 U18)	2	21 C 7647	
	2 eingebaut b. Fahrer (drehbar)			
	2 eingebaut b. Funker (fest)			
	4 eingebaut b. Kommandanten (2 drehbar u. 2 fest)			
	2 eingebaut b. Ladeschützen (drehbar)			
	4 eingebaut hinten rechte u. linke Ecke (fest)			
	6 Reserve davon			
	2 bei Fahrer gehaltert			
	2 bei Kommandanten und 1 rechts hinten im Aufbau			
	1 bei Funker			
	Vorratsteilkasten für Winkelzielfernrohr 4 WZF 2/1 in Kiste für Munition NiSK - D 919 U (s. lfd. Nr. 19)			
	IV. Sanitätsmittel			
53.	Verbandskasten m. Inhalt (hinter Fahrersitz gehaltert)	1	S 10015	H. Za.
	V. Signalmittel			
54.	Leuchtpistole m. Tasche (gehaltert in NiSK - E 837)	1	R 4029	H. Za.
55.	Leuchtpatronen (im Kasten D 8951 U11 a/Rohrwiege gehaltert)	12	N 4100	H. Za.
56.	Rauchsichtzeichen Orange 350	12		H. Za.
	3 Stück im Aufbau gehaltert (NiSK-C-810)			
	8 Stück in Kiste hinter Funkersitz			
57.	Führerwimpel mit Hakenkreuz (in Geschützbrücke)	1	021 St 33876	Wuga. H. Za.
58.	Ausfallflagge (in Geschützbrücke)	1	021 B 33477	H. Za.
	VI. Sonstiges Zubehör			
59.	Telekin-Kommandogerät (eingebaut)	1		Montagefirma
60.	Sprechschlauch (fest eingebaut)	2		Montagefirma
61.	Atemschlauch mit Behälter 021 C 2752 U2	6	CK 115	H. Za.
62.	Lukenschlüssel	2		Fa. Wuga. H. Za.

Das 7,92-mm-Bug-Maschinengewehr 34

Das Maschinengewehr 34 war die Standardbewaffnung der deutschen Panzer. Es besaß eine theoretische Feuergeschwindigkeit von 900 Schuss pro Minute. Im Unterschied zur Infanteriewaffe, bei der der Laufmantel zur besseren Kühlung durchlöchert war, besaß die Panzerausführung einen Panzermantel gegen Splitter und Infanteriegeschosse. Es wurde vom Funker bedient und saß in einer Kugelblende 50, die ein seitliches Schwenken um je 15° nach links und rechts zuließ. Der Höhenschwenkbereich betrug + 20° und - 10°. Gezielt wurde mit dem Kugel-Zielfernrohr 2. Die schirmartige Kopfstütze half beim Ausrichten in der Höhe, da das Maschinengewehr trotz Ausgleichsfeder hecklastig war. Die Munition befand sich in Gurtsäcken. Die 2.400 Schuss für das Bug-Maschinengewehr 34 passten in sechzehn Gurtsäcke.

900 Schuss der 7,92-mm-Patronen hatte man für das mitgeführte, zur Flugabwehr vorgesehene Maschinengewehr 42 vorgesehen. Das MG 42 besaß durch seine Zuverlässigkeit einen legendären Ruf. Dieses Maschinengewehr besaß eine hohe Feuergeschwindigkeit von 1.500 Schuss pro Minute. Es war kostengünstiger und weniger materialintensiv, da es nicht, wie das Maschinengewehr 34, gefräst, sondern mit Hilfe der Blechprägetechnik herstellt wurde. Dies erlaubte größere Toleranzen der sich bewegenden Teile und war dadurch störunempfindlicher gegen Fremdkörper.

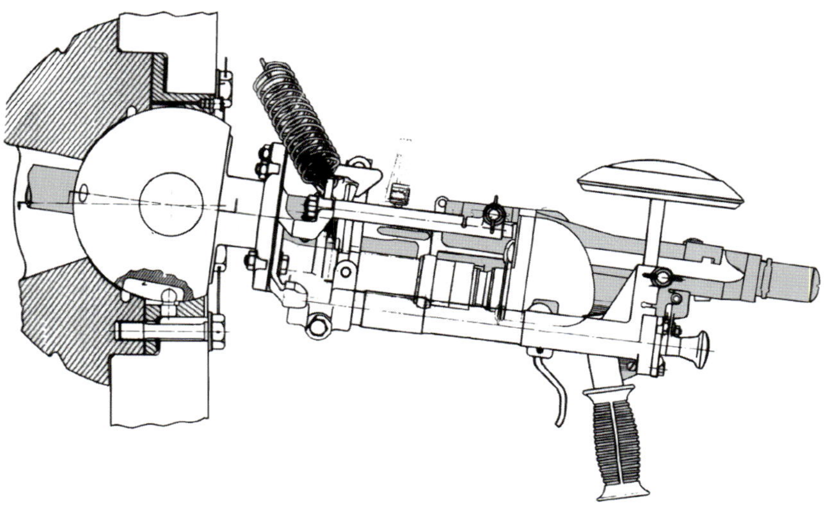

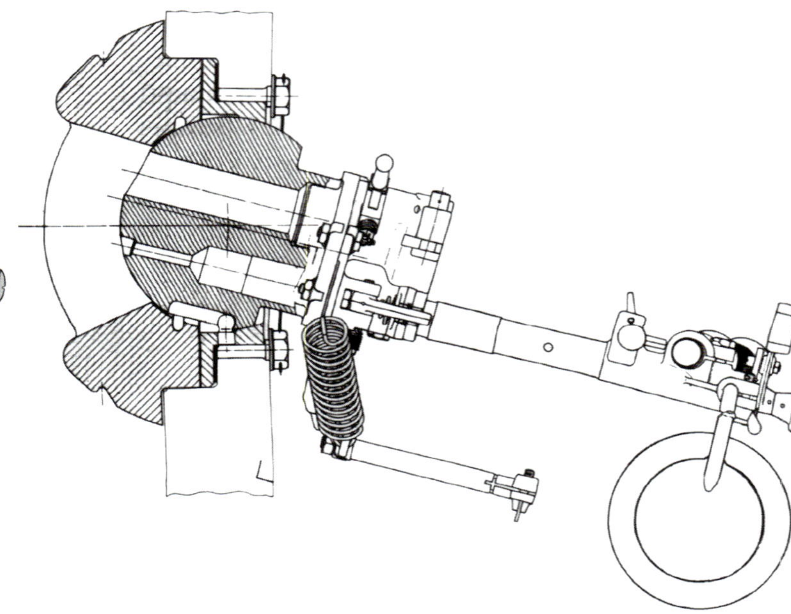

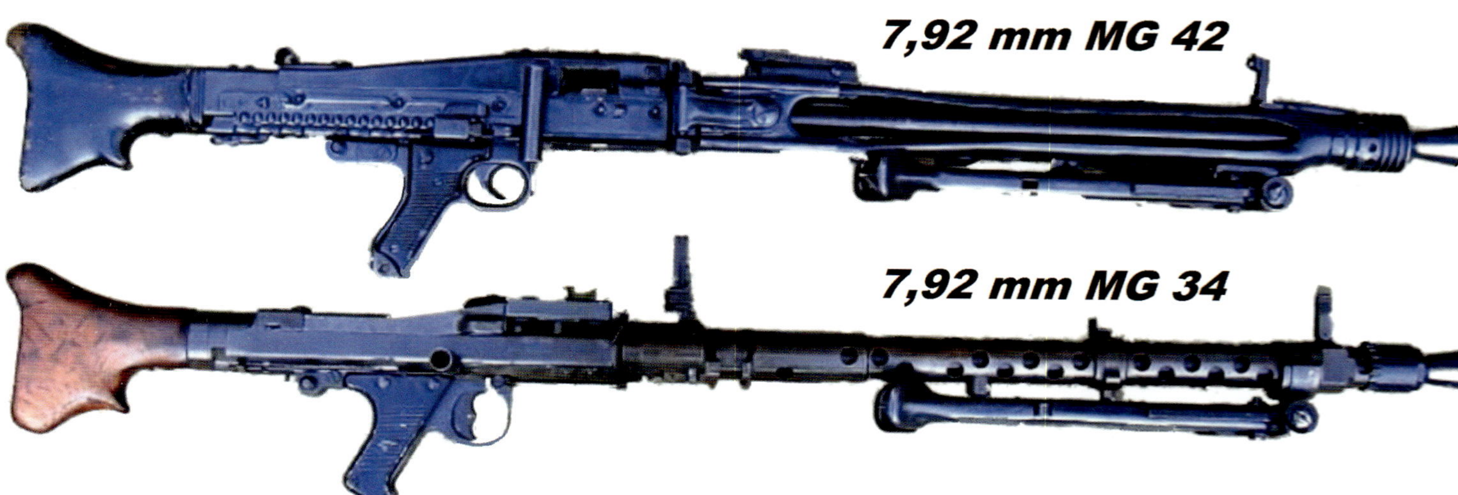

Die Nahverteidigungswaffe

Im Aufbaudach befand sich die um 360° schwenkbare Nahverteidigungswaffe, eine Art Granatwerfer. Den schwenkbaren Winkel konnte man mittels Klemmschraube arretieren. In der Höhe besaß sie einen festen Schusswinkel von ca. 50°. Sie verschoss Schnellnebelkerzen 39 (zwölf Stück), Wurfgranaten (vierundzwanzig Stück), Rauchsichtzeichen orange 350 (zwölf Stück) und Leuchtgeschosse R (zwölf Stück). Die Klammerwerte sind die vorgesehene Ausrüstungszahl im »Jagdtiger«. Als Bewaffnung befanden sich noch zwei Maschinenpistolen 40 sowie eine Kiste mit zwanzig sogenannten Ei-(Hand)-Granaten zur Nahverteidigung.

Die 12,8-cm-Munition

Die Beschreibung der 12,8-cm-Munition war ein wichtiges Anliegen, da in der einschlägigen Literatur nur die bekannte 12,8-cm-Spreng- und Panzergranate behandelt wird. Wie im Text geschildert, setzte man dieses Kaliber zuerst bei der 12,8-cm-Flugabwehrkanone 40 ein. Dazu hatte die Luftwaffe die in der Luftwaffen-Dienstvorschrift 4402/7 beschriebene 12,8-cm-Sprenggranat-Patrone mit der Länge von L/4,5 seit April 1939 im Einsatz. Dazu existierte noch eine 12,8-cm-Übungspatrone L/4,5 (Üb.W.= weißer Rauch).
Der Geschossanstrich der 26 kg schweren Granate war Gelb. Die Sprengladung (Fp. 02 oder Fp. 60/40) hatte man in

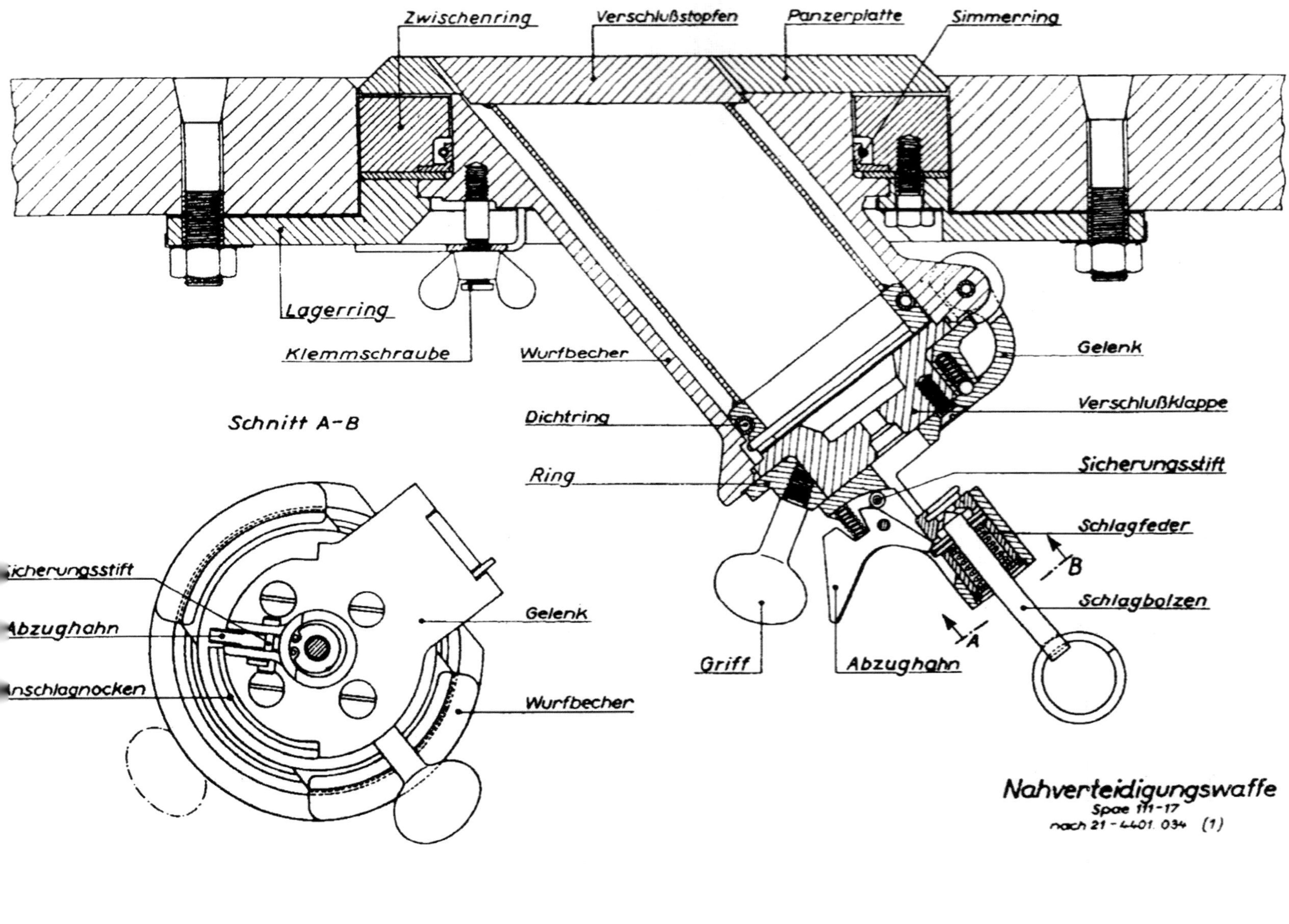

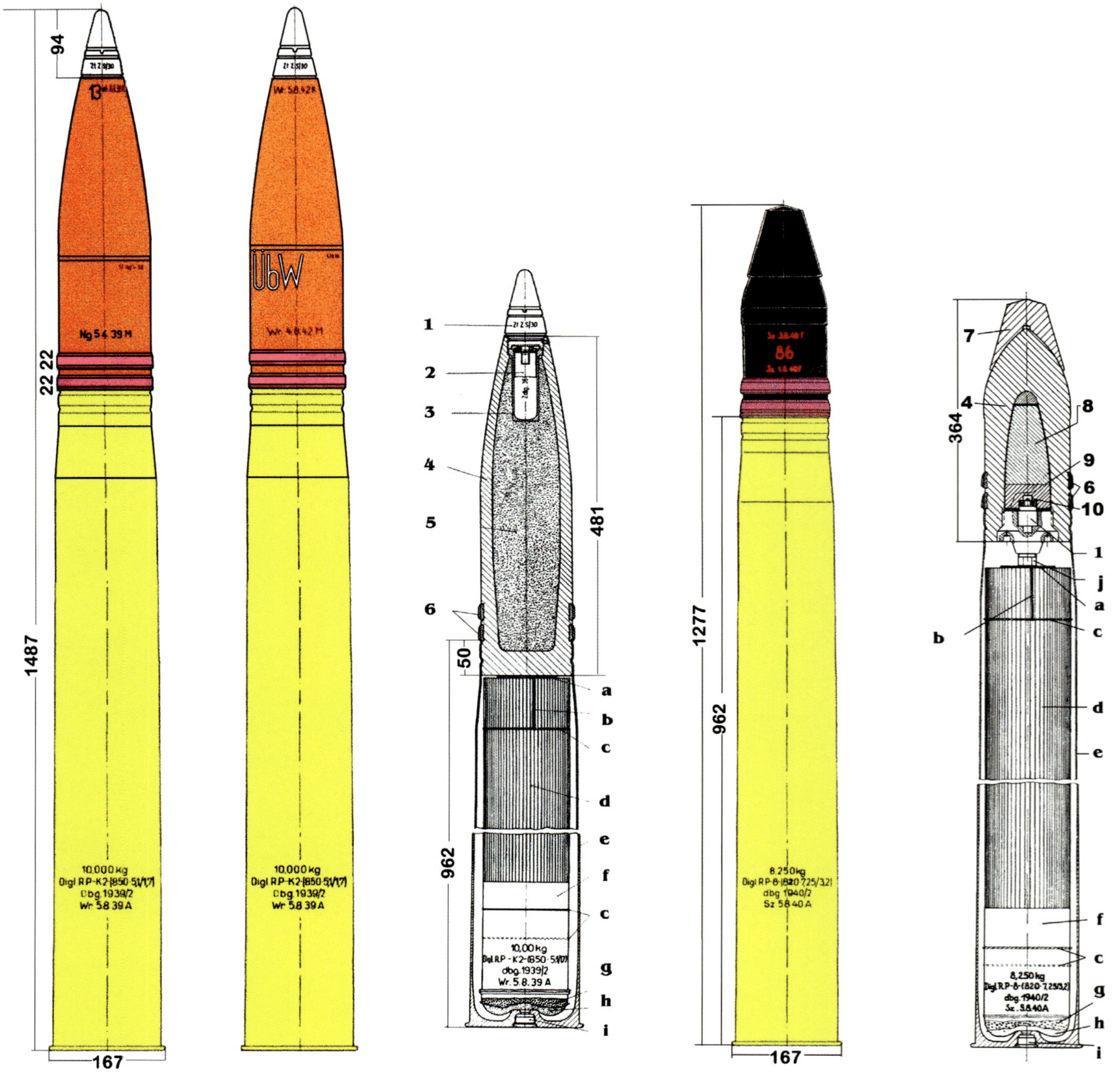

Sprgr.Patr. L/4,5 **Sprgr.Patr. L/4,5 (Üb.W.)** **Pzgr.Patr.**

- a- Bleidraht
- b- Bindfaden zum Befestigen des Bleidrahtringes
- c- Bindfaden oder Band aus Seidenschnur
- d- Hauptladung
- e- Patronenhülse
- f- Kartuschbeutel
- g- Grundladung
- h- Beiladung
- i- Zündschraube
- j- Lichtspur

- 1- Zünder
- 2- Zündladung
- 3- Mundlochbuchse
- 4- Geschosskörper
- 5- Sprengladung (Fp 60/40 gegossen)
- 6- Führungsbänder (KPS)
- 7- Kappe
- 8- PH-Salz (Sprengladung)
- 9- H 10 (Sondersprengstoff)
- 10- Sprengkapsel

flüssigem Zustand eingegossen. Der aus Flussstahl gefertigte Geschosskörper besaß zwei Führungsbänder aus kupferplattiertem Stahl (KPS). Dieses Material entstand als eine Ersatzlösung, um das sonst übliche weichere Kupfer für die Granaten-Führungsringe einzusparen. Durch das Kupfer konnten sich die Granaten besser in die Züge des Kanonenrohres einpressen und die Führung sowie den Drall der Züge auf die Granate übertragen.

Da aber Kupfer ein Mangelmaterial war, wurde versucht, das Kupfer zur Hälfte mit einer Stahllegierung zu strecken. Dazu walzte man das Kupfer außen auf das stählerne Führungsband auf. Der Rohrverschleiß blieb trotzdem gering, da in der Regel nur das Kupfer mit dem Rohr in Berührung kam. Aber die Verarbeitung musste sehr genau sein, da sich sonst die Bänder lösten und das Rohr unbrauchbar machten. Als Zünder kam der Zeitzünder ZtZ. S/30 mit federbetriebenem Uhrwerk oder der Aufschlagzünder A.Z. 23/28 zur Anwendung.

Beim Zeitzünder konnte das Uhrwerk im Bereich von 1,5 bis 29,5 Sekunden eingestellt werden, was in der Regel an der Zünderstellmaschine erfolgte. Es bestand aber auch die Möglichkeit der Verwendung eines speziellen Stellschlüssels. Bei dem Aufschlagzünder ergab sich zusätzlich noch eine einstellbare Verzögerung von 0,1 Sekunden. Es existierte eine stählerne und eine blecharmierte Pressstoff-Ausführung (Pr) dieses Zünders. Der nicht sprengkräftige Zünder wirkte auf die Zündladung, bestehend aus der Sprengkapsel und der Übertragungsladung aus Nitropenta, die in die Mundlochbuchse eingesetzt wurde.

Die Patronenhülse bestand entweder aus Messing oder aus Stahl und war leicht konisch. Der Bodenrand wurde als Gegenstück für die Auswerferkrallen gestaltet. Im Hülsenboden befand sich die Öffnung für die Zündschraube. Die Zündschraube C/22 unterschied sich nur durch das Hülsenmaterial. Die Auslösung erfolgte elektrisch, wobei der Schlagbolzen den elektrischen Stromkreis schloss. Die elektrische Abfeuerung besaß den Vorteil, dass der Zeitverlust der mechanischen Abfeuerung (mit Schlagbolzen) geringer war.

Als Treibladung verwendete man:

- 10 kg Röhrenpulver (Digl.R.P.-K2) oder wahlweise 9,5 kg (Digl.R.P.-KN) als Hauptladung,
- 0,2 kg Grundladung (Digl.Bl.P.-10,5-) sowie
- 20 g Beiladung (Nz.Man.N.P.).

Grund- und Beiladung sollten eine gleichmäßige und kräftige Übertragung des Zündstrahls auf die Hauptladung gewährleisten. Das Gewicht der fertigen Patrone betrug etwa 48 kg. Der mit einer Patrone gefüllte Patronenkasten 40 wog etwa 72 kg.

Patronenkasten der 12,8-cm-Sprenggranat-Patrone L/4,5 der Flugabwehrkanone 40 (Gerät 40).

Die zweite Munitionsart der Flugabwehrkanone 40 war die 12,8-cm-Panzergranatpatrone. Diese schwarz gezeichnete Granate besaß ein Gewicht von 26,35 kg. Auf der Spitze saß eine bogenförmige, massive Kappe, mit der Aufgabe, die gehärtete Spitze zu schützen und die Durchschlagsleistung bei schrägem Aufprall auf das Ziel zu erhöhen. Das Material bestand aus Flussstahl. Die Spitze der Geschosshülle war besonders gehärtet und angelassen, da diese Spitze nach der Zerstörung der Kappe mit Hilfe der kinetischen Energie die Panzerplatte durchstanzen sollte. Danach würde der Bodenzünder die Explosion auslösen.

Die Härte der Hülle nahm in Richtung Geschossboden ab. Die Geschossführung bestand ebenfalls aus zwei kupferplattierten Stahl (KPS)-Führungsbändern, wobei die Entwicklung zu Sintereisen-(FeS)-Führungsbändern ging, bei denen man das Kupfer gänzlich einsparte. Für eine feste Verbindung mit der Patronenhülse waren im Geschosszapfen zwei Würgerillen eingearbeitet. Die Panzergranate besaß eine Sprengladung mit einem Gewicht von 0,49 kg und setzte sich aus

Zünder AZ 23 mit Uhrwerk.

zwei Presskörpern zusammen, untergebracht in einer Papphülse. Im oberen Teil befand sich PH-Salz, im unteren Teil der Sprengstoff H 10 (Kennzahl 86). Im Geschossboden war der Bodenzünder (Bd.Z.) 5121 mit der Lichtspurhülse Nr. 4 eingeschraubt.

Der Zünder war ebenfalls nicht sprengkräftig und benötigte die Sprengkapsel P 3 (ohne Gehäuse). Dieser wurde in dem oberen Teil des Zünders eingeschraubt. Die Verzögerung betrug 0,002 Sekunden, so dass das Geschoss erst kurz nach dem Eindringen in das Ziel detonierte. Durch die Treibladung zündete die an den Bodenzünder angeschraubte Lichtspurhülse. Die erzeugte Lichtspur brannte ca. 6 Sekunden, was einem Geschossweg von etwa 3850 Meter entsprach. Der Aufbau der Treibladung entsprach der Sprenggranatpatrone L/4,5, nur war das Röhrenpulver etwas kürzer. Sie enthielt:

- 8,25 kg Hauptladung (Digl.R.P.-8-) oder wahlweise 9,5 kg (Digl.R.P.-Ko-D),
- 0,2 kg Grundladung (Digl.Bl.P.-10,5-) und
- 20 g Beiladung (Nz.Man.N.P.).

Das Patronengewicht betrug etwa 46,5 kg und der gefüllte Patronenkasten wog etwa 71 kg. Vor der Einführung der Panzergranate bei der Truppe bereitete diese allerdings über längere Zeit Probleme. Sie genügte noch im Juli 1943 nicht den geforderten Beschussbedingungen. Aber dies konnte noch verschmerzt werden, da man die 12,8-cm-Flugabwehrkanone 40 nur im Heimatgebiet einsetzte und es zu dieser Zeit noch keine Panzergefährdung im Stationierungsbereich der 12,8-cm-Flugabwehrkanone 40 gab. So befanden sich erst ab 1944 (lt. Rüstungsstand des Heeres) 2000 Stück 12,8-cm-Panzergranaten als Vorrat in den Arsenalen, von

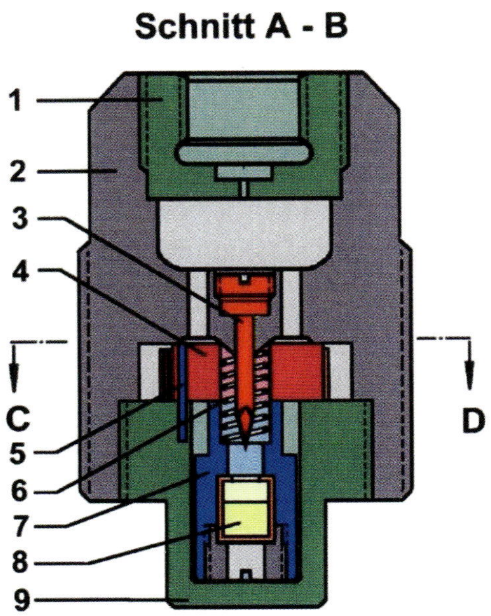

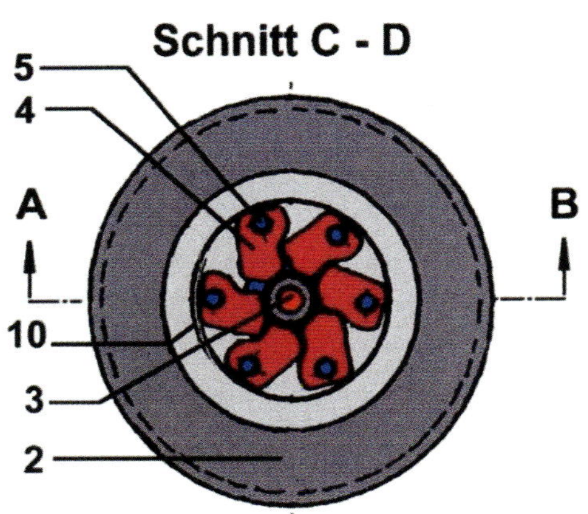

1 Sprengkapselhalter
2 Zünderkörper
3 Zündnadel
4 Fliehklappe
5 Drehachse
6 Zündnadelfeder
7 Anzündhütchenträger
8 Anzündhütchen
9 Bodenschraube
10 Bandfeder

Bd.Z. 5121

Zünder Bd.Z. 5121.

denen im Jahr 1944 keine Entnahme erfolgte. Zusätzlich existierten noch zwei spezielle Kartuschen. Die Messkartusche diente zum Feststellen der Pulvertemperatur, während die Aushilfskartusche eine verkürzte Patronenhülse war, die zum Herausschießen im Rohr steckengebliebener Geschosse verwendet wurden.

Die Luftwaffe sah sich zu einer Weiterentwicklung der Flugabwehr-Munition gezwungen, da die gegnerischen Flugzeuge in immer größeren Höhen flogen. Ungünstig wirkte sich ebenfalls die lange Flugzeit der Geschosse aus, da ein entsprechender Vorhalt zur Bekämpfung fliegender Ziele notwendig war. Die Treibladung konnte nicht unbegrenzt erhöht werden, da der erhöhte Gasdruck Rohr und Bodenstück zu stark belastete.

Eine mögliche Lösung sah man in der sogenannten Unterkaliber-Munition. Dazu wurden zwei Wege beschritten, die Treibspiegel-Geschosse und die Flansch-Geschosse. Der Grundgedanke dabei war, die Energie der Treibladung auf ein leichtes Geschoss mit kleinerem Kaliber zu übertragen und dadurch eine höhere Anfangsgeschwindigkeit zu erreichen. Um im Rohr eine Gasdichtheit zu erreichen, wurden im ersten Fall sogenannte Treibspiegel am Geschoss montiert. Damit übertrugen sich die Drehkräfte vom Drall des Geschützrohres zuverlässig auf das Geschoss. Damit das Geschoss im Rohr nicht kippen konnte, war im vorderen Geschossbereich ein Zentrierring angebracht worden.

Zum Hauptproblem wurde, dass diese zusätzlichen Elemente nach dem Verlassen des Rohres zuverlässig abgeworfen werden mussten, um die Flugeigenschaften des Geschosses nicht zu stören. Anderseits war eine Gefährdung der eigenen Truppe durch die abgeworfenen Teile zu verhindern. Zur Lösung dieses Problems erfolgten viele Versuche mit ein- und mehrteiligen Treibspiegeln. Auch durfte man das Geschosskaliber nicht zu klein wählen, da sich mit abnehmendem Kaliberdurchmesser auch die Sprengstoffmenge und damit die Wirkung am Ziel verringerte.

Hergestellt wurde eine 12,8/9,6-cm- und eine 12,8/10,5-cm-Granate. Die Kaliberkombination 12,8/10,5-cm hatte sich als optimal erwiesen, so dass eine Brandschrapnell-Granate mit diesem Kaliber entstand. Das Geschoss entsprach im Aufbau der 8,8-cm-Brandschrapnell-Granate und besaß einen Doppelzünder vom Typ S/90. Das Geschoss konnte 72 Brandkörper aufnehmen. Der Zünder löste auf Höhe des Ziels die Sprengladung aus, dann zündeten die Brandkörper. Die maximale Laufzeit des Geschosses betrug 90 Sekunden. Es erreichte eine Anfangsgeschwindigkeit von 1110 m/s, womit der konventionellen Sprenggranate ein Flugzeitgewinn auf 10 km Höhe von 26 % gegenüber stand.

Einen ähnlichen Wert erreichte die zweite Gruppe der Unterkaliber-Munition, die sogenannten Flansch (K = Konisch) -Geschosse. Diese unterschieden sich von den Treibspiegel-Geschossen dadurch, dass das notwendige Stützelement nicht abgeworfen werden brauchte, sondern das Stützelement presste sich auf Grund des konischen Rohres in die Granate. Dazu wurde, im Gegensatz zum Treibspiegel-Geschoss, ein geändertes, konisches Geschützrohr benötigt oder ein konischer Rohraufsatz (s. Kapitel Flugabwehrkanone). Die zuvor beschriebene Flugabwehrkanone 40-konisches Rohr benutzte ein Flansch-Geschoss L/5 mit dem Kaliber 12,8/9,6-cm. Das Hauptproblem bestand bei dieser Art von Munition in der stark verringerten Lebensdauer des Geschützrohrs durch die starke Rohrabnutzung.

Eine weitgehend unbekannte Konstruktion war die 12,8-cm-(R)-Raketen-Granate von Januar 1944, über die leider keine weiteren Angaben vorlagen. Außer der 12,8-cm-R-Granate mit der Länge von L/5 gab es noch die Konstruktion einer 12,8-cm-R-Granate mit der Länge von L/4,5 und eines Simulaker (Übungs-Attrappe) der Länge L/5. Von diesem Granaten-Typ entstanden im Auftrag des Heereswaffenamts Wa Prüf 1 Entwürfe mit den verschiedensten Kalibergrößen, die sich alle nicht bewährten. Hauptproblem war neben der verringerten Sprengstoffwirkung am Ziel, die durch den ungleichmäßigen Abbrand des Raketenantriebes verursachte hohe Streuung.

Waffe	Drall	Kaliber	Bauart	Geschossart	Länge	G.-Masse	Spr.L.	Vo	t auf 10 km
Flak 40	5°30'	12,8 cm	Normal	Sprgr.	L/4,5	26 kg	3.460 g	.900 m/s	19,5 t
Flak 40	5°30'	12,8/10,5 cm	TS	BrSchr+BrSpr.	L/4,0	17,4/14,4		1.110 m/s	14,5 s
Flak 40	5°30'	12,8/10,5 cm	K	BrSchr+BrSpr.	L/4,2	16,7 kg		1.120 m/s	13,5 s
Flak 40	8°30'	12,8/9,6 cm	K	BrSchr+BrSpr.	L/5	14,5 kg		1.260 m/s	11,4 s
Flak 45	6°	12,8 cm	Normal	Sprgr.	L/5	31 kg	4.130 g	.930 m/s	15,5 s
Flak 45	6°	12,8/10,5 cm	TS	BrSchr+BrSpr.	L/4,0	17,4/14,4 kg		1.235 m/s	13 s
Flak 45	6°	12,8/10,5 cm	K	BrSchr+BrSpr.	L/4,2	16,7 kg		1.200 m/s	12,5 s

Auszug aus einer Untersuchung der Firma Rheinmetall vom 18. Dezember 1944 zur »Leistungssteigerung der schweren Flak durch Unterkaliber-Geschosse«.

Flanschgeschoss	Flanschgeschoss	Treibspiegelgeschoss
12,8/9,6 cm BrSchrGr (K)	12,8/10,5 cm BrSchrGr (K)	12,8/10,5 cm BrSchrGr (TS)

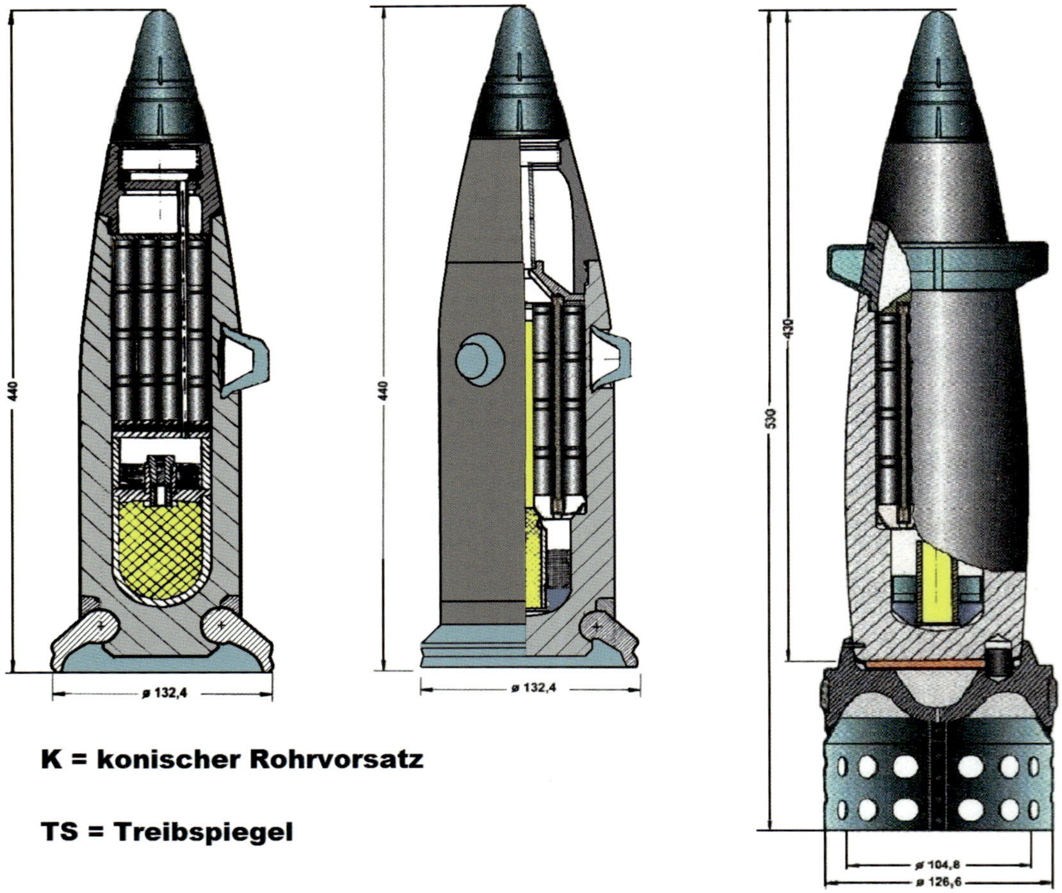

12,8-cm-Flak 40 und 40 TS.

K = konischer Rohrvorsatz

TS = Treibspiegel

	12,8/9,6 cm BrSchrGr (K)	12,8/10,5 cm BrSchrGr (K)	12,8/10,5 cm BrSchrGr (TS)
Masse, Gesamt-	14,5 kg	16,7 kg	17,4 kg
Masse im Flug	14,5 kg	16,7 kg	14,4 kg
Brandkörper-Anzahl	72	72	72

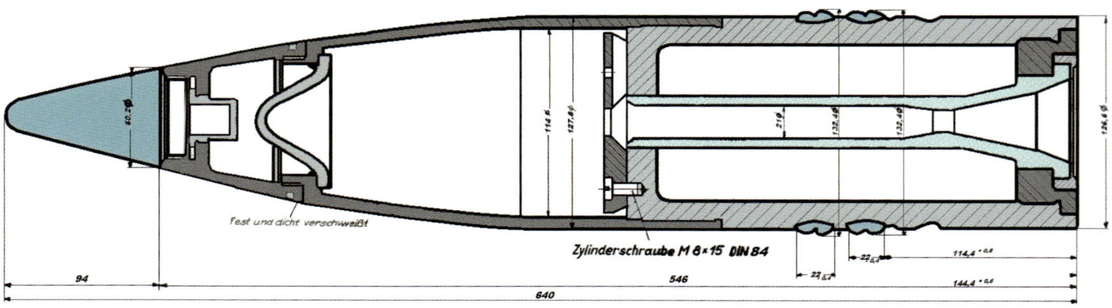

12,8-cm-R-Granate L/5.

Für die 12,8-cm-Kanone 40 (Panzer-Selbstfahrlafette) »Sturer Emil« wurde die 12,8-cm-Flugabwehrkanonen-Munition leicht abgewandelt. Diese Panzer-Selbstfahrlafette verwendete getrennte Munition, da für die Patronenmunition kein ausreichender Platz zum Laden im Kampfraum zur Verfügung stand. Am 7. März 1942 wurde die Einführung dieser Munition beschlossen:

- die 12,8-cm-Panzergranate,
- die 12,8-cm-Sprenggranate L/4,5 mit Rauchentwickler Nr. 9 und
- die Hülsenkartusche der 12,8-cm-Kanone 40.

An der Panzergranate der Flugabwehr-Kanone 40 hatte sich nichts geändert, die Sprenggranate besaß zusätzlich den Rauchentwickler und statt des Zeitzünders S/30 einen Doppelzünder S/60 Fl*. Der Aufschlagzünder 23/28 gehörte weiterhin zur Ausrüstung. Die Splitterdichte der Sprenggranate betrug etwa einen Radius von 41 Meter. Die neue Hülsenkartusche bestand grundsätzlich aus Stahl und besaß für beide Granaten-Typen 10,9 kg Hauptladung, 0,2 kg Grundladung sowie 20 g Beiladung und entsprach damit der Wirkung der Munition der Flugabwehrkanone. Eine Nebelgranate für die 12,8-cm-Kanone 40 befand sich in Entwicklung. Im Januar

1942 erstellte man für diese beiden Geschütze die Schusstafel als Heeresdienstvorschrift H.Dv. 119/332.
1943 entwickelte die Luftwaffe für die 12,8-cm-Flugabwehrkanone 40 die strömungsgünstigere 12,8-cm-Panzergranate 43. Diese Granate hatte eine ballistische Haube aus Stahl über der Stahlkappe, die der Geschossspitze einen spitzeren Radius verlieh. Die Abmessung des Geschosskerns entsprach der schon eingeführten 12,8-cm-Panzergranate L/3,9. Alle Granaten besaßen jetzt ein Führungsband aus Sintereisen (FeS).

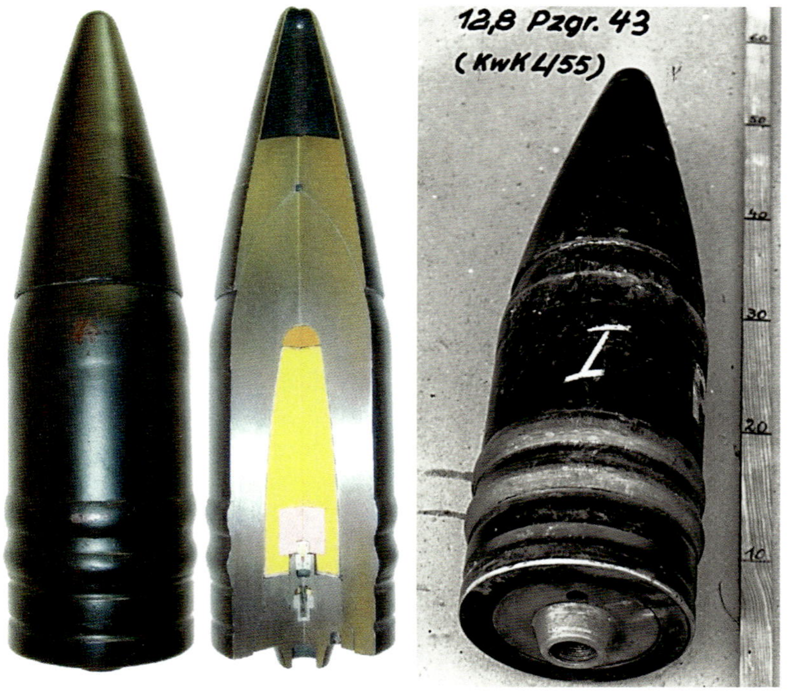

12,8-cm-PzGr 43.

Das Gewicht der Granate erhöhte sich von 26,4 kg auf 28,3 kg, die Masse der Sprengladung auf 0,6 kg. Der verwendete Bodenzünder 5121 mit Lichtspurhülse Nr. 4 blieb bestehen. Die günstige Form wirkte sich auch bei größeren Entfernungen positiv auf das Trefferbild aus. Bei 1000 m Schussentfernung lag die Trefferwahrscheinlichkeit bei beiden Granat-Typen etwa bei 95 % (kriegsmäßig 70 %).
Der Unterschied zeigte sich noch deutlicher bei einer Schussentfernung von 2000 m. Die herkömmliche 12,8-cm-Panzergranate L/3,9 erreichte eine Trefferwahrscheinlichkeit von 55 % (kriegsmäßig 19 %), während die neue 12,8-cm-Panzergranate 43 eine Trefferwahrscheinlichkeit von 70 % (kriegsmäßig 29 %) erzielte. Bei 3000 m Entfernung vergrößerte sich die Differenz weiter von 19 % (5 %) Trefferwahrscheinlichkeit der alten Granaten-Ausführung auf beachtliche 42 % (13 %) Trefferwahrscheinlichkeit der neuen Ausführung!

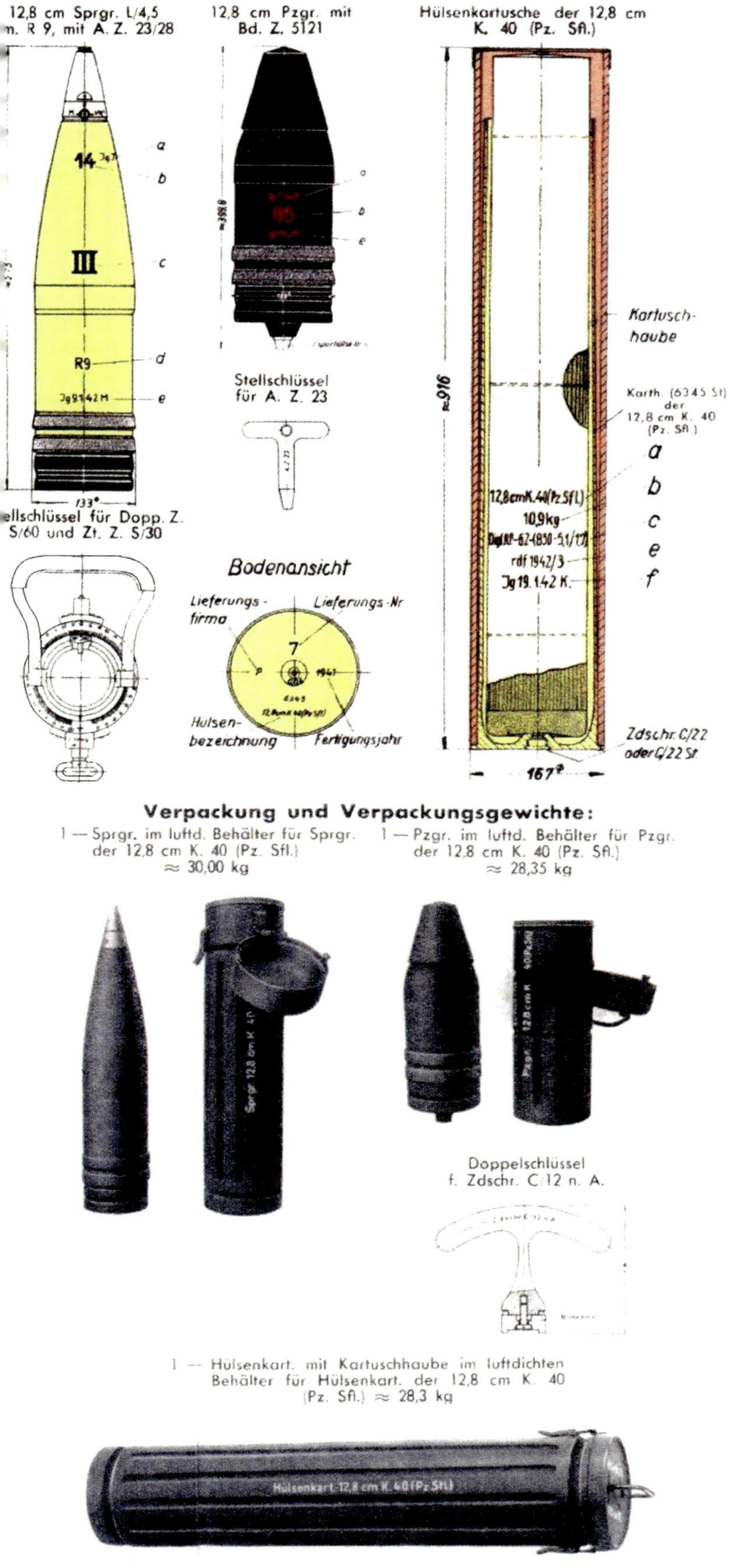

12,8-cm-Munition für die Flugabwehrkanone K 40.

Die ersten Ausführungen der 12,8-cm-Panzergranate 43 besaßen allerdings einen Konstruktionsmangel, da bei einigen Granaten der Geschossboden bei dem Aufprall auf die Panzerung herausgeschlagen wurde und der Zünder beschädigt oder abgebrochen war. Auch kam es zu sogenannten »Ausbläsern«, wo die Sprengladung zwar zündete, aber der Geschossmantel nicht zersprang, sondern die Explosionsenergie aus dem defekten Geschossboden entwich. So entstanden Ende 1943 bei der Firma Krupp vier Ausführungen von 12,8-cm-Panzergranaten, die sich durch einen abgeänderten Geschossboden, eine kleinere Höhlung und verschiedene Spitzenformen unterschieden. Eine Einführung der verbesserten Granaten konnte auf Grund der zu spät begonnenen Entwicklung nicht mehr umgesetzt werden.
Wie im Text zuvor beschrieben, strebte das Heereswaffenamt mit der Schaffung einer 12,8-cm-Kanone L/55 eine Vereinheitlichung von Kanone, Panzerabwehrkanone, Sturm- und Kampfwagenkanone an. Um die geforderte Schussentfernung von 24 km bei der Sprenggranate und eine Durchschlagsleistung von 200 mm auf 1000 m zu erreichen, genügte der vorhandene Ladungsraum nicht mehr aus und es entstand aus der 15-cm-Patronenhülse der Flugabwehrkanone eine neue Kartusche mit 15 kg Treibladung sowie dem neuen Hülsenbodendurchmesser von 195 mm statt den 167 mm der 12,8-cm-Flugabwehrkanone 40. Die Kartusche hatte eine Länge von 870 mm erhalten. Damit verbesserte sich die Handhabbarkeit der speziell für den Panzerkampfwagen »Maus« entwickelten Kartusche.
Durch den Einsatz der getrennten Munition sah das Heereswaffenamt die Möglichkeit, mit einer ballistisch günstigeren Außenform der Sprenggranate die Schussweite zu steigern. Dazu erhielt die Granate eine schlankere Spitze und einen konischen Zapfen. Die Firma Krupp entwickelte eine Sprenggranate mit einer Länge von L/4,7 und einem Gewicht von 26,5 kg. Die Granate besaß einen Inhalt von 3,73 kg Sprengstoff und eine maximale Schussweite von 24 km.
Das Heereswaffenamt verglich auch eine 12,8-cm-Sprenggranate mit einer Länge von L/4,9, die die Marine bei ihrer 12,8-cm-Flugabwehrkanone 40M erprobte. Diese Granate erreichte mit der Anfangsgeschwindigkeit von 920 m/s eine Reichweite von 25,5 km. Daraus entstand die 12,8-cm-Sprenggranate mit der Länge von L/5 und einem Gewicht von 28 kg. Als Zünder kam wahlweise der Aufschlagzünder AZ 23/28 oder der AZ 23/28 (Pr) und der Doppelzünder S/90 St. mit einer längeren Zünderlaufzeit von ~90 Sekunden zur Anwendung. Mit dieser neuen Granate wurden die geforderten 24 km Schussweite problemlos erzielt.
Für die 12,8-cm-Kanone entstand eine »Einheitskartusche«

- für eine kleine Ladung (war noch in Entwicklung),
- für eine mittlere Ladung mit einer Anfangsgeschwindigkeit von 750 m/s und einer 12-kg-Treibladung und
- für eine große Ladung mit einer Anfangsgeschwindigkeit von 920 m/s und einer 15-kg-Treibladung.

Im Panzer und im schweren Panzerjäger wurden die mittlere Ladung für die Sprenggranate und die große Ladung für die Panzergranate verwendet. In Notfällen konnte die Sprenggranate mit der großen Ladung und dem Aufschlagzünder (Stellung »ohne Verzögerung«) auch zur Panzerbekämpfung genutzt werden. Da es bei der Kartuschen-Fertigung zu Engpässen in der Herstellung kam, verwendete das Heereswaffenamt sogenannte »Wickelhülsen« für diese Munition.
Diese Wickelhülsen aus dünnwandigem Stahlblech ließen sich erheblich einfacher und billiger herstellen, bereiteten aber beim Abdichten Probleme, so dass es immer wieder während des Schusses zu Flammenrückschlägen aus dem Verschluss kam. Auch verklemmten sich gelegentlich die Wickelhülsen bei dem Hülsenauswurf.
Weiterhin befand sich noch eine 17 kg schwere 12,8-cm-Panzergranate 40 (Hartkern) in der Entwicklung. Es handelte sich dabei um ein vollkalibriges Geschoss. Der Hartkern besaß einen Durchmesser von 45 mm mit einer Länge von 190 mm. Dieser Wolfram-Kern hatte ein Gewicht von ca. 4 kg. Obwohl den Entwicklern klar war, dass diese Granate wegen des außerordentlich hohen Wolframaufwandes nicht zur Einführung gelangen konnte, musste man das Geschoss auf »Führerbefehl« in das Versuchsprogramm aufnehmen. Bei Schussversuchen der Luftwaffe ergab sich mit einer 12,8-cm-Flugabwehrkanone 40 auf 1000 Meter Entfernung und bei einem Auftreffwinkel von 60° ein Panzerdurchschlag von 290 mm! Als Alternative erprobte das Heereswaffenamt noch eine 18,5 kg schwere 12,8-cm-Panzergranate 40 mit einem vergüteten Stahlkern. Die erzielte ungenügende Durchschlagsleistung erübrigte weitere Versuche in diese Richtung.

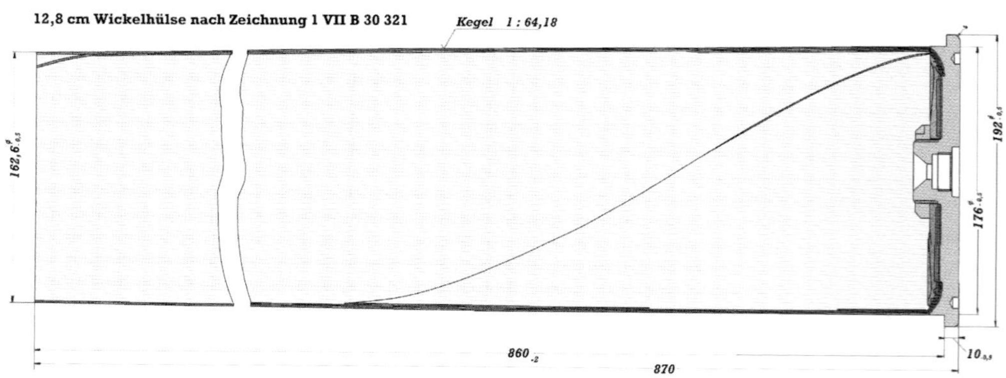

12,8-cm-Wickelhülse.

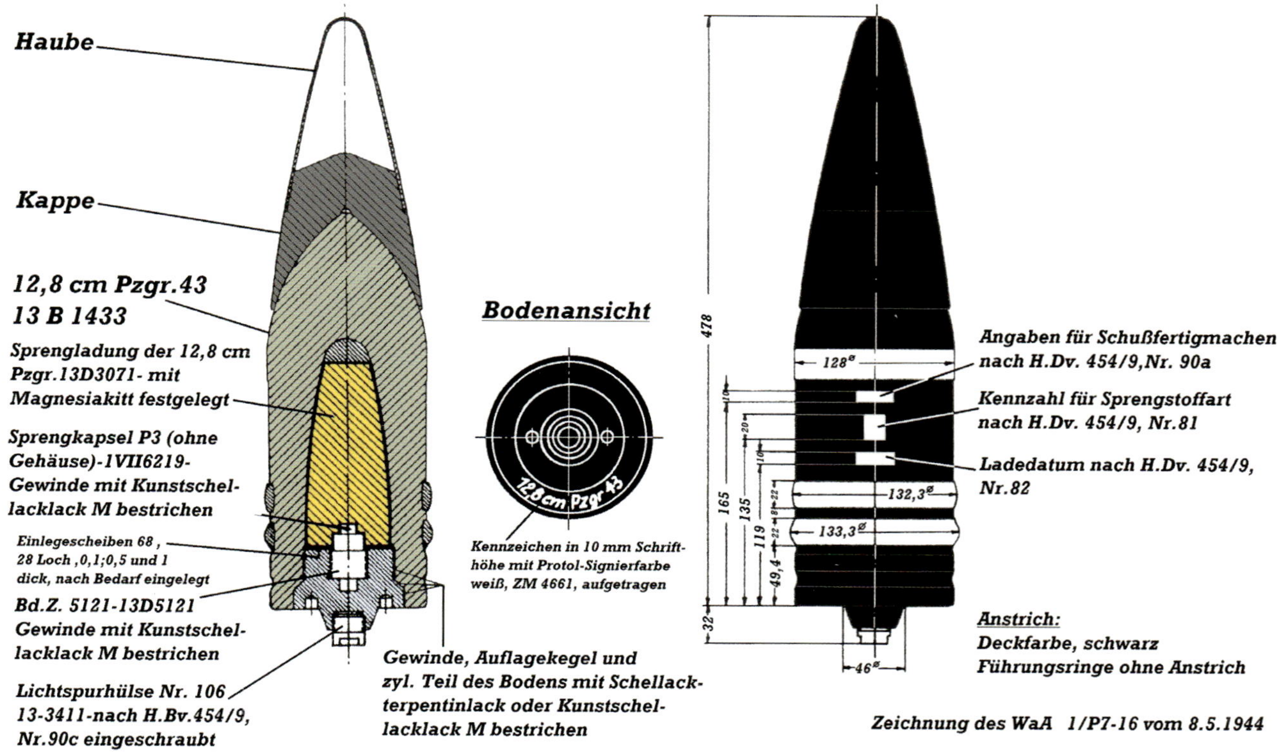

Zeichnung des WaA 1/P7-16 vom 8.5.1944

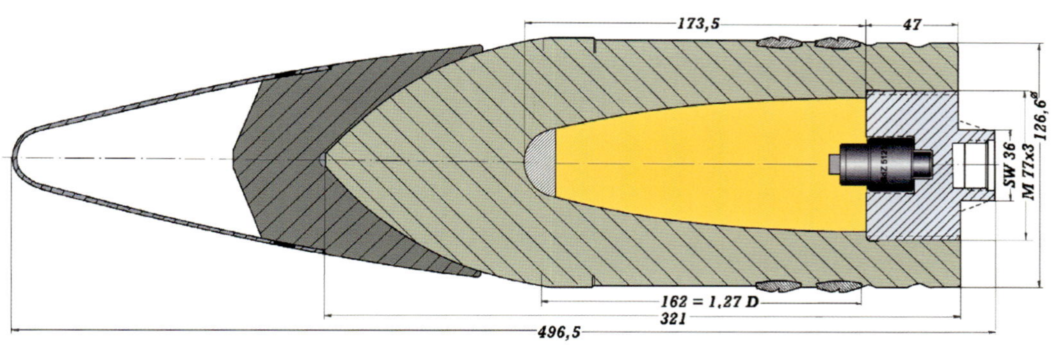

12,8 cm Pzgr.43 (Abänderung A)

Gewicht des fertigen Geschosses ...28,300 kg
Gewicht der Sprengladung.............0,600 kg

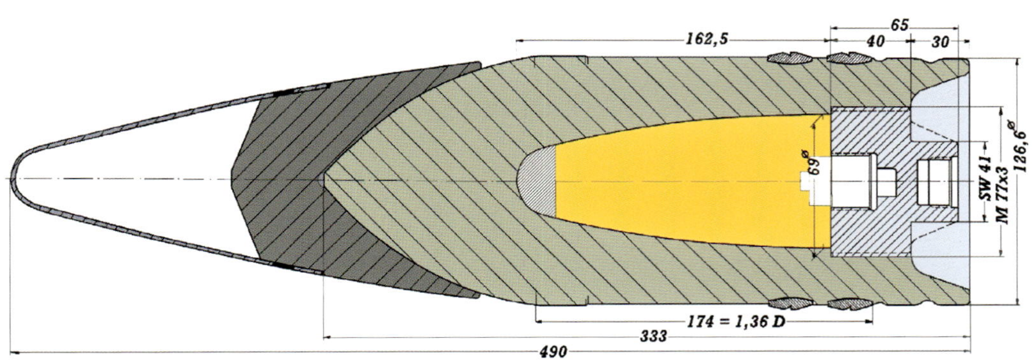

12,8 cm Pzgr.43 (Abänderung B)

Gewicht des fertigen Geschosses...28,300 kg
Gewicht der Sprengladung............0,540 kg

Zeichnungen 4AKG 10025-1151 und 1152 vom 30.11.1943

Die 12,8-cm-Panzergranaten 43 des »Jagdtigers« einschließlich der geplanten Änderungen.

Kennzeichnung für die Geschosse:

a = Ort, Tag, Monat, Jahr des Aufschraubens des Zünders und Kennbuchstabe des dafür Verantwortlichen
b = Kennzahl für Sprengstoffart
c = Gewichtsklasse
d = Kennzeichen für Geschoß mit Rauchentwickler
e = Ort, Tag, Monat, Jahr des Ladens der Granate und Kennbuchstabe des dafür Verantwortlichen

Kennzeichnung für die Kartuschen:

a = Geschützart
b = Pulvergewicht mit Pulverbenennung
c = Fertigungsfirma, Jahrgang u. Lieferungs-Nr. des Pulvers
d = Ort, Tag, Monat, Jahr des Anfertigens der Kartusche und Kennbuchstabe des dafür Verantwortlichen
e = Kennzeichen für den Ladungsaufbau

7. 11. 44

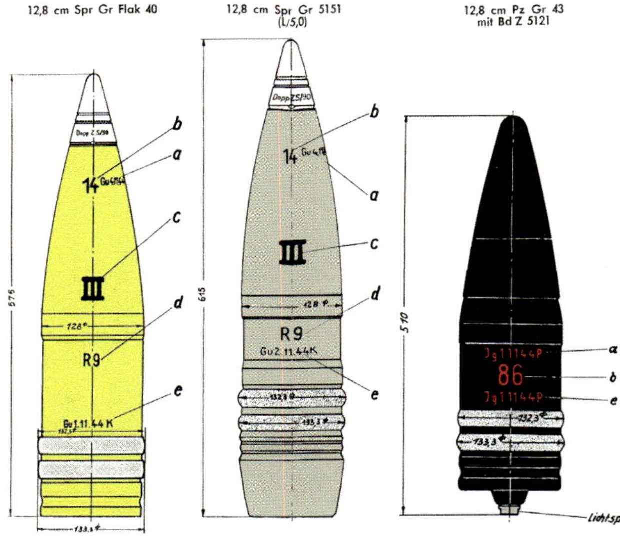

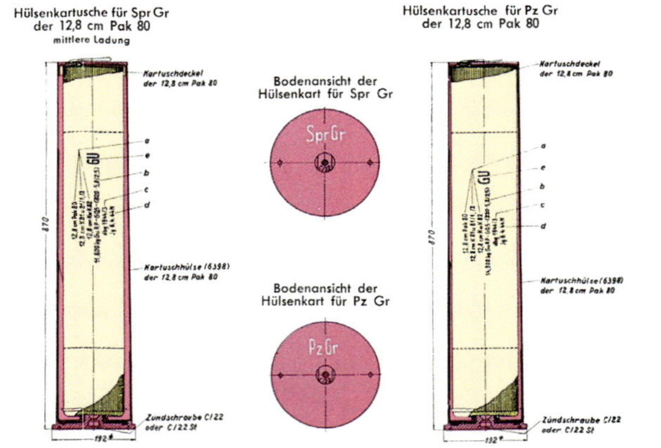

Die Hülsenkart für Spr Gr der 12,8 cm Pak 80 — mittlere Ladung — gilt auch für Spr Gr der 12,8 cm K 81, 81/1 u. 81/2.

Die Hülsenkart für Pz Gr der 12,8 cm Pak 80 ist gleichzeitig große Ladung für die Spr Gr.

Stellschlüssel f. Dopp Z S/90

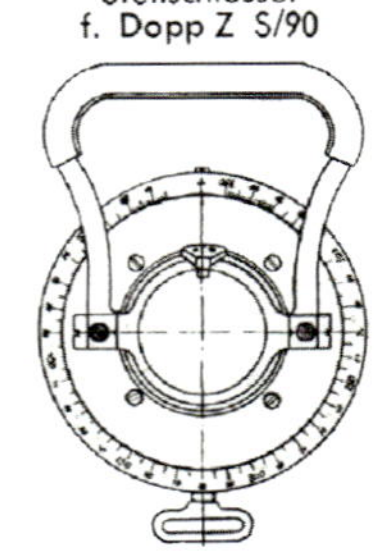

Doppelschlüssel f. Zdschr C/12 n A

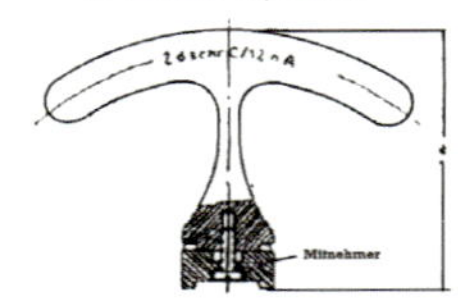

Stellschlüssel f. A Z 23

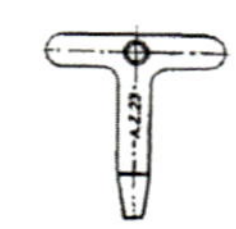

Verpackung und Verpackungsgewichte:

1 — Spr Gr Flak 40 (≈ 26 kg) im Geschoßkasten 128 Sprgr (≈ 3,30 kg) ≈ 29,30 kg

1 — Pz Gr (≈ 28,0 kg) im Geschoßkasten 128 Pzgr 43 (≈ 4,0 kg) ≈ 32,0 kg

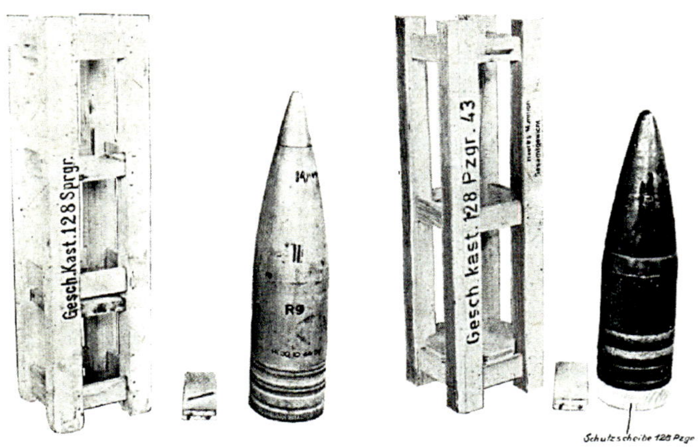

1 — Hülsenkart für Spr Gr (≈ 24,0 kg) im Kasten für Hülsenkart 12,8 cm Spr Gr, 12,8 cm Kw K 82 und Pak 80 (≈ 9,50 kg) ≈ 33,50 kg

1 — Hülsenkart für Pz Gr (≈ 27,0 kg) im Kasten für Hülsenkart 12,8 cm Pzgr 43, 12,8 cm Kw K 82 und Pak 80 (≈ 9,50 kg) ≈ 36,50 kg

1944 entstand die Schusstafel für die 12,8-cm-Panzerjägerkanone 80 (L/55) und der 12,8-cm-Kanone 81, K 81/1 und K 81/2 als Heeresdienstvorschrift H.Dv. 119/419. Darunter ist die Transportkiste für eine Hülsenkartusche der 12,8-cm-Panzergranate 43 für die Panzerjägerkanone 44 (Pjk 44) und die Kampfwagenkanone 44 (Kwk 44) abgebildet.

Für die Heeresartillerie besaßen die ballistisch günstigeren 12,8-cm-Sprenggranaten L/5 wegen ihrer größeren möglichen Rohrerhöhung einen deutlichen Vorteil. Da die schweren Panzerjäger »Jagdtiger« nicht im indirekten Schuss eingesetzt werden konnten, wurde die herkömmliche 12,8-cm-Sprenggranate L/4,5 als ausreichend angesehen. Eine Besonderheit war die Entwicklung und Erprobung einer Hohlladungsgranate, der 12,8-cm-Granatpatrone 39 Hohlladung (Hl/C). Die Hohlladungsgranate erreichte zwar eine Durchschlagsleistung von 130 mm auf 60° Schusswinkel *unabhängig* von der Schussentfernung, aber die geringe Anfangsgeschwindigkeit der Granate ergab eine schlechte Trefferwahrscheinlichkeit und eine geringere maximale Schussentfernung.
Die niedrige Anfangsgeschwindigkeit war dem Hohlladungs-Prinzip geschuldet, da mit einer hohen Anfangsgeschwindigkeit auch der Drall des Geschosses zunahm. Bei einer hohen Rotationsgeschwindigkeit des Geschosses wurde bei der Zündung der glühende Metall-Strahl (eine Art Stachel) aufgeweitet und die Wirkung und die Durchschlagsleistung verschlechterten sich. Aus diesem Grund verwendete man dieses Prinzip am erfolgreichsten bei Glattrohr-Kanonen, wo das Geschoss ein Leitwerk besaß. Eine Verwendung der Hohlladungsgranate bei der 12,8-cm-Kanone wurde wegen des geringen Leistungsgewinns verworfen.
Eine weitere Patronenausführung entstand Ende 1941 für die Verwendung der geplanten 12,8-cm-Kampfwagenkanone des schweren Panzerkampfwagens VK 7001, auch bekannt unter dem Namen »Löwe«. Die Granattypen entsprachen der schon bekannten Sprenggranate L/4,5 und der Panzergranate L/3,9. Die entstandenen zwei Entwürfe unterschieden sich in den Abmessungen der Patronenhülse, deren Vor- und Nachteile schon im Text zuvor verglichen worden sind.

Als Sondergeschoss für die 12,8-cm-Kampfwagen- und Panzerjägerkanone forderte Hitler von Anfang an eine Treibspiegel-Panzergranate. Dieses Prinzip der Leistungssteigerung war schon lange bekannt. Das relativ leichte, kalibergleiche Geschoss erhielt durch seine geringe Querschnittsbelastung eine hohe Anfangsgeschwindigkeit. Nach Verlassen des Rohres bekam das relativ schwere Kerngeschoss eine hohe Querschnittsbelastung, so dass der Geschwindigkeitsabfall geringer ausfiel als bei einem Vollgeschoss. Das Resultat ergab, wie bei den Flugabwehrgranaten schon geschildert, bei Sprenggeschossen eine größere Schussweite bzw. eine kürzere Flugzeit, bei Panzergeschossen erreichte man auf kürzeren Entfernungen eine höhere Endgeschwindigkeit.
Der Treibspiegel gewährleistete den gasdichten Abschluss im Rohr und übertrug die Drallkräfte auf das Geschoss. Dieser musste verdrehsicher mit dem Unterkalibergeschoss verbunden sein, der beim Transport durch eine Sicherung am Treibspiegel gehalten wurde. Der Stützring verhinderte das Pendeln des Unterkalibergeschosses im Rohr. Beide Teile wurden nach dem Verlassen des Rohres abgeworfen. Dieses Abwerfen war auch bei der Panzergranate der große Nachteil dieser Bauart, da dadurch eine Gefährdung der eigenen Truppen entstand.
Die Masse des Treibspiegels und des Stützringes sollte möglichst gering sein und bestand daher oft aus Kunststoff oder Leichtmetall, der Stützring sogar aus Holz. Beide Teile sollten sich zuverlässig vom Unterkalibergeschoss trennen, ohne dessen Flugbahn zu beeinflussen.
Die Treibspiegelgranaten waren zur damaligen Zeit nicht mündungsbremssicher. Deshalb erhielt die 12,8-cm-Panzerjäger- und Kampfwagenkanone nie eine Mündungsbremse. Gefordert wurde ein Treibspiegelgeschoss von 12 bis 14 kg

12,8 cm KwK 44 (Maus)

12,8 cm GrPatr 39 (Hl)

Masse, Geschoss-	19,5 kg
Masse, Hülse-	12,9 kg
Masse, Treibladung-	4,0 kg
Masse, Gesamt-	38,4 kg
V_o	600 m/s

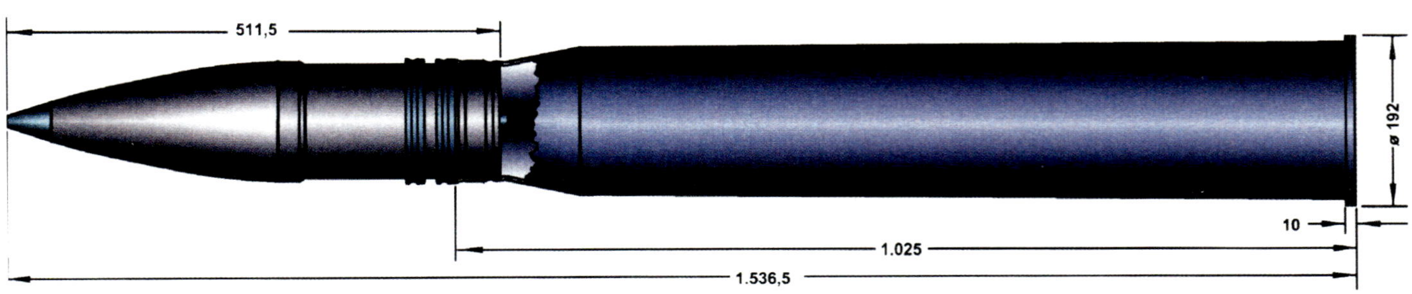

Die 12,8-cm-Hohlladungsgranate als Patronenausführung für die Kampfwagenkanone 44 der »Maus«.

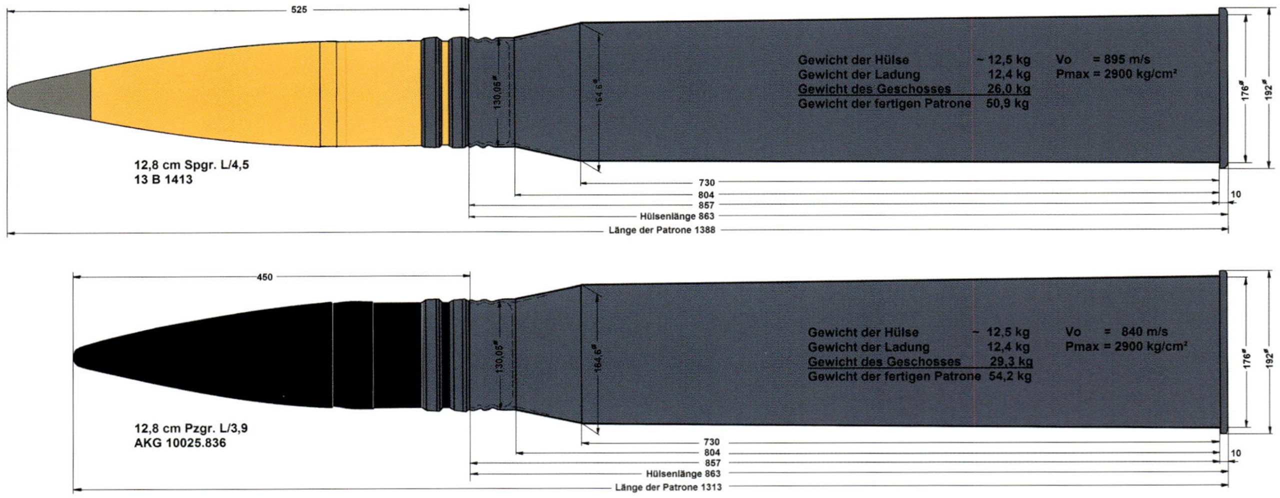

12,8 cm für VK 7001
4 AKH 2627

Entwurf 1
22.12.1941

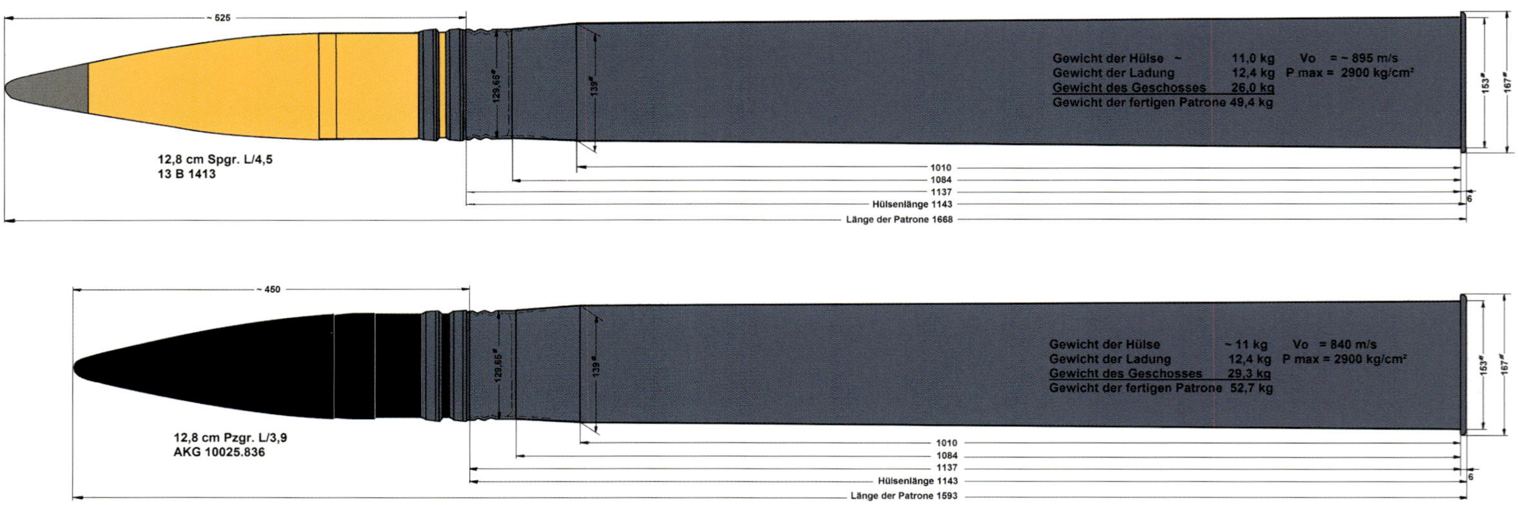

12,8 cm für VK 7001
4 AKH 2626

Entwurf 2
20.12.1941

Die 12,8-cm-Munition des »Löwe«.

Gewicht, das mit einer Anfangsgeschwindigkeit von 1260 m/s bis zu 225 mm Panzerstahl auf 1000 m Entfernung durchschlagen konnte. Es entstanden, wie schon bei der 12,8-cm-Flugabwehrkanone 40, verschiedene Unterkaliber, die auf schon vorhandenen Granattypen aufbauten.

Auf Hitlers Weisung hin sollte neben der vollkalibrigen 12,8-cm-Panzergranate 40 zusätzlich eine 12,8-cm-Panzergranate 40 (HK) mit Treibspiegel, also eine Unterkaliber- bzw. Treibspiegelgranate, entwickelt und erprobt werden. Diese 12,8-cm-Granate hatte als Unterkaliber die 8,8-cm-Panzergranate 40 als Basis. Diese Granate besaß einen unterkalibrigen Hartmetallkern. Beim Aufschlag blieb der Geschossmantel in der Panzerplatte stecken und der Hartkern durchschlug bei einer Anfangsgeschwindigkeit von 1260 m/s eine Panzerplatte von 250 mm auf eine Entfernung von 1000 m mit Hilfe der sehr hohen kinetischen Energie.

Da der fast 2 kg schwere Hartmetallkern aus dem »Mangelmaterial« Wolfram bestand, unternahm das Heereswaffenamt auch Versuche mit zähharten Stahlkernen (Wolframanteil betrug etwa 20 %) unter der Bezeichnung Panzergranate 40 (W-weich). Zu der 12,8/8,8-cm-Panzergranate 40 mit Treibspiegel stellte Wa Prüf 1 fest, dass man die Entwicklung noch nicht abschließen konnte, da ein völlig einwandfreies Funktionieren des Treibspiegels noch nicht sicherzustellen war.

Eine weit wirkungsvollere Ausweichlösung sah man im Uran. Beim Anreichern von Uran zur Weiterverwendung entstand als Abfallprodukt das sogenannte »abgereicherte Uran«. Dieses Material besaß eine sehr hohe Dichte von etwa 19,2 g/cm^3, Stahl dagegen hatte nur eine Dichte von 7,85 g/cm^3. Was lag also näher, als dieses Material als Ersatz für das teurere und seltene Wolframcarbit, deren Dichte etwa 16 g/cm^3 betrug, zu verwenden. Auch eine Legierung des abgereicherten Urans mit anderen Metallen war eine Möglichkeit des Einsatzes als Hartkern. Am 5. August 1943 erfolgte in einem »Führerbefehl« die sofortige »starke Intensivierung der Uranverarbeitung für Hartkern-Geschosse«. Unbekannterweise gab es keine erfolgreichen Resultate, obwohl Deutschland bereits ausreichend angereichertes Uran produziert hatte. [43]

Daher stellte das Heereswaffenamt 1944 die Versuche mit 12,8-cm-Hartkern-Granaten ein und beschränkte sich auf die herkömmlichen Unterkaliber-Panzergranaten. Bei der Firma Krupp entstanden Treibspiegel-Granaten mit einem Kaliber von 12,8/6,5-cm bzw. 12,8/7,5-cm, bei dem sich die Wirkung und die Flugeigenschaften auf Grund ihres niedrigen Gewichtes als zu gering herausgestellt hatten. Am 13. September 1943 hatte Krupp den Entwicklungsauftrag für eine 12,8/10,5-cm-Treibspiegelgranate erhalten, die vor allem in punkto Flugstabilität ihre Vorteile hatte. Bei der 12,8/10,5-cm-Treibspiegelgranate waren der näpfchenartige Treibspiegel über eine Blechhülle mit dem Stützring verbunden. Damit ergab sich mit der aerodynamisch günstigeren Form die Möglichkeit, den eigenständigen Flug des Treibspiegels samt Stützring zu verlängern und so die eigenen Truppen durch die abfallenden Teile nicht zu gefährden.

[43] RH8/854.

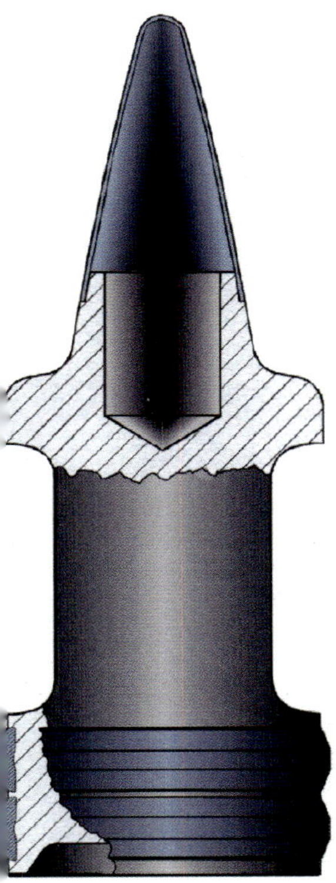

Anschuss-Geschoss
12,8/8,8 cm Pzgr. TS
Zeichnung Z 1 IV 8802

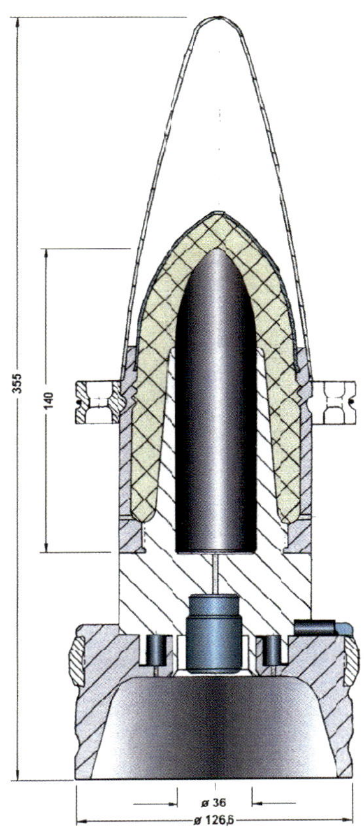

12,8/8,8 cm Pzgr.(HK) TS
Zeichnung KMG 6338/7.5.1943
Gesamtmasse ~ 11,1 kg
Flugmasse ~ 9,8 kg

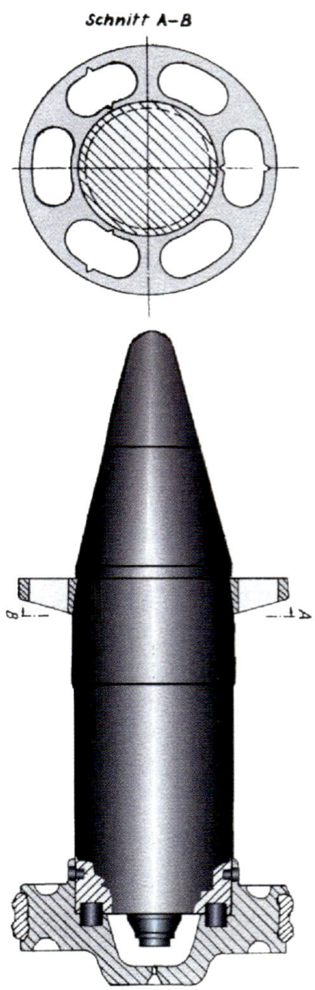

12,8/7,5 cm Pzgr. TS
Zeichnung KMG 6404/6.4.1944
Gesamtgewicht ~ 9,85 kg
Fluggewicht ~ 6,8 kg

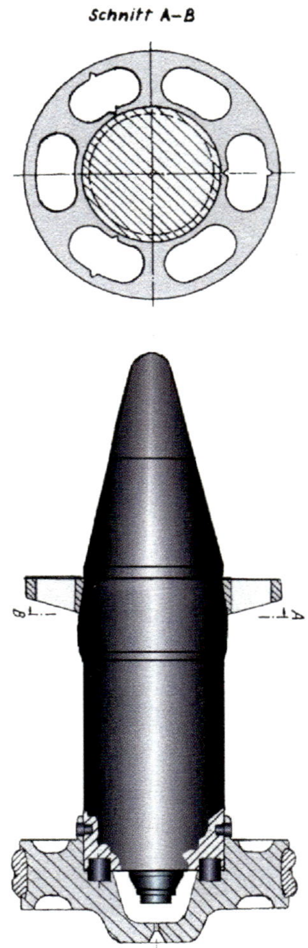

12,8/6,5 cm Pzgr. TS
Zeichnung KMG 6405/6.4.1944
Gesamtgewicht ~ 7,45 kg
Fluggewicht ~ 4,4 kg

Dennoch besaß das Unterkaliber von 8,8-cm das größte Potenzial. Die Firma Krupp hatte eine mehr als 20-prozentige Leistungssteigerung errechnet. Bei der 12,8/8,8-cm Treibspiegelgranate entstanden ein- und dreiteilige Treibspiegel, die über sogenannte Scherstifte mit der konventionellen 8,8-cm-Panzergranate 39 verbunden waren. Bei dem dreiteiligen Treibspiegel wurden die drei Segmente untereinander ebenfalls mithilfe von Scherstiften verbunden. Den dreiteiligen Stützring hielten dagegen drei- bis vier Windungen von verlötetem Draht zusammen. Diese Treibspiegel-Panzergranaten wurden in der 12,8-cm-Kampfwagenkanone 44 mehrfach erprobt, wobei die 14,52 kg schwere Granate mit dem dreiteiligen Treibspiegel und dem dreiteiligen Stützring die besten Trefferbilder zeigte. So lag bei einem Schießen am

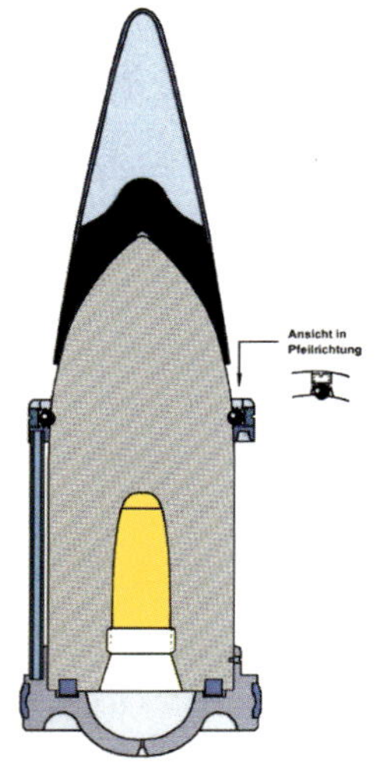

12,8/10,5 cm Pzgr. TS
Zeichnung 3 GA 21271
Gewicht ~ 18,5 kg

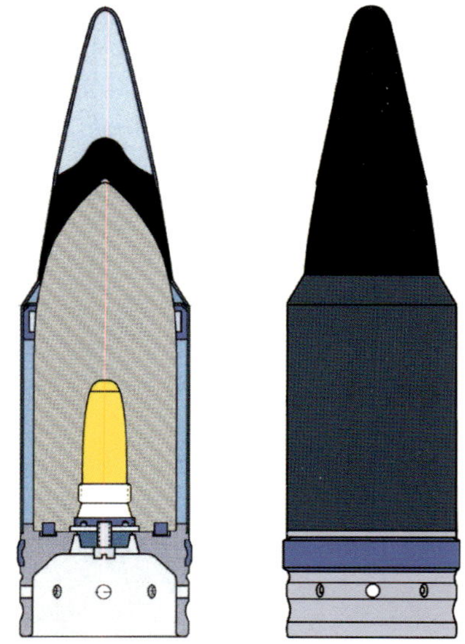

12,8/10,5 cm Pzgr. TS
Zeichnung KMG 6307
Gewicht ~ 22,5 kg

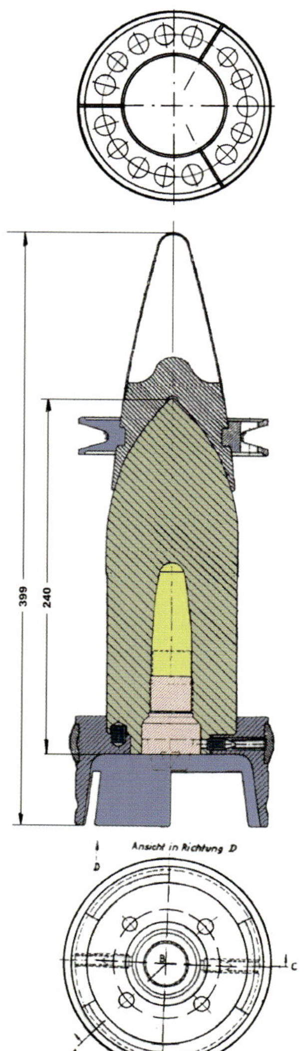

12,8/8,8 cm Pzgr.TS
Zeichnung Z 1 IV 8029
vom 29.1.1943
Gesamtgewicht ~ 13,0 kg
Fluggewicht ~ 10,2 kg

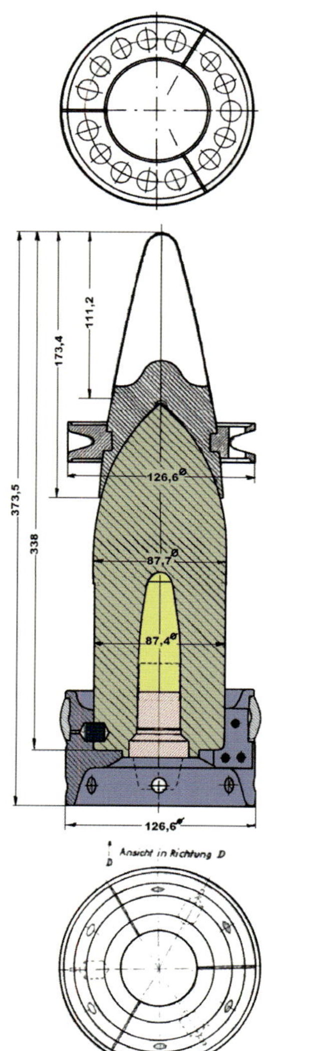

12,8/8,8 cm Pzgr.TS
Zeichnung Z 1 IV 7623
vom 12.6.1943
Gesamtgewicht ~ 14,5 kg
Fluggewicht ~ 9,8 kg

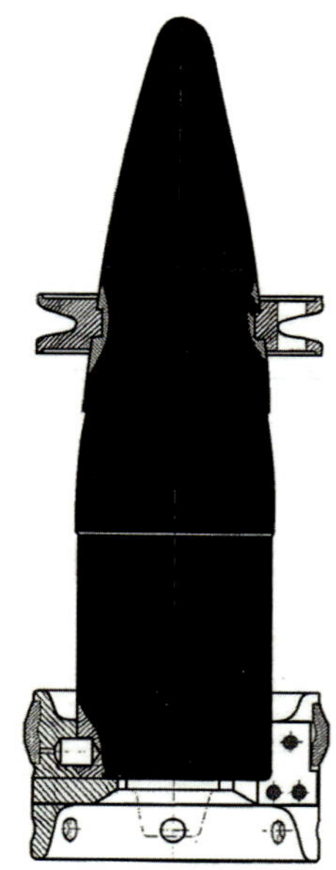

12,8/8,8 cm Pzgr. TS
Zeichnung 3AKG 10900-395
(Z1 IV 7623) Außenform
Treibspiegel und Tragring
3 - teilig

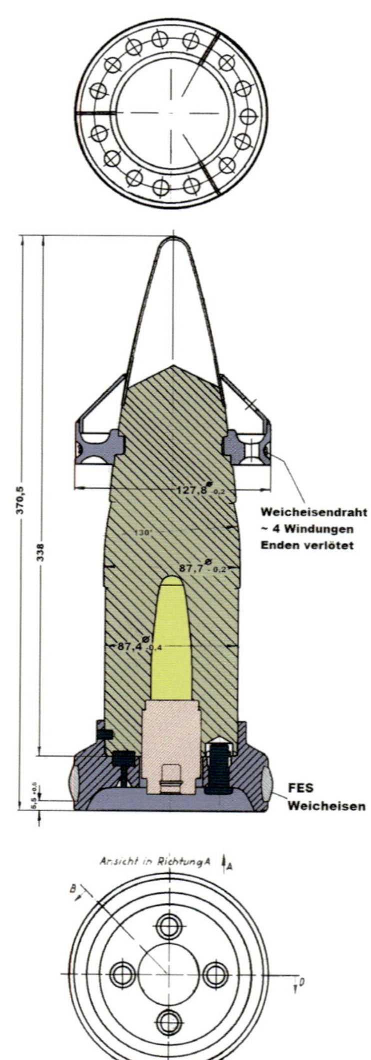

12,8/8,8 cm Pzgr.TS
Zeichnung Z 2 H 1668
vom 6.11.1944
(TS mit Scherenstiften)
Treibspiegel 1 - teilig

30. April 1944 die Streuung (50 %) auf 1200 m Schussentfernung auf einer Fläche von 0,49 m x 0,22 m. Für den einteiligen Treibspiegel ergab sich dagegen eine Streuung bei gleicher Entfernung auf eine Fläche von 1 m x 1 m. Die erreichte Anfangsgeschwindigkeit der Granaten betrug bei beiden Ausführungen rund 1210 m/s. Bei einer Schussweite von 3200 Meter ergab sich eine Streuung auf die Fläche von 2,5 m x 1,5 m.

Zum Einsatz gelangten die Treibspiegel-Panzergranaten dennoch nicht, die Durchschlagsleistung der 12,8-cm-Vollkaliber-Panzergranate war gegen die feindlichen Panzer mehr als ausreichend. Dies zeigte die »Gegenüberstellung deutscher Panzer gegen Feindpanzer« (s. Tabelle) anschaulich.

Als eine Sondergranate gelangte nur noch das 12,8-cm-Leuchtgeschoss in die praktische Erprobung auf dem Krupp-Schießplatz Meppen. Davon gab es eine Ausführung A mit 60 Sekunden Leuchtdauer und eine Ausführung B für 90 Sekunden sowie ein Ersatz-Leuchtgeschoss. Die Ausführung A wog 25 kg und die Ausführung B besaß 30 kg Gesamtgewicht. Das mit grüner Farbe gezeichnete Geschoss verfügte über ein Leitwerk und verwendete den Zeitzünder S/30. Um die Leuchtzeit auch effektiv auszunutzen, schwebte der gezündete Leuchtsatz an einem Fallschirm langsam zu Boden. Da das Leuchtgeschoss eine bestimmte Steighöhe benötigte, war es wegen der größeren möglichen Rohrerhöhung nur für die 12,8-cm-Kanone 81 sinnvoll.

Geheime Kommandosache

Wa Prüf (BuW) 1/W

O.U., den 5.10.1944

Anlage 3, Blatt 6

Jagd-Tiger

Gegenüberstellung deutscher Panzer gegen Feindpanzer

Panzerteil		Jagd-Tiger durchschlägt T 34-85 bis ... m	T 34-85 durchschlägt Jagd-Tiger bis ... m	Jagd-Tiger durchschlägt K W 85 bis ... m	K W 85 durchschlägt Jagd-Tiger bis ... m	Jagd-Tiger durchschlägt J S 122 bis ... m	J S 122 durchschlägt Jagd-Tiger bis ... m	Jagd-Tiger durchschlägt Cromwell bis ... m	Cromwell durchschlägt Jagd-Tiger bis ... m	Jagd-Tiger durchschlägt Churchill bis ... m	Churchill durchschlägt Jagd-Tiger bis ... m
Front	Turm	über 3 500	0	über 3 500	0	über 3 500	0	über 3 500	0	über 3 500	0
	Waffenblende	über 3 500	0	über 3 500	0	über 3 500	0	über 3 500	0	über 3 500	0
	Fahrerfront	über 3 500	0	über 3 500	0	über 3 500	0	über 3 500	0	über 3 500	0
	Bug	über 3 500	0	über 3 500	0	über 3 500	0	über 3 500	0	über 3 500	0
Seite	Turm	über 3 500	-	über 3 500	-	über 3 500	-	über 3 500	-	über 3 500	-
	Aufbau	über 3 500	600	über 3 500	600	über 3 500	1 500	über 3 500	0	über 3 500	0
	Wanne	über 3 500	1 600	über 3 500	1 600	über 3 500	2 900	über 3 500	100	über 3 500	100
Heck	Turm	über 3 500	-	über 3 500	-	über 3 500	-	über 3 500	-	über 3 500	-
	Ob. Heckpl.	über 3 500	1 500	über 3 500	1 500	über 3 500	2 700	über 3 500	100	über 3 500	100
	Unt. Heckpl.	über 3 500	100	über 3 500	100	über 3 500	900	über 3 500	0	über 3 500	0

Panzerteil		Jagd-Tiger durchschlägt Sherman (A2) bis ... m	Sherman (A2) durchschlägt Jagd-Tiger bis ... m	Jagd-Tiger durchschlägt Sherman (A4) bis ... m	Sherman (A4) durchschlägt Jagd-Tiger bis ... m
Front	Turm	über 3 500	0	über 3 500	0
	Waffenblende	über 3 500	0	über 3 500	0
	Fahrerfront	über 3 500	0	über 3 500	0
	Bug	über 3 500	0	über 3 500	0
Seite	Turm	über 3 500	-	über 3 500	-
	Aufbau	über 3 500	0	über 3 500	900
	Wanne	über 3 500	100	über 3 500	1 800
Heck	Turm	über 3 500	-	über 3 500	-
	Ob. Heckpl.	über 3 500	100	über 3 500	1 700
	Unt. Heckpl.	über 3 500	0	über 3 500	500

Bemerkungen:
Durchschlagsangaben sind berechnet für Seitenwinkel 60°.

Gegenüberstellung bei Frontbeschuß
(bildliche Darstellung)

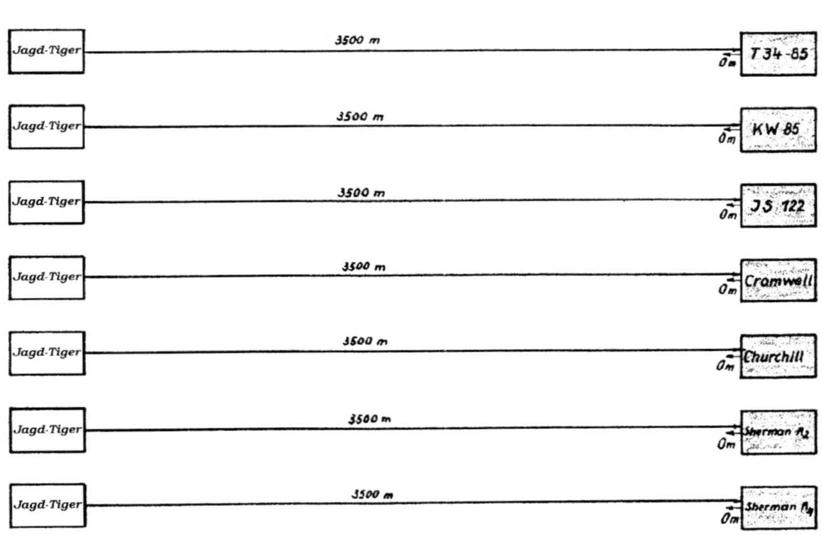

Vergleich des »Jagdtigers« mit gegnerischen Panzern.

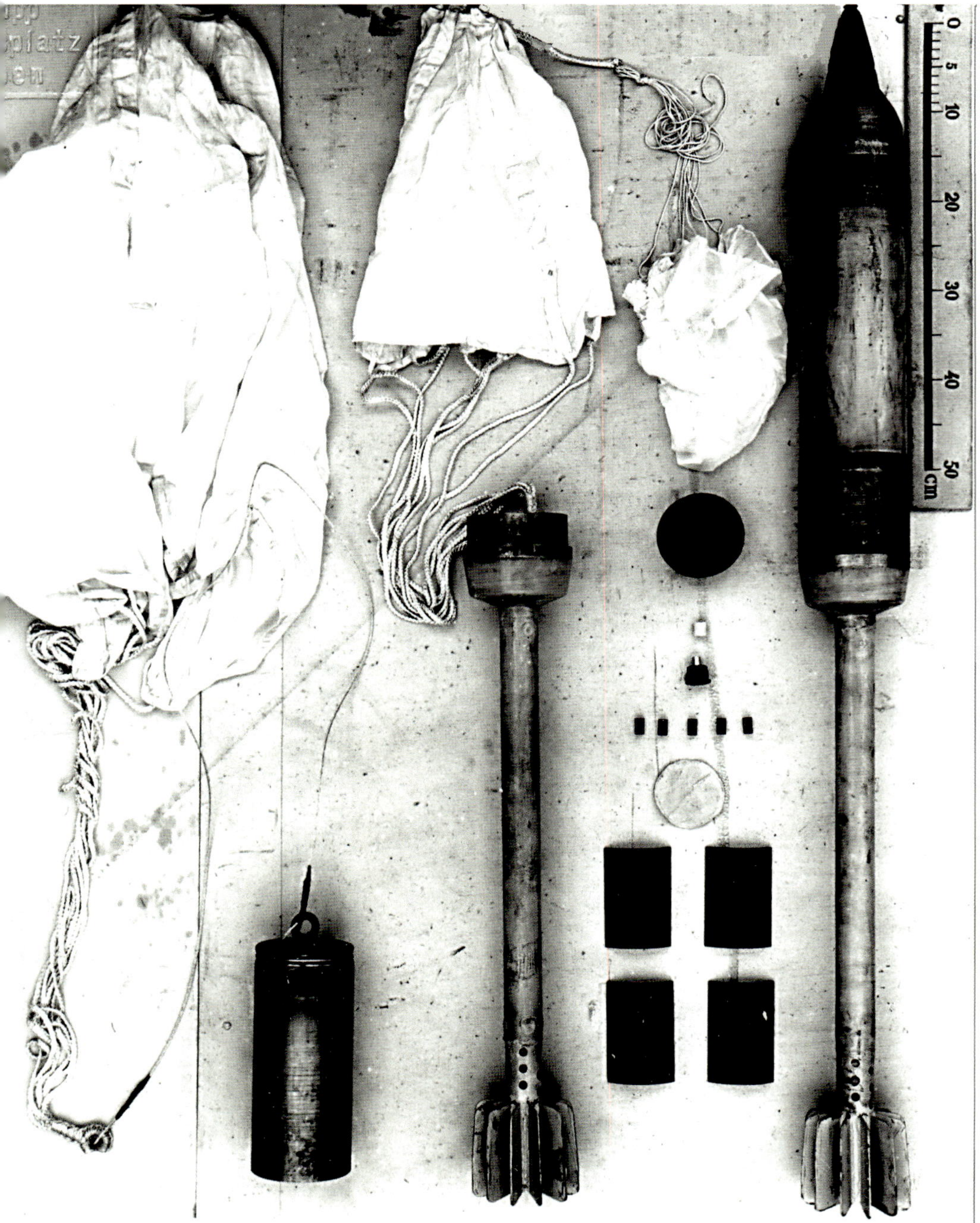

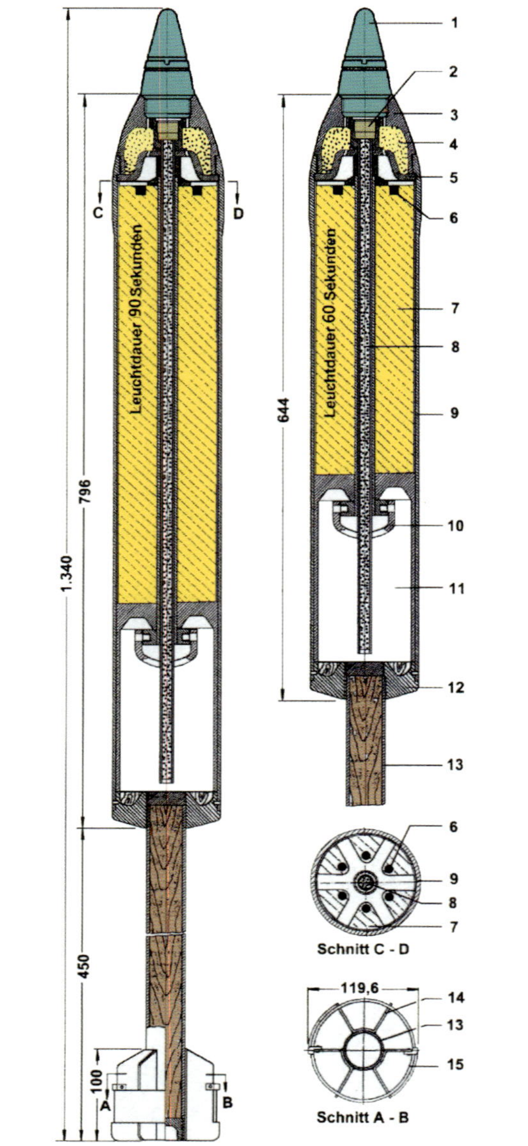

12,8-cm-Leuchtgranate.

Ergänzend zum Thema »12,8-cm-Munition« muss noch die Sprengpatrone Z 120 erwähnt werden. Diese Sprengpatronen verwendete die Bedienung zum Zerstören von Geschütz- und Werferrohren und befanden sich in allen Einheiten der Wehrmacht. Die Größe hing vom Kaliber der Waffe ab. Für das 12,8-cm-Geschütz erfolgte der Einsatz der Sprengpatrone Z 120.

Die Ladung wurde nicht nur zum Zerstören der Kanonenrohre eingesetzt, sondern auch zum Zerstören der Motoren der ausgefallenen Fahrzeuge. Die Sprengpatrone zündete die Besatzung mit Hilfe des Sprengkapselzünders 100. Dieser Zünder bestand aus dem Zündhalter mit eingesetzter Sprengkapsel, der Zeitzündschnur S 100 (100 Sekunden Brenndauer) und dem Zündschnuranzünder 39. Wie aus der Ausrüstungsliste des »Jagdtigers« ersichtlich, gehörten zwei Zerstörer-Ladungen zur Ausstattung des schweren Panzerjägers.

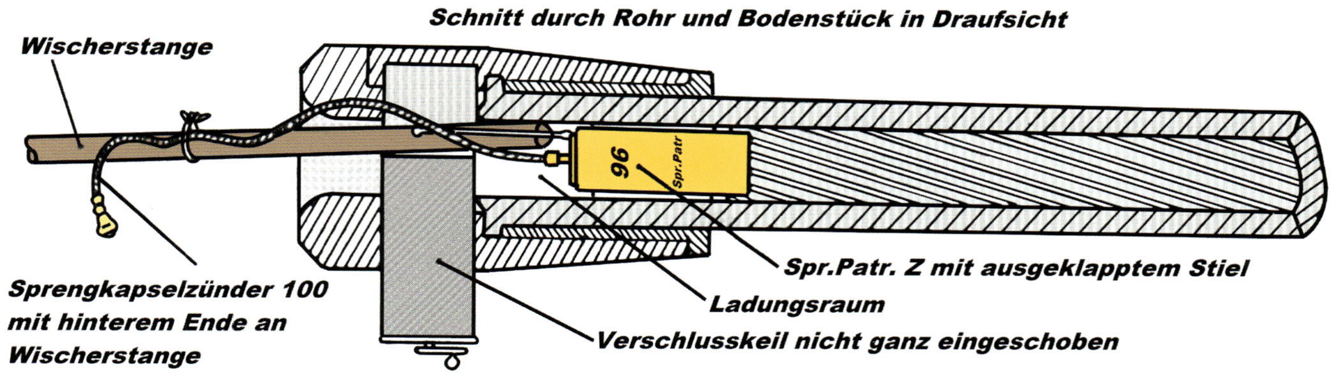

Z-Ladung.

Der Antrieb

Der Maybach-Motor HL 230 P 45 im »Jagdtiger«

Der neue Motor sollte sehr kompakt sein und eine Leistung von 600 bis 700 PS erbringen. Dies war die doppelte Leistung seines Vorgängers. Der 12-Zylinder-Maybach-Benzin-Motor HL 230 entstand aus dem 12-Zylinder-Motor-HL 210 des Panzers V und VI. Dieser 650-PS-HL 210 entstand auf Basis des 300 PS starken, etwa gleichgroßen 12-Zylinder-Motors HL 120, dem Standardmotor der Panzer III und IV sowie der 18-t-Halbketten-Zugmaschine. Da der Motor für den »Panther« und für den »Tiger« unterschiedliche Anbauteile besaß, unterschieden sich die Versionen in der Bezeichnung. So nannte sich der Motor des »Panthers« HL 210- bzw. 230 P 30 und des »Tigers« HL 210- bzw. 230 P 45. Es war jedoch eine Umrüstung in die jeweilige andere Version möglich. Vom HL 210 wurde nur eine kleine Serie gefertigt. Der Nachfolger HL 230 besaß statt des Leichtmetall-Zylinderblocks einen Motorblock aus Grauguss und hatte dadurch ein um 250 kg höheres Gewicht. Er besaß die bewährte, platzsparende und rollengelagerte Scheibenkurbelwelle des Vorgängers.

Die Kurbelwelle war in einer späteren Version, wie sie beim »Jagdtiger« zum Einsatz kam, achtfach rollengelagert. Die Abmessungen des Motors betrugen in der Länge 1,31 m, in der Breite 1,00 m und in der Höhe 1,19 m. Dies entsprach einem Bau-Volumen von ca. 1,56 m³. Um weiter an Baulänge zu sparen, saß der Pleuel der V-förmig gegenüberliegenden Zylinder nicht nebeneinander am Hubzapfen der Kurbelwelle, sondern es entstand ein Gabel- und ein Innenpleuel. Der gabelförmige Hauptpleuel stützte sich über die ganze Länge auf dem Hubzapfen ab. Dabei wurde der Innenpleuel gabelförmig vom Hauptpleuel umfasst. Der Innenpleuel stützte sich auf dem Gabelpleuellager ab und beide Pleuel hatten eine gemeinsame Lagerschale.

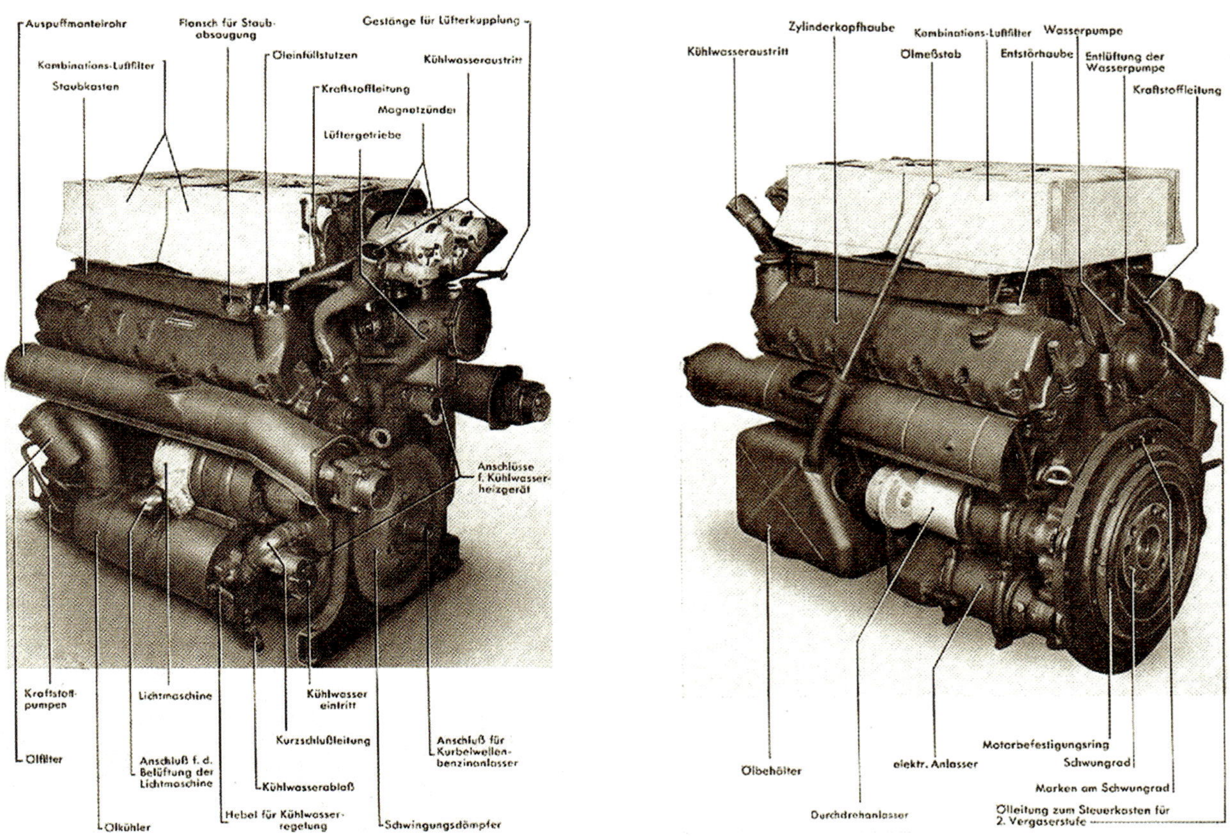

Maybach-Motor HL 230.

Kurbeltrieb.

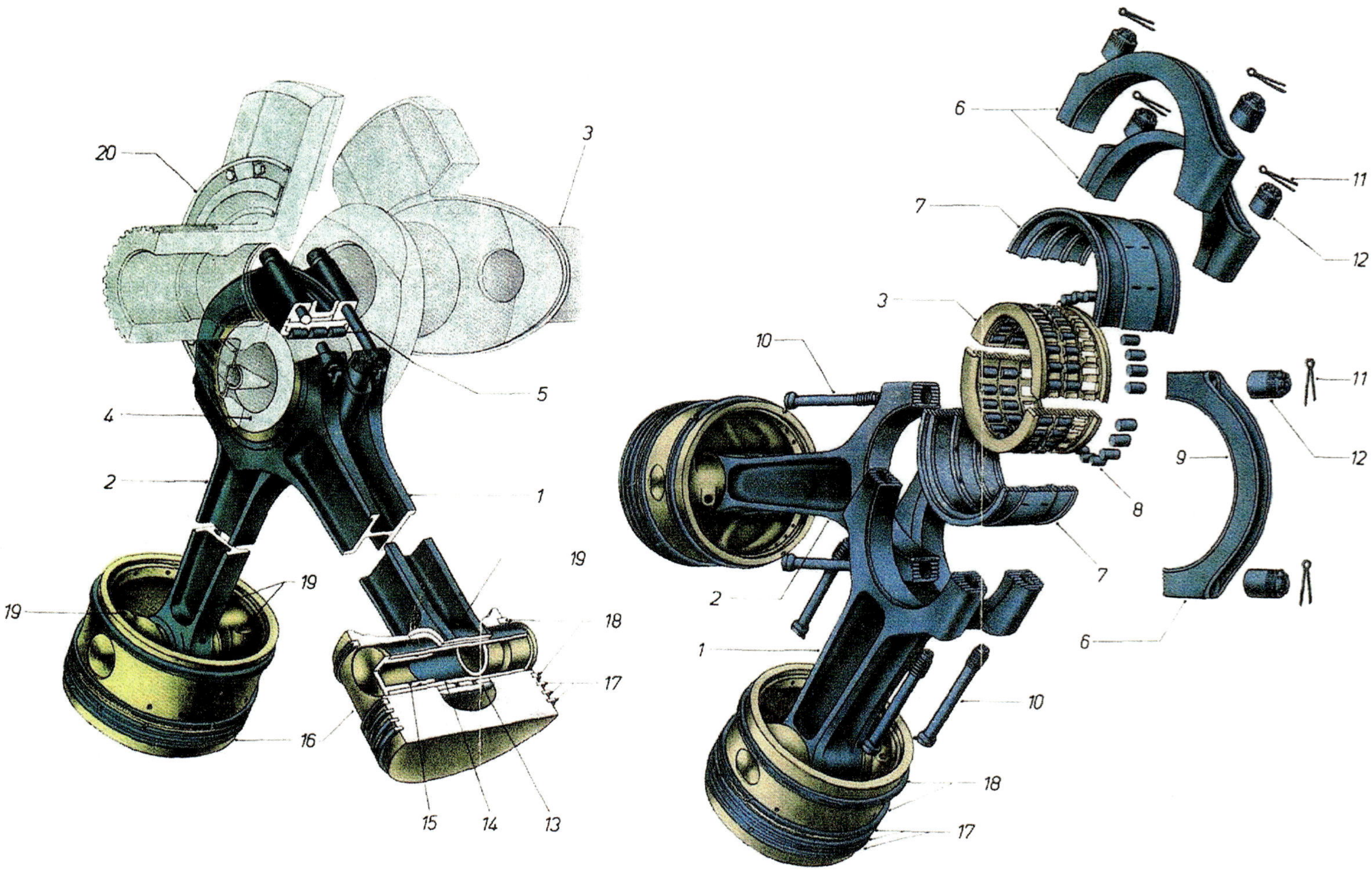

1 Aussenpleuel	5 Rollenlager	9 Gleitlagerschalen	13 Kolbenbolzenauge	17 Kolbenringe
2 Innenpleuel	6 Lagerdeckel	10 Kopfschrauben	14 Kolbenbolzen	18 Ölabstreifringe
3 Kurbelwelle	7 Stahlbüchse	11 Splinte	15 Pilze	19 Schmierstoffbohrungen
4 Hubzapfen	8 Flugrollen	12 Kerbmutter	16 Topfkolben	20 Ölfangringe

Dass das Prinzip des Gabelpleuels nicht neu war und zum Beispiel schon lange bei der Firma Daimler Benz im Flugzeugmotorenbau verwendet wurde, zeigt die Zeichnung der Pleuellagerung des Flugmotors Typ DB 603. Von diesem Motor gab es zwei Varianten, einmal mit Rollenlager und einmal mit Lagerschalen. Der Schnellboot-Dieselmotor MB 507 entsprach dem Flugmotor DB 603 im Kurbeltrieb und in den Abmessungen, nur dass der Motor MB 507 kein hängender, sondern ein stehender Motor war.

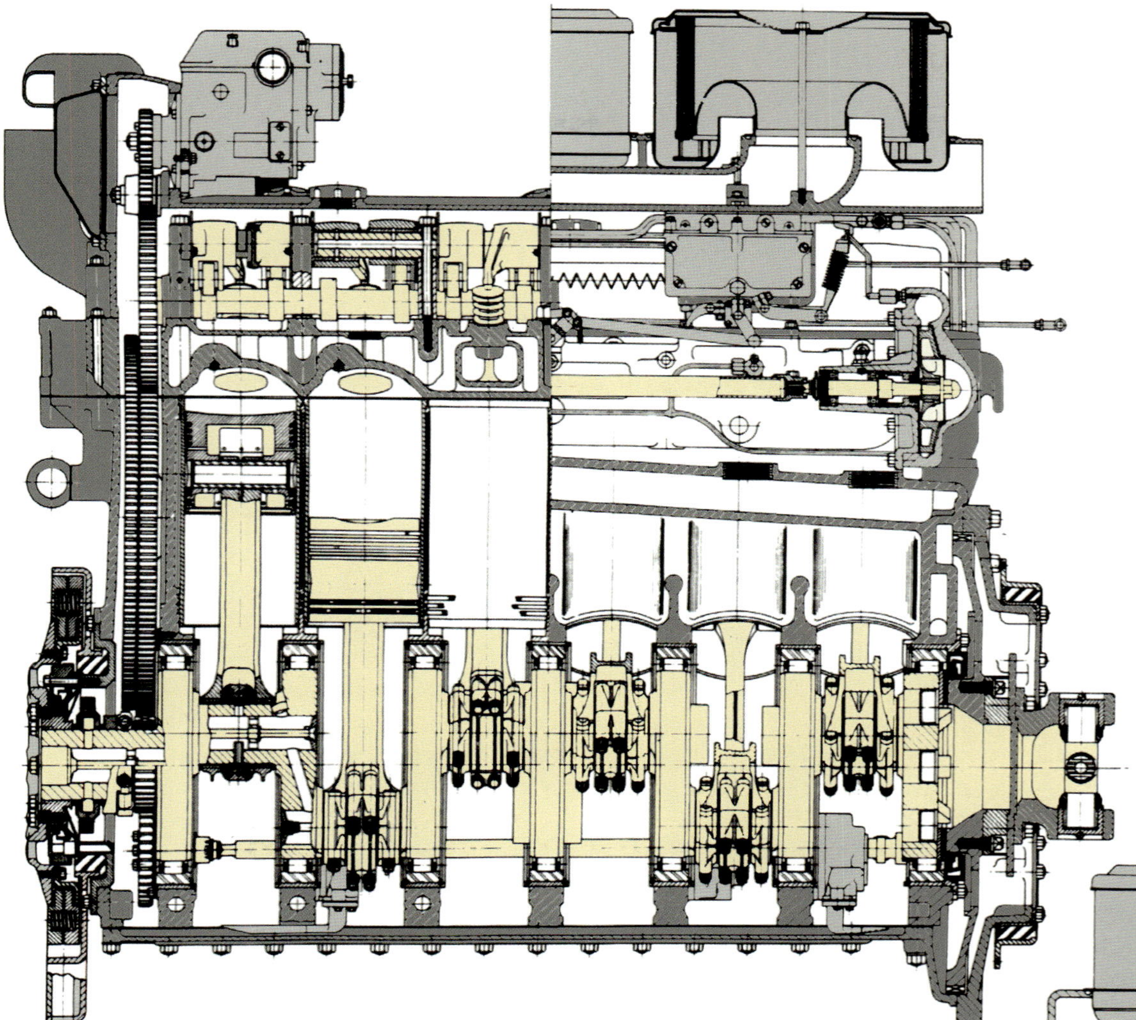

Der Maybach-Motor HL 230 im Querschnitt.

Dadurch konnte der sogenannte Zylindersprung/Bohrung (Abstand Kolbenachse zur Kolbenachse) mit 1,092 gegenüber dem Maybach-Motor HL 120 mit 1,133 sehr gering gehalten werden. Das Motorgehäuse wurde als sogenanntes »Tunnelgehäuse« gestaltet. Der Vorteil dieser ungeteilten Kurbelgehäuse lag nicht nur in den ausgeschlossenen Undichtigkeiten der Verbindung, sondern es erleichterte auch die Herstellung und das Gehäuse besaß dadurch eine hohe Steifigkeit.

Die wichtigsten technischen Daten des Maybach-Motors HL 230:

Hubraum	23,09 dm^3
Bohrung/Hub	130/145 mm
Höchstleistung	700 PS (515 kW) bei 3000 U/min
Dauerleistung	600 PS bei 2500 U/min
mittlere Kolbengeschwindigkeit	14,5 m/s
maximaler Drehmoment	1850 Nm bei 2100 U/min.

Um die Lebensdauer der empfindlichen Motoren zu erhöhen, ging man in der Praxis dazu über, die Motorleistung auf 600 PS bei 2500 U/min zu begrenzen. Dadurch fuhren sich die 75-t-schweren Fahrzeuge noch schwerfälliger. Den Kraftstoffverbrauch gab die Dienstvorschrift mit 800 Liter auf 100 km Straße und 1100 Liter auf 100 km im mittleren Gelände an. Die verwendete geringe Oktanzahl des Wehrmachtskraftstoffes ließ nur eine Verdichtung von 6,8: 1 zu.

Das Motorgewicht mit 1,3 t ergab eine Leistungsmasse von 2,52 kg/kW. Der Motor besaß nasse Zylinder-Laufbüchsen aus geschleudertem Grauguss, die leicht ausgewechselt werden konnten. Die Kolben bestanden aus geschmiedetem Leichtmetall. Um die hohen Temperaturen besser ableiten zu können, hatte man zur besseren Kühlung die Auslassventile hohl gebohrt und mit Natriumsalz gefüllt.

Wie bei allen deutschen Panzerkampfwagen verwendete man für die Motorschmierung die neigungs-unempfindliche und niedrig bauende Trockensumpfschmierung. Um bei einem so großvolumigen Motor eine gute Gemischbildung zu gewährleisten, leistete Maybach viel Entwicklungsarbeit für den zweistufigen Fallstrom-Vergaser. Der Maybach-Motor-HL 230 hatte vier zweistufige Solex 52 JFF II D Doppel-Fallstrom-Geländevergaser.

Die erste Stufe lieferte die Gemisch-Grundmenge für die niedrigen Drehzahlen, im oberen Lastbereich öffnete automatisch über einen Regler die zweite Stufe. Gegen Überdrehzahlen gab es einen Fliehkraftregler, ein Sicherheitsschalter sorgte bei Öldruckabfall für das Abschalten der Zündung sowie später ein öldruckbelastetes Ventil für die Abschaltung des Kraftstoffzuflusses. Damit konnten die anfänglich auftretenden Kraftstoffschläge im Verbrennungsraum durch zu voll gefüllte Kraftstofftanks vermieden werden.

Die Maybach-Motoren-HL 230 schickte die Heeresführung ohne ausreichende Erprobung in den Einsatz, so dass es nicht verwundern musste, dass diese sensiblen Hochleistungsmotoren für Probleme sorgten. Neben Ölundichtheiten an der Kurbelwelle und dem Lüftergetriebe entstanden vor allem Lagerschäden an den Pleuel. Die mit Bleibronze ausgegossenen Gabelpleuellager waren anfangs starken Qualitätsschwankungen unterworfen, die erst nach scharfen Fertigungs- und Qualitätskontrollen bei den herstellenden Firmen in den Griff bekommen wurden.

So zeigte sich am Beispiel des schon erwähnten Untersuchungsberichtes vom 16. Januar 1945 an den Generalinspektor der Panzertruppen, dass von den zehn liegengebliebenen »Jagdtiger« vom 30. Dezember 1944 allein vier Fahrzeuge (km-Stand: ca. 200 km) mit Motorschäden auf der Strecke liegen blieben. Das zusätzlich eingebaute achte Hauptlager nach dem Schwingungsdämpfer brachte wenig Abhilfe. Ein weiterer Schritt beinhaltete die Vergrößerung des Ölvorrats, da die vorhandenen 25 Liter Motoröl nicht ausreichten, um bei einem Ölumlauf von 96 Liter pro Minute das erhitzte Öl ausreichend zu kühlen und ein Aufschäumen zu verhindern.

Ein weiteres Problem für die Lebensdauer der Maybach-Motoren sahen die Konstrukteure im minderwertigen »Wehrmachts-Einheitsmotorenöl«, dessen wasserähnliche Viskosität eine schlecht schmierende Wirkung besaß. Dieses Problem konnte wegen der Rohstofflage im Reich nicht gelöst werden. Jedoch erreichte man mit einer optimierten Filterung des Öles sowie einer verbesserten Qualität der Montage eine höhere Standfestigkeit. Letztendlich war der Maybach-Motor HL 230 mit seinen 700 PS schlicht und einfach überfordert, das 75-t-Gewicht des »Jagdtigers« unter allen Bedingungen zu bewegen.

Als notwendigen Weg aus dieser Misere wurde die Möglichkeit einer Leistungssteigerung überprüft. Da der Einbauraum im Fahrzeug aber unverändert bleiben sollte, konnte der Maybach-Motor auch nicht mehr hubraummäßig vergrößert werden. Die mittlere Kolbengeschwindigkeit von 14,5 m/s ließ eine Drehzahlerhöhung nicht zu. Der alleinige Weg war die Leistungssteigerung mittels einer effektiveren Literleistung. Diese Erfahrung gab es schon beim Flugzeugmotorenbau. Dort wurde die Benzineinspritzung und die Motoraufladung schon erfolgreich eingesetzt.

Deshalb verfolgte die Firma Maybach zwei Projekte:

- der HL 232, ein mechanisch aufgeladener Motor mit Benzineinspritzung.
- der HL 234, ein Saugmotor mit Benzineinspritzung.

Diese Benzineinspritzung erfolgte ähnlich der Dieseleinspritzung mit Hilfe einer Hochdruckeinspritzung direkt in den Verbrennungsraum. Dadurch erhielten alle Zylinder ein gleichbleibendes Gemisch. Materialmäßig bedienten sich die Konstrukteure beim Flugmotorenbau, was Entwicklungsarbeit und Konstruktionszeit sparte. Trotzdem musste der Motor den höheren thermischen Belastungen angepasst werden. Es erfolgte eine Verstärkung der Pleuelstangen, eine Erhöhung der Verdichtung und eine Verbesserung der Zylinderkopfdichtungen. Auch wurde eine zweite Kühlwasserpumpe eingebaut. Der etwas günstigere Kraftstoffverbrauch des Maybach-Motors HL 234 lag bei 225 g/PS/h im Teillastbereich von 2000 U/min, im Vergleich dazu lag der Motor HL 230 bei 260 g/PS/h.

Der Saugmotor HL 234 erhielt abgestimmte Ansaug- und Abgasrohre (sogenannte Fächerkrümmer), so dass die Schwingungen der Gassäulen zur besseren Aufladung genutzt wurden. Dadurch erbrachte der Motor 900 PS (662 kW) bei 3000 U/min bei gleichgebliebenen Bohrung/Hub von 130/145 mm. Dieser Motor wurde im Januar 1945 zur Vorauserprobung noch in einen »Tiger« B eingebaut. Dazu mussten Ansaug- und Abgasanschlüsse geändert werden. Der Start für die Anlaufserie sollte Anfang März 1945 erfolgen.

Der parallel entwickelte, mechanisch aufgeladene Motor HL 232 sollte 1000 PS (735 kW) leisten. Die Besonderheit war, dass der Lader nicht direkt von der Kurbelwelle angetrieben wurde, sondern durch einen kleinen Hilfs-Benzinmotor HL 10 im »V« des Motors (Motorsattel). Als Hilfsmotor arbeitete ein 2-Zylinder-4-Takt-Motor mit 1000 cm^3 Hubraum und 50 PS. Dieser Motor wurde als notwendig angesehen, da für einen Abgasturbolader, wie man ihn heute verwendet, zu der Zeit keine thermisch hochbelastbaren Stähle und Lager verfügbar waren. Abgasturbolader kamen damals nur bei den thermisch unproblematischen Dieselmotoren zur Anwendung, bei Benzinmotoren lagen die Abgastemperaturen zu hoch. Zudem hatte der Hilfsmotor noch weitere Aufgaben zu erfüllen:

- den Hauptmotor im Stillstand vorwärmen, da beide Motoren den gleichen Kühlkreislauf benutzten,
- bei stehendem Hauptmotor die Lichtmaschine zur Batterieladung antreiben,
- das Rangieren des Fahrzeuges mit Hilfe eines Untersetzungsgetriebes und eines Freilaufes ermöglichen,
- das Abwürgen des Hauptmotors im Leerlauf bei plötzlichem Kraftbedarf der Nebenantriebe, wie Lüfter-Antriebe und Turmschwenkwerk, verhindern.

Auch für den Maybach-Motor HL 232 mussten für die Fahrzeugtypen »Panther« und »Tiger« B bzw. »Jagdtiger« entsprechende Anschlüsse für den Ansaug- und Abgasstrang bereitgestellt werden. Als Dieselvariante des Maybach-Motors HL 230 entstand noch der Maybach-Motor HL 232 R.

Querschnitt des Maybach-Motors HL 234, Stand 14. Oktober 1944.

Das »R« stand für Rohöl. Der Motor besaß analog dem HL 232 einen mechanischen Lader, der in diesem Falle von einem Hilfs-Dieselmotor angetrieben wurde. Versuche erfolgten jedoch nur mit einem Einzylinder-Motor. Erste Versuchsfahrten plante man für den März 1945 mit einem vollständigen Maybach-Dieselmotor-HL 234 R mit 550 PS bei 3000 U/min im »Tiger« B. Dieses Projekt konnte aber auf Grund der Lage ebenfalls nicht mehr realisiert werden.

Eine Weiterentwicklung des Maybach-Motors HL 234 erfolgte Mitte 1945, also nach Kriegsende, im Auftrag des französischen Militärs (DEFA). Parallel zum HL 234 sollte eine Entwicklung eines 1000-PS-Otto- und eines hubraumgleichen Dieselmotors erfolgen. Da jedoch Entwicklungsarbeiten an Panzermotoren in Deutschland verboten waren, lagerten die Franzosen die Entwicklungsabteilung mit 70 Mitarbeitern des Maybach-Motorenbaus nach Vernon in Frankreich aus. Von 1946 bis 1953 entstand auf Basis des Maybach-Motors HL 234 der hubraumgrößere HL 295, der mit einem Bohrung/Hub-Verhältnis von 140/160 mm auf 29,52 dm^3 Hubraum kam. Er wog 2,4 t und leistete 1000 bzw. 1060 PS (735 kW) bei 2800 U/min. [35]

Das Zylinderkurbelgehäuse als Tunnelgehäuse bestand aus Grauguss. Die Kurbelwelle war, wie bei den Vorgängermotoren, als Scheibenkurbelwelle ausgebildet und rollengelagert. An der Kurbelwelle hatte der angeschraubte Reibungsschwingungsdämpfer die Aufgabe, Drehschwingungen in Grenzen zu halten. Wie schon beim HL 230 befanden sich zwei Ölabsaugpumpen und eine Druckpumpe im Gehäuse, die Schmierung arbeitete als Trockensumpfschmierung.

[35] Lt. Bericht MTU Friedrichshafen.

Der im Motor-V des HL 295 eingesetzte Hilfs-Motor HL 11 (4-Zylinder-Reihen-Otto-Motor mit 60 PS bei 6000 U/min) hatte die Aufgabe der Motor-Vorwärmung mittels einer abschaltbaren Wasserwirbelbremse, die dadurch den Hilfsmotor belastete. Weitere Aufgaben des Hilfsmotors:

- das Anlassen des Hauptmotors über ein spezielles Anlassgetriebe,
- das Drehen des Panzerturmes,
- eine vom Hauptmotor unabhängige Stromerzeugung zum Laden der Batterie und
- der Antrieb des Fahrzeuges über einen Freilauf mit entsprechend niedriger Geschwindigkeit, wie es beim Rangieren oder Verladen notwendig war. Der Hilfsmotor wog 300 kg.

Der Plan sah vor, diesen Motor in die 50 t schweren Panzer Char AMX 50 »St. Chamond« und Char AMX 50 »Foch« einzubauen, die sich beide stark an den deutschen »Panther« und »Tiger« B orientierten. Für diesen Motor wurden alle Erfahrungen, die im Zweiten Weltkrieg im Panzermotorenbau gesammelt worden waren, verwendet. Es entstanden noch fünf Prototypen mit diesem Motor.

Das Konzept änderte sich noch mehrfach, da die Kosten für diese Entwicklung aus dem Ruder liefen. Daher erprobte man einen mit einem Zenith-Vergaser ausgerüsteten Motor, verkleinerte die Einbauabmessungen und der Hilfsmotor entfiel. Durch geänderte Steuerelemente entstand so ein kleinerer und leichterer Motor, ähnlich dem HL 234, der Maybach-Motor HL 235. 1952/53 wurde dann die Entwicklung der Maybach-HL-Motoren endgültig eingestellt.

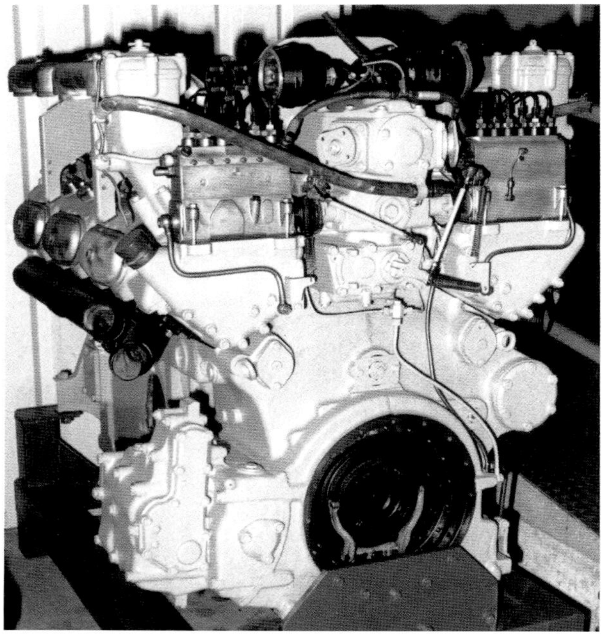

Der Maybach-Motor HL 295 als letztes Glied in der Maybach-Motorenreihe.

Da die deutsche Industrie ab 1942 synthetischen Diesel in ausreichenden Mengen herstellen konnte und die Rote Armee im Panzer T 34 und KW ihren wassergekühlten 12-Zylinder-Dieselmotor W 2 so erfolgreich einsetzte, wurde der Wunsch nach einem Dieselmotor für die deutschen Panzer laut.

Daimler-Benz hatte schon beim »Panther«-Projekt VK 3002 (D) von 1941/42, aber auch beim »Löwen«-Projekt VK 7001, seinen bewährten, wassergekühlten Schnellboot-Dieselmotor MB 507 für den Panzerbau angeboten. Er leistete je nach Hubraum 850 bzw. 1000 PS (aufgeladen 1200 PS). Doch Daimler-Benz konnte sich mit seinem nur 820 kg leichten Dieselmotor MB 507 als Panzermotor gegen die Maybach-Dominanz nicht durchsetzen, die sich aus Dr. Maybach einerseits und dem Regierungsbaurat Ernst Kniepkamp und Oberst Holzhäuer von Wa Prüf 6 andererseits zusammensetzte. Die offizielle Begründung des Heereswaffenamtes war, dass keine Fertigungskapazitäten bei Daimler-Benz vorhanden wären.

Doch Hitler legte besonders Wert auf einen luftgekühlten Dieselmotor. Der luftgekühlte Dieselmotor besaß gegenüber dem wassergekühlten Motor den Vorteil, einfach im Aufbau und robust gegenüber Temperaturänderungen zu sein, was man vor allem in dem rauen Klima Russlands und in Afrika als großen Vorteil ansah. Das Dieselverfahren hatte einen geringeren Kraftstoffverbrauch, insbesondere bei Teillast, und benötigte, bedingt durch den besseren Wirkungsgrad, bei einem wassergekühlten Dieselmotor eine kleinere Kühlanlage. Der geringere Kraftstoffverbrauch ermöglichte eine Verdoppelung des Fahrbereichs bei gleichem Raum- und Gewichtsbedarf für die Antriebsmaschine. Durch den Einsatz des Dieselmotors erfolgte ein Anstieg des Drehmoments bei sinkender Drehzahl, was steigerungsfähig durch eine entsprechende Kennung der Einspritzpumpe war. Daher konnte eine Getriebe- und Schaltvereinfachung erfolgen.

Weiterhin ermöglichte das Dieselverfahren eine größere Drehzahlspanne als im Hochleistungsvergasermotor und ein sofortiges Ansprechen auch bei niedriger Drehzahl. Der Dieselmotor benötigte keine Funkentstörung und der Motor besaß eine volle Neigungsunempfindlichkeit im Gelände. Ebenfalls konnte ein Dieselmotor mit Mischkraftstoff (also mit Diesel- und Otto-Kraftstoff) betrieben werden. Die Brandgefahr des Diesels war geringer (Flammpunkt des Benzins - 22°, des Sonderdiesels SDK II + 35° und des normalen Diesels NDK + 60°) und die Luftfilterung war erleichtert, da eine geringere Durchsatz-Schwankung im Fahrbetrieb als bei einem Otto-Motor bestand. [36]

Das niedrige Eigengewicht wurde bei diesem Motor durch die Verwendung eines Leichtmetall-Motorblocks erreicht, der durch eine äußere Führung des Kühlwassers und zum Teil der Ölleitungen erheblich verkleinert werden konnte. Diese Lösung besaß natürlich den Nachteil, dass die vielen Wasserrohre die Betriebssicherheit negativ beeinflussten. Bei den Maybach-Motoren erfolgte der Wasserkreislauf innerhalb des Motorblockes, was sich auch im Gewicht niederschlug. Es blieb bei Kleinserien unter anderem für den 60-cm-Mörser »Karl« (auch ein Gerät 40!) oder für den Panzerkampfwagen »Maus« in der Ausführung MB 517 mit Aufladung. Für den 60-cm-Panzermörser »Urling« hatte man 44 Stück des Dieselmotors MB 507 geplant und bestellt.

Schon im Juli 1942 wurde im Auftrag des Rüstungsministeriums bei der Firma Porsche ein Programm für luftgekühlte Motoren (Porsche-Typ 220) aufgelegt. Die Firma Porsche besaß durch den »KdF«-Wagen schon einschlägige Erfahrungen mit der Luftkühlung. Der luftgekühlte Motor war auch für den internationalen Panzerbau interessant. So befand sich im Juli 1942 in der Heeresversuchsstelle Kummersdorf ein in Russland erbeuteter amerikanischer Panzer M3 mit einem luftgekühlten Sternmotor. Dieser besaß etwa 245 PS an Leistung, der das Heereswaffenamt inspirierte, einen 9-Zylinder-BMW-Flugzeug-Sternmotor vom Typ 132 D mit 520 PS bei 2000 U/min in einen »Panther« einbauen zu lassen.

Doch die Änderungen an der Wanne gestalteten sich zu aufwändig und die Wartung, bedingt durch die Stern-Bauform, ließ große Probleme erwarten. So musste zum Beispiel für einen Zündkerzenwechsel (Doppelkerzen) der Motor ausgebaut werden. Daher war es nicht verwunderlich, dass die Idee fallengelassen wurde, zumal die erwartete Dauerleistung von 520 PS sich durch die – bedingt durch das niedrigoktanhaltige Wehrmachtsbenzin – notwendige Reduzierung der Verdichtung nicht verwirklichen ließ.

Als ein Favorit für die Ablösung des Maybach-Motors HL 230 zeigte sich der 2-Takt-Dieselmotor der Firma Klöckner-Humboldt-Deutz. Dieser Motor entstand auf Basis eines Einzylinder-Versuchsmotors. Der 2-Takt-Dieselmotor besaß eine Leistung von 86,5 PS bei einer Verdichtung von 15:1 und lief problemlos. Der daraus entstandene Deutz-Motor TM 8 M118 war wassergekühlt und leistete als 8-Zylinder-V-Motor (90°) 700 PS bei 2000 U/min und besaß ein maximales Drehmoment von 2943 Nm (der Maybach HL 230 leistete 1850 Nm). Die 32,3 Liter Hubraum entstanden aus 170 mm Bohrung (Kolbendurchmesser) und 180 mm Hub (der Kolbenweg). Er war wegen des Arbeitsprinzips bestechend einfach aufgebaut, hatte gegenüber den 4-Takt-Dieselmotoren eine sehr günstige, gedrungene Bauweise, besaß eine sehr gute Zugänglichkeit und hatte, aufgrund des Zweitaktverfahrens, die größere Hubraum-Liter-Leistung. Doch es überwogen technische Probleme, die die Entwickler in der Kürze der Zeit nicht lösen konnten. Ein Versuchsmotor konnte noch fertiggestellt werden, bevor die Kriegslage diese Entwicklung beendete.

[36] Otto- oder Dieselmotor im Panzerkampfwagen. Prof. Dr.-Ing. R. v. Eberan vom 26.04.1944.

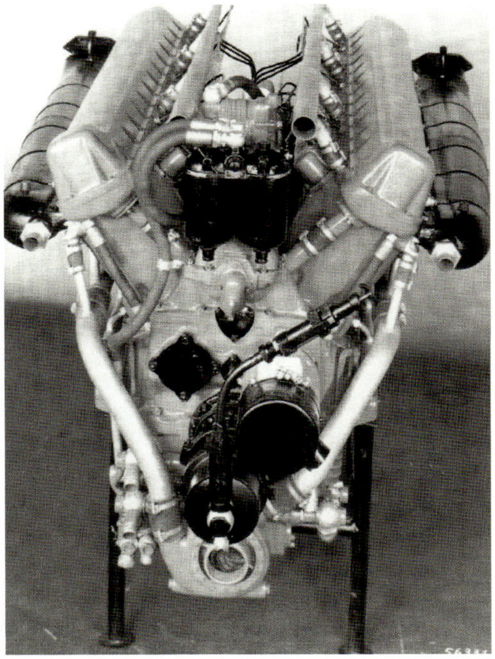

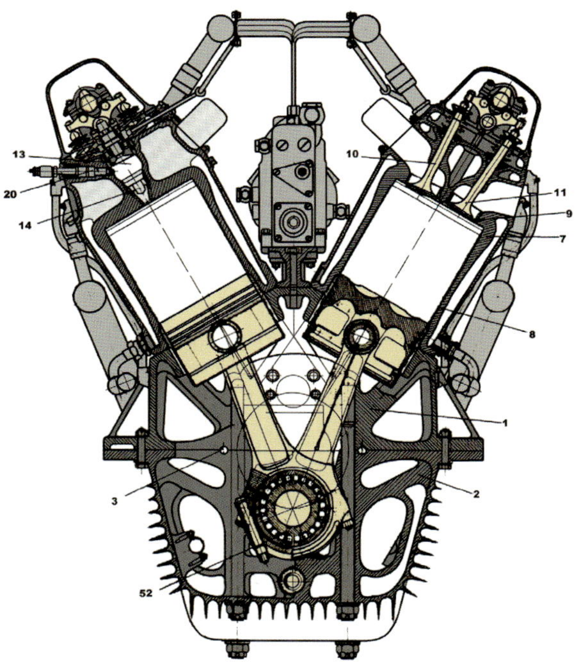

Motorquerschnitt

1 Kurbelgehäuseoberteil
2 Kurbelgehäuseunterteil
3 Paßrolle Kurbelgehäuse
7 Zylinder
8 Zylinderlaufbuchse
9 Ventilsitz
10 Einlaßventil
11 Auslaßventil
13 Vorkammer
14 Brenner
20 Glühkerze
52 Radiale Motorenölbohrung

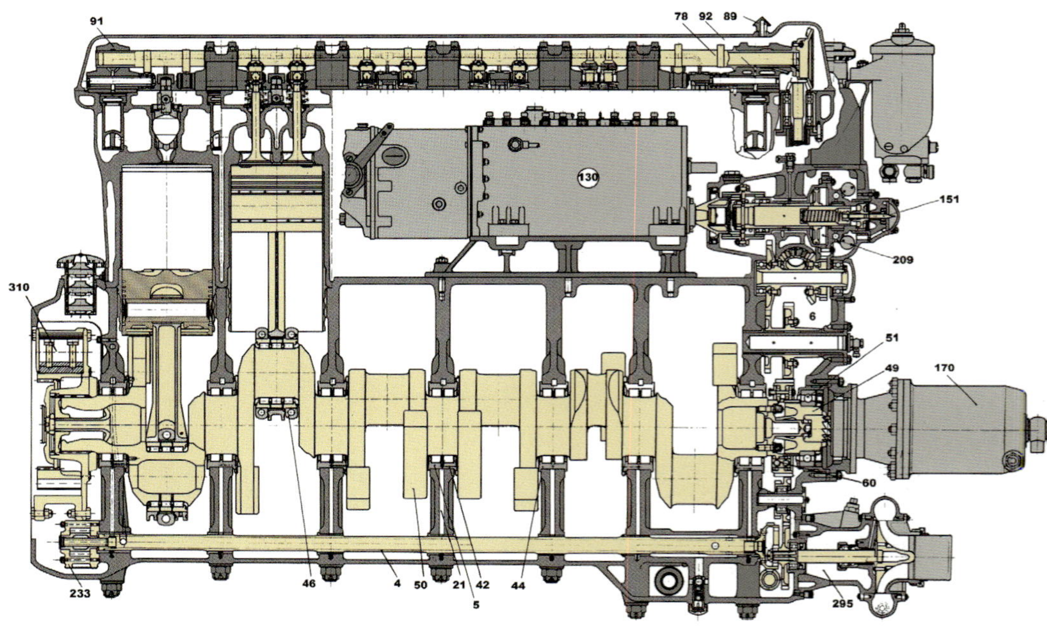

Motorlängsschnitt

4 Motorenölverteilerwelle
5 Kurbelwellenlager
6 Rädertriebwerk
21 Motorenölbohrung Kurbelwellenlager
42 Axiale Motorenölbohrung
44 Kurbelwellenlager ohne Motorenölbohrung (4
45 Kurbelwelle
46 Treibstangenlager
49 Anlasserklaue auf der Kurbelwelle
50 Gegengewicht
51 Axialdrucklager auf der Kurbelwelle
60 Federndes Hauptantriebsrad
78 Rechte Nockenwelle
89 Entlüfter
91 Nockenwellenlager 1
92 Motorenölbohrung Nockenwellenlagerbock
130 Treibölpumpengruppe
150 Lichtmaschine (nicht abgebildet, über 170)
151 Ferndrehzählerantrieb
170 Druckgasanlasser
209 Einspritzbeginnverstellung
233 Motorenölrückförderpumpe Kurbelgehäuseunterteil
295 Frischkühlwasserpumpe
310 Motorkupplung

Der MB 507-Dieselmotor, im Bild als Motor für die LS-Boote mit Schiffswendegetriebe und Druckluftanlasser.

Professor Porsche hatte auf Basis des luftgekühlten Otto-Motors 101/3A des Porsche-»Tiger« eine Weiterentwicklung mit Benzineinspritzung und Aufladung entworfen. Die Leistung des Porsche-Typ 193 betrug 500 PS. Doch es ergaben sich immer wieder Probleme mit Ölundichtigkeiten. Zusammen mit der Firma Simmering-Pauker-Graz entwickelte Professor Porsche 1942/43 einen luftgekühlten Dieselmotor als 16-Zylinder in X-Form und etwa 700 PS, der den wassergekühlten Benzinmotor Maybach HL 230 ersetzen sollte. Dieser Motor entstand aus einem luftgekühlten Einzylinder-Dieselmotor mit 2,3 Liter Hubraum (Porsche-Typ 192) und einer Verdichtung von 14:1. Diesen Motor testete die Firma Simmering-Graz-Pauker AG auf dem Prüfstand ausgiebig. Diese Firma besaß Prüfstände für Großmotoren bis 1500 PS. Die Firma Argus-MAN entwickelte einen ähnlichen luftgekühlten Dieselmotor (LD 220) mit Aufladung und 16-Zylinder-H-Form, der 700 PS bei einer Umdrehung von 2200 U/min leistete. Statt eines Vorkammer-Motors (Simmering-Pauker-Patent) verwendete MAN einen Kugelbrennraum im Kolben (M-Verfahren). Zum Vergleich erfolgte eine Erprobung beider Zylinderkopfarten auf einem Argus-Motorgehäuse, um die beste Konstruktion einwandfrei ermitteln zu können.

Die knappe Zeit war der Grund, dass die Firma Simmering-Pauker umgehend Fertigungsvorbereitungen für ihren luftgekühlten Dieselmotor traf, obwohl sie die Standfestigkeit des als Sla 16 bezeichneten Motors (Porsche-Typ 212) noch nicht ausreichend getestet hatte. Am 2. November 1943 fand eine Besprechung bei der Firma MAN in Nürnberg an Hand einer Motor-Attrappe der Firma Simmering-Pauker statt. Zur Grätingsfrage (Luftdurchlass) hatte man sich schon im Vorfeld mit Professor Kamm vom Forschungsinstitut für Kraftfahrwesen und Fahrzeugmotoren Stuttgart geeinigt. Bei diesem Treffen wurde auch festgelegt, dass zum Test zwei Argus-Motoren die Zylinderköpfe samt Brennraum vom Simmering-Motor bekommen sollten, da die Bohrung mit 135 mm identisch war. Der unterschiedliche Hub von 165 mm konnte vernachlässigt werden.

Der Motorprüfstand von Simmering-Pauker konnte Motoren bis 1500 PS testen. Im Bild der eingespannte 16-Zylinder-Motor Sla 16 mit einer Länge eines großen 4-Zylinder-Motors.

Im November 1943 lief der erste 16-Zylinder-Motor in X-Form, der Sla 16, auf dem Prüfstand von Simmering-Pauker. Der Motor war ein Vorkammer-Motor mit zwei senkrecht montierten Abgasturboladern der Firma Brown-Boveri Co, System »Buechi«. Der Ladedruck der Turbolader betrug maximal 1,33 ata. Diese beiden Lader förderten bei einer maximalen Lader-Drehzahl von 28.000 U/min 510 Liter Luft pro Sekunde. Zwei Kühlgebläse mit einer Lüfterdrehzahl von maximal 4100 U/min benötigten 80 PS Leistung vom Motor. Jeder axiale Lüfter saugte dabei 6000 Liter in der Sekunde Warmluft nach außen. Auf jeder Seite waren zwei Ölkühler im Luftstrom der Zylinder integriert und garantierten eine Wärmeabfuhr von 80.000 kcal. Der 2 t schwere Motor mit 36,8 Liter Hubraum (160 mm Hub/135 mm Bohrung) leistete 720 PS bzw. ohne die axialen Lüfter 800 PS bei 2000 U/min und besaß letztendlich eine Verdichtung von 1 : 14,5.

Das Motorgehäuse war aus Stahl geschweißt, während die Zylinder aus geschmiedetem Chromstahl bestanden. Die Kühlrippen wurden gedreht. Der Zylinderabstand betrug 215 mm. Jede einzelne Zylinderkopf-Zylindereinheit wurde vor dem Einbau mit Hilfe eines Festgewindes aufgeschrumpft und benötigte deshalb keine störanfällige Kopfdichtung. Diese einzelne Zylinderkopf-Zylindereinheit wurde mit zwölf (!) Verschraubungen am Motorblock befestigt, was eine hohe Sicherheit der Abdichtung gewährleisten sollte, denn man hatte aus den Problemen mit den luftgekühlten Otto-Motoren der Porsche-»Tiger« gelernt. In Anbetracht der schlechten Zugänglichkeit der unteren Zylinderköpfe im eingebauten Zustand war die auch unbedingt notwendig. Die Vorkammer (Maulbrenner) bestand zum Teil aus Chromstahl (19 %) und war mit drei Schrauben am Zylinderkopf befestigt. Die Vorkammer enthielt die Bosch-Einspritzdüse S4L (spritzte bei 20° Winkel mit 180 atü ein) und die Glühkerze.

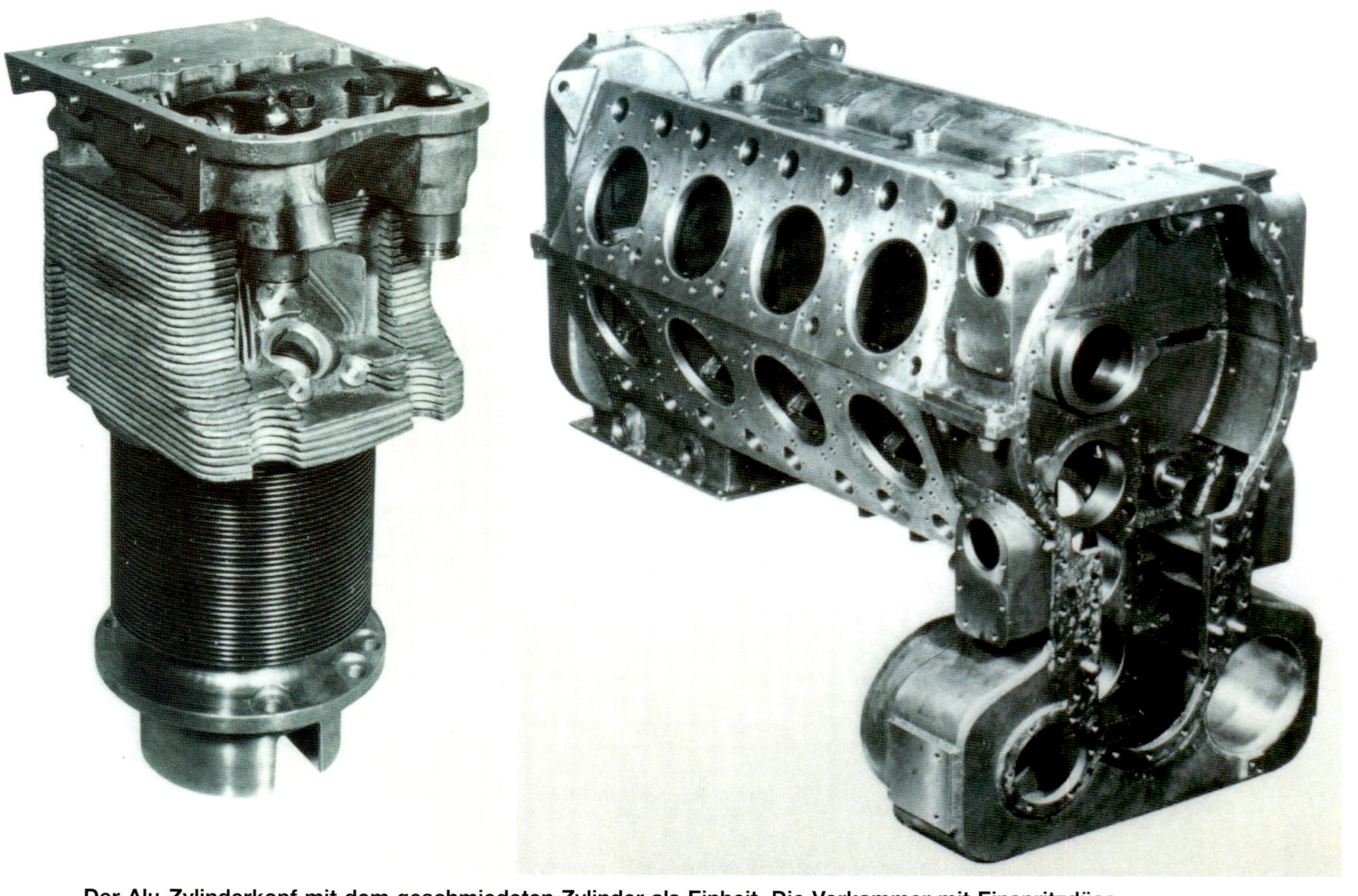

Der Alu-Zylinderkopf mit dem geschmiedeten Zylinder als Einheit. Die Vorkammer mit Einspritzdüse und Glühkerze war noch nicht montiert. Daneben der geschweißte Motorblock aus Stahl mit den unteren Ausbuchtungen für Anlasser und Übersetzungsgetriebe.

Die fünffach gelagerte Kurbelwelle mit dem Hauptpleuel und den drei Nebenpleuel.
Die Kurbelwelle war mit 1,17 m kaum länger als bei einem großvolumigen 4-Zylinder-Motor.

Der Motor bei dem Zusammenbau in einer Montagevorrichtung.
Links sind die Steuerräder der vier Nockenwellen zu sehen.

Der Motor von der Kraftabgabeseite. Zwei der vier Bosch-Einspritzpumpen sind montiert.

Die Steuerung erfolgte herkömmlich von einer unten liegenden Nockenwelle über Rollenstößel, Stoßstangen und Kipphebel. Die fünffach gelagerte Kurbelwelle bestand aus geschmiedetem Chrom-Mangan-Stahl und besaß ein Haupt- und drei Nebenpleuel. Die drei Nebenpleuel lagerten beweglich am Hauptpleuel und stützten sich am gemeinsamen Pleuellager ab. Die Aluminium-Kolben besaßen fünf Kompressionsringe aus Bi-Metall und einen Ölabstreifring. Der Motor hatte die Zündfolge 1 - 6 - 11 - 16 - 2 - 5 - 3 - 8 - 10 - 13 - 4 - 7 - 9 - 14 - 12 - 15 - 1. Die Auslassventile wurden mit Natrium gekühlt, so wie auch bei dem Maybach-Motor HL 230.

Zur Schmierung wurden zwei Ölpumpen in Serie verwendet, vier Ölfilter reinigten das Motoröl. Das Öl hatte nicht nur die Aufgabe des Schmierens, sondern war auch für die gute Wärmeabfuhr vom Motor mitverantwortlich. Deshalb war das Ölsystem im Verhältnis zu anderen Motoren sehr groß dimensioniert worden. Die Gesamtabmessungen des einbaufertigen Motors betrugen 1,15 m Höhe, 2,50 m Breite und 1,68 m Länge. Dabei muss man im Vergleich zum Maybach-Motor HL 230 bedenken, dass die Breitenangabe des Sla 16 die beiden seitlichen Axiallüfter mit einschloss und dass an den Panzern »Tiger« B, »Jagdtiger« und »Panther« II die beiden Kühlerräume samt der vier Wasser-Kühler, der zwei Kühl-Lüfter und die Trennwände wegfielen. Das relativierte auch das um 700 kg höhere Gewicht des Simmering-Motors gegenüber dem Motor HL 230.

Um den Maybach-Motor HL 230 mit seinen 3000 U/min zu ersetzen, musste der Endantrieb von den 2000 U/min des Dieselmotors auf diese 3000 U/min des HL 230 übersetzt werden. Dadurch verlängerte sich das Einbaumaß des Simmering-Motors unnötig, aber die vorhandenen Getriebe sollten nicht verändert werden. Gestartet wurde der Motor im kalten Zustand von zwei 12-Volt-Anlassern, während im warmen Zustand ein Anlasser genügte. Der Sla 16-Motor benötigte deshalb auch keinen speziellen 12-Volt/24-Volt-Umschalter zum Starten, so wie es bei dem Maybach-Motor HL 230 der Fall war.

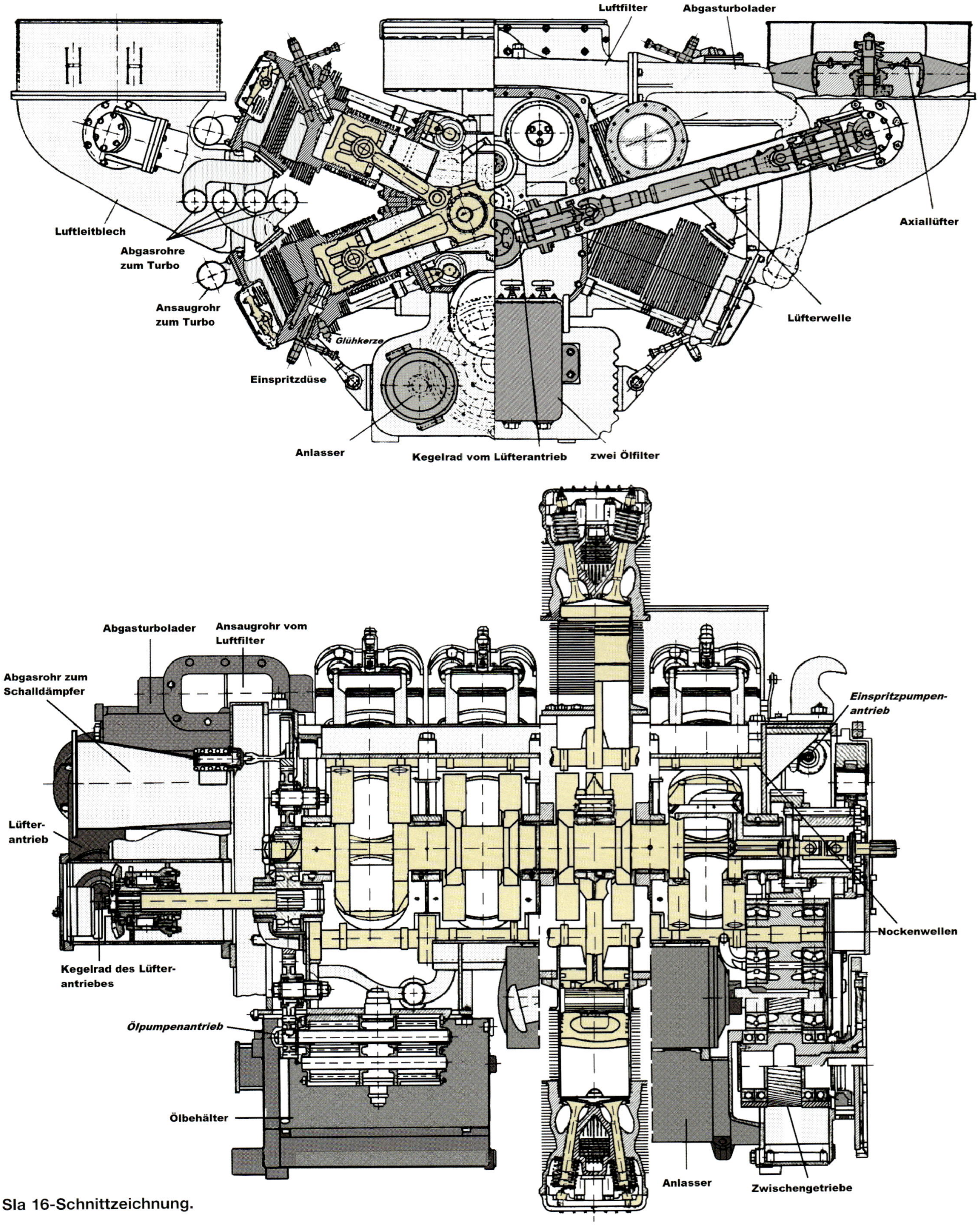

Sla 16-Schnittzeichnung.

Der luftgekühlte Simmering-Motor Sla 16 von der kraftabgebenden Seite gesehen.
Es sind die vier Bosch-Einspritzpumpen und die vordere Motoraufhängung zu erkennen.
Unten rechts befindet sich der Anlasser und der dazugehörige Zahnkranz.

Der Motor ohne die beiden Turbolader und die Lüfterbleche von der Auspuffseite gesehen. Vier Auspuffrohre und zwei Ansaugrohre pro Seite wurden an dem stehenden Turbolader angeflanscht. Vorn der verschlossene Lüfterantrieb. Darunter die elastische Motoraufhängung.

Der Sla 16 einbaufertig montiert. Links und rechts die Axiallüfter, in der Mitte der Luftfilter der Firmen Mann und Hummel.

Der Motor konnte nach einigen Umbauten an den hinteren Stoßdämpferhalterungen, der Motorabdeckung und dem Gasgestänge in einem Prototyp der Nibelungenwerke eingebaut werden. In einem undatierten Dokument der Firma Porsche steht: *»ein Motor* (wurde – d. Verf.) *in ein Pantherfahrgestell eingebaut, befand sich bei Kriegsende im Nibelungenwerk und wurde von den russischen Truppen mitgenommen, ebenso alle zeichnerischen Unterlagen.«* [37]

Obwohl das Nibelungenwerk nach dem Auslaufen der »Jagdtiger«-Produktion u. a. auch den Panzer »Panther« produzieren sollte, befanden sich laut Augenzeugenberichten keine Pantherfahrgestelle im Nibelungenwerk. Es lag die Vermutung nahe, dass der Weichstahl-Prototyp des »Jagdtigers« verwendet wurde.

[37] Porsche-Dokument: »Typ 220-Mitarbeit an der Entwicklung des SLA 16«.

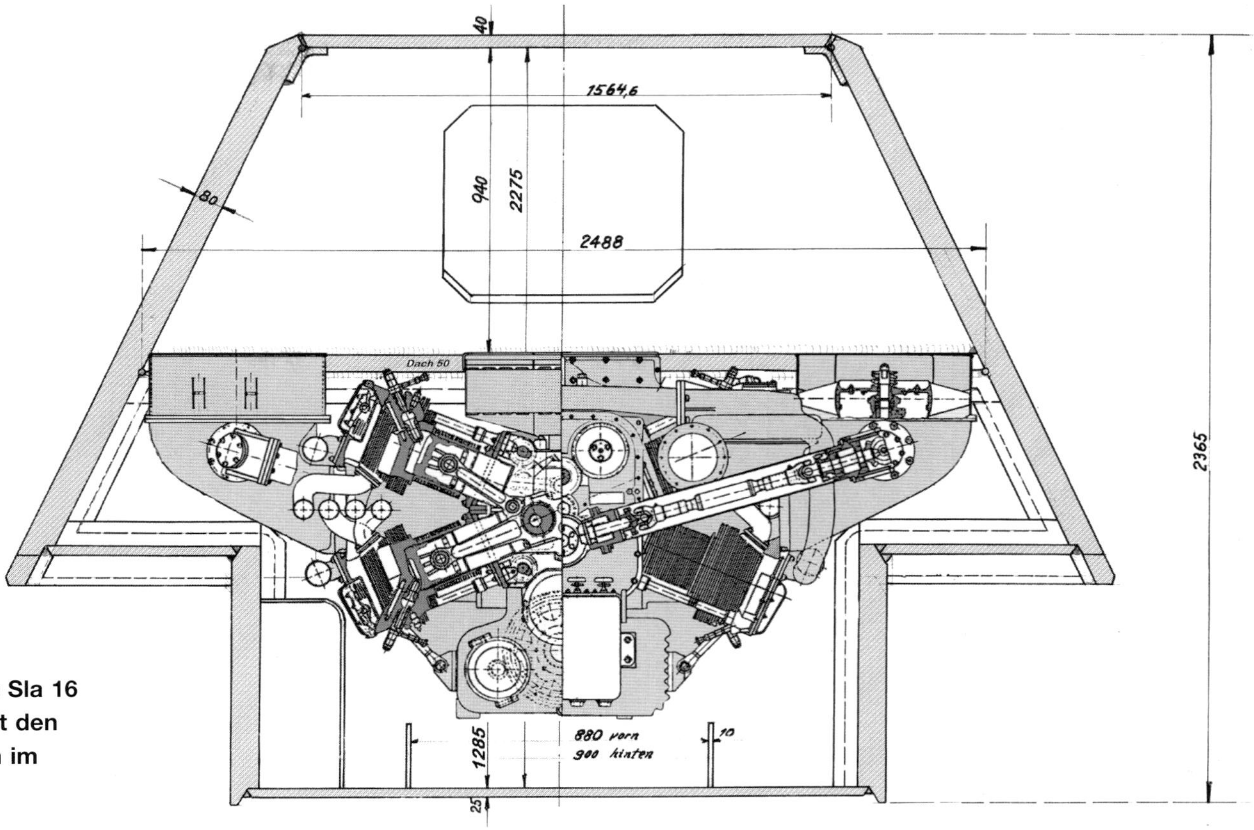

Die Einbaulage des Sla 16 im »Jagdtiger« zeigt den geringen Spielraum im Motorraum.

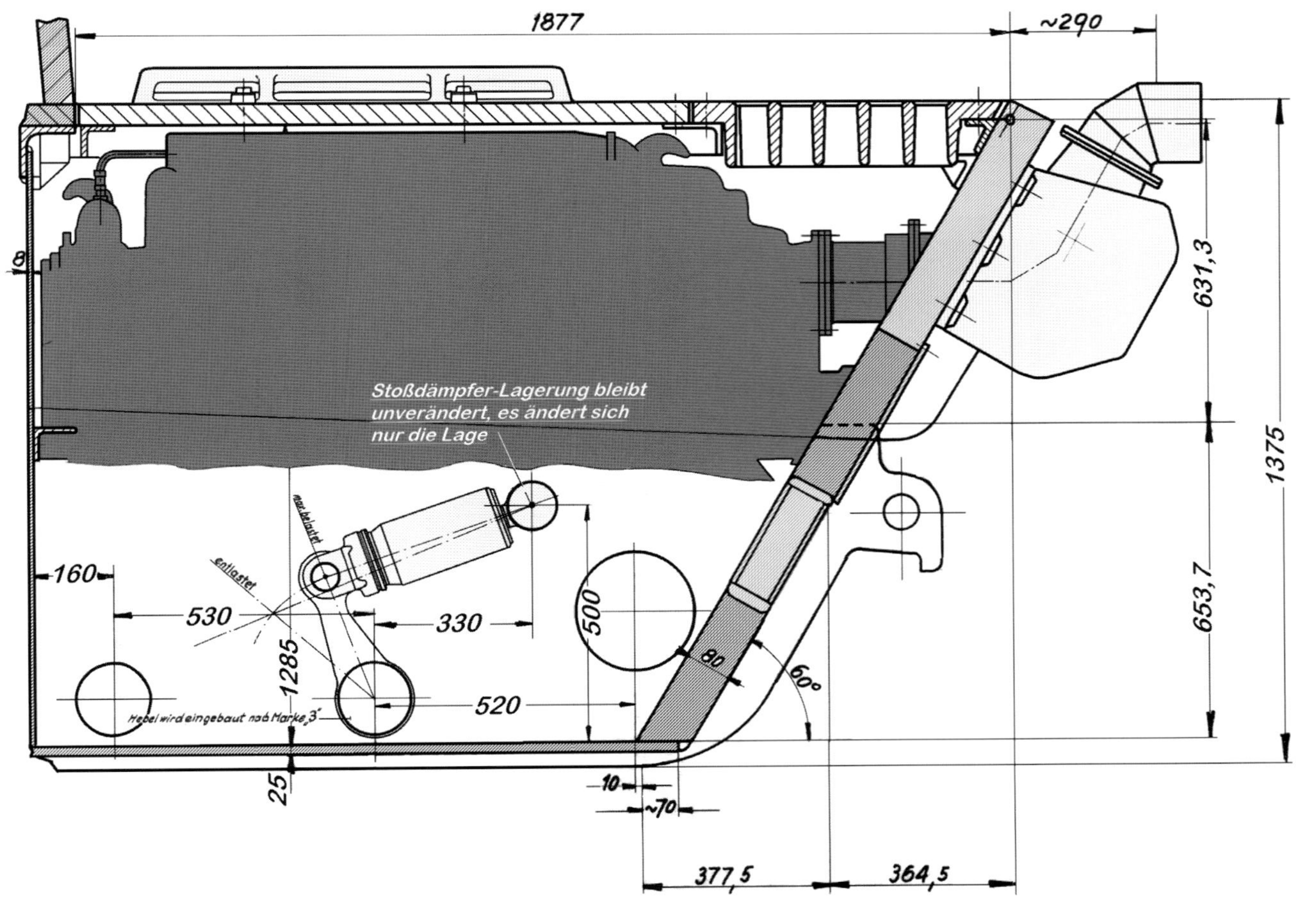

Der geänderte Gräting der Luftkühlung und der Ansaugöffnung sowie der versetzte hintere Stoßdämpferarm. Die Halterung des Stoßdämpfers blieb wie im Original.

Bei den ersten Tests ergaben sich Schwierigkeiten mit der Kühlung der beiden unteren Zylinderreihen. Daraufhin überarbeitete Professor Kamm nochmals die Axialgebläse. Nach weiteren vier Wochen war das Problem zufriedenstellend gelöst. Als nutzbarer Temperaturbereich wurde - 30° bis + 50° C angegeben. Der spezifische Kraftstoffverbrauch konnte mit 160 bis 200 g/PS/h errechnet werden (zum Vergleich: der HL 230 war mit 260 g/PS/h angegeben), wodurch sich der Fahrbereich eines »Tiger« B von 85 km im mittleren Gelände und 110 km auf der Straße auf 160 bis 200 km erhöhte. [38]
Gegenüber dem Maybach-Motor war die Zugänglichkeit bei der Wartung durch die X-Form der Zylinderbänke erschwert. Allerdings stellte sich der Simmering-Dieselmotor wesentlich weniger wartungsbedürftig dar (besaß z. B. keine Zündkerzen und keine Kopfdichtung) als der schon beschriebene BMW-Sternmotor. Der Mehraufwand zur Herstellung eines Simmering-Motors betrug das Doppelte eines Maybach-Motors HL 230, ebenso dessen Preis. Schon die sechzehn geschmiedeten und überdrehten Zylinder und die Montage der zwölf Schrauben pro Zylinder lassen die Komplexität erahnen.
Die innovative Technologie hatte ihren Preis. Dessen ungeachtet starteten Anfang 1945 die Vorbereitungen zu der Anlaufserie von 2000 Simmering-Porsche-Motoren. Die Firma Steyr begann mit dem Herstellen der Betriebsmittel, weil die Firma Simmering-Pauker keine Kapazitäten zur Serienherstellung dieser Motoren besaß. Zwei bis fünf Motoren konnten unbestätigten Berichten zufolge noch hergestellt werden. *»Ein alliierter Report berichtet, dass er* (der Sla 16 – d. Verf.) *dem Maybach-Motor in jeder Hinsicht überlegen gewesen sei und im März 1945 die Entscheidung zur Serienproduktion gefallen sein soll«.* [39]
Das Kriegsende stoppte auch diese Entwicklung, zumal das Heereswaffenamt, speziell Wa Prüf 6, dem Dieselmotor nach wie vor skeptisch gegenüberstand und das Monopol der Maybach-Benzinmotoren offen unterstützte. Allerdings erfolgte noch der Versuch der Leistungssteigerung dieses Triebwerkes bei der Firma Porsche. Dazu entstand durch Verwendung einer 3-Liter-Einzylinder-Motoreinheit (Porsche-Typ 213) ein bei 2500 U/min 1500 PS starker, auf 48 Liter Hubraum vergrößerter Simmering-Sla 16. Der größere Hubraum wurde durch eine Bohrung von 150 mm und einen Hub von 170 mm erreicht. Die interne Porschebezeichnung dieses Motors war Porsche-Typ 212. Er war z. B. für die überschweren Panzerkampfwagen »Maus« und »E-100« einsetzbar.
Mit diesem Motor war noch ein universelles Baukastensystem geplant auf Basis des 2,3-Liter-Einzylinder-Diesel-Motors mit 6-Zylinder (200 PS), 8-Zylinder (270 PS) und 12-Zylindermotoren (540 PS), z. B. für LKW und leichtere Panzerfahrzeuge.

Das Maybach-Olvar-Getriebe und der Antrieb

Das Maybach-Olvar-Getriebe Typ 401 216 von der Firma Maybach war ein öldruckgeschaltetes, halbautomatisches Vorwähl-Untersetzungsgetriebe mit acht Vorwärts- und vier Rückwärtsgängen. Die selbsttätige Durchführung des Schaltvorganges erfolgte im Gegensatz der Variorex-Getriebe mit Hilfe von Öldruck. Als Kupplung besaß das Fahrzeug eine im Ölbad gelagerte Mehrscheiben-Lamellenkupplung, die im Getriebegehäuse integriert war. Ein automatischer »Gasgeber« sorgte dafür, dass beim Schalten immer die richtige Motordrehzahl gewährleistet war. So wurde in einem Erfahrungsbericht von 1944 geschildert: *»... Im schweren Gelände hat sich gezeigt, dass der Tiger-E dem leichteren Panther im Verfolgen des Feindes überlegen war, weil der Tiger leichter zu schalten war, der Pantherfahrer dagegen schon frühzeitig den dem Gelände angepassten Gang wählte. Bei der Verfolgung des T-34 konnte man besonders im schweren Gelände beobachten, dass derselbe in einem niedrigen Gang fuhr und ein Höherschalten nicht möglich war, der Tiger dagegen konnte durch das leichtere Schalten leicht an den T-34 herankommen ... Das Olvargetriebe ist mithin das letzte Glied einer folgerichtigen Entwicklung des Grundsatzes „acht Gänge aus nur vier Radpaaren". Es fordert vom Fahrer weder Geschicklichkeit noch Kraftaufwand und gibt somit als Voraussetzung für richtiges und schnelles Schalten und damit für gute Ausnützung der Motorleistung im gesamten Geschwindigkeitsbereich ...«* [40]
Allerdings war ein in jeder Situation ruhiger und besonnener Panzerfahrer für den störungsfreien Betrieb des Getriebes unerlässlich, was natürlich im rauen Kampfeinsatz und zum Ende des Krieges wegen des Fehlens von qualifizierten Panzerfahrern nur bedingt möglich war.
Das Getriebe war eine Einheit mit dem leicht lenkbaren Zweiradien-Lenkgetriebe L 801 von der Firma Henschel, dessen anfänglicher Serienmangel die Ausrüstung der Truppe (vor allem bei der schweren Panzerjäger-Abteilung 512) mit »Jagdtigern« erheblich verzögerte. Am Gehäuse des Lenkaggregates hatten sich erhebliche Schäden ergeben, die als Konstruktionsschwäche eine Änderung in der Produktion nach sich zogen. Das Lenkgetriebe ermöglichte ein Drehen auf der Stelle und hatte als Rückfallebene bei einem Ausfall der Lenkung zwei Lenkhebel zur Verfügung. Der Nachteil beim »Jagdtiger« gegenüber dem »Tiger« B war, dass zum Lenkungswechsel mitsamt dem Getriebe neben Armaturenbrett und Funkgeräte auch die acht Tonnen schwere 12,8-cm-Panzerjägerkanone des Panzerjägers ausgebaut und anschließend wieder neu justiert werden musste.

[38] D 656/43-Tiger Ausführung B vom 01.09.1944. [39] Panther, Meilenstein der Panzertechnik.
[40] Hochleistungsmotoren, Karl Maybach und sein Werk, S. 389.

Die Olvar-Getriebe-/Lenkgetriebe-Einheit ungekapselt im Panzermuseum Saumur.

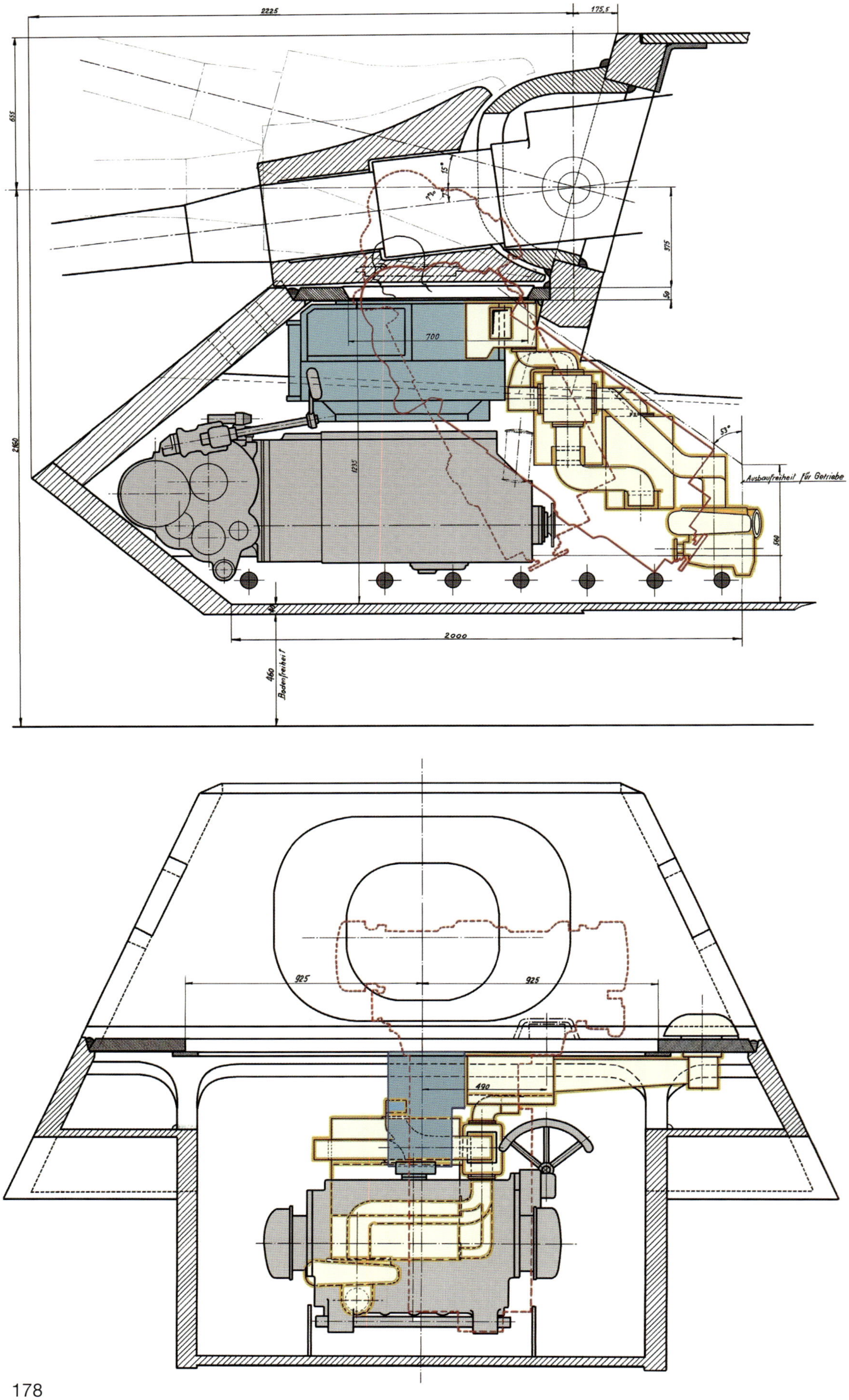

Die Zeichnung zeigt die Einbauverhältnisse des Getriebes und des Schutzlüftungsgerätes. In dieser frühen Ausführung lag der Ansaughutzen der Drägeranlage noch auf der Fahrerseite.

1

2

Olvar-Getriebe mit Lenkgetriebe.

3

Über das Lenkrad waren drei Lenkradien möglich:

- Beim Drehen des Lenkrades um 30° fuhr das Fahrzeug einen weiten Bogen.
- Bei einem stärkeren Einschlagwinkel fuhr das Fahrzeug einen kleinen Bogen. Dieser Punkt war an einem leichten Widerstand im Lenkrad zu erkennen.
- Wenn der Fahrtrichtungshebel sich auf »Neutral« befand und das Lenkrad gedreht wurde, konnte das Fahrzeug auf der Stelle drehen. Dabei bewegte sich eine Kette vorwärts und die andere Kette rückwärts. Dies sollte aber im Interesse der Lebensdauer der Bauteile vermieden werden.

Die zwei mechanischen Scheibenbremsen waren zum Zwecke des Staub- und Wärmeschutzes der Besatzung gekapselt (im Bild ungekapselt) und über zwei Antriebswellen mit dem Lenkgetriebe verbunden. Die Scheibenbremsen übernahmen die Funktion einer Lenk- und Fahrbremse. Das Bremsen erfolgte entweder herkömmlich über das Fußpedal oder über die Notlenkhebel. Zu Beginn der Entwicklung war sie als hydraulisch betätigte Bremse geplant, aber durch die stetig auftretenden Probleme und die Zeitnot während der Entwicklung ging die Firma Henschel zu einer mechanischen Betätigung über.

Ungekapselte Scheibenbremse.

Das Seitenvorgelege, auch damals Summiergetriebe genannt, war ein Stirnradvorgelege und ein Umlaufgetriebe und befand sich außen in einem gepanzerten Gehäuse unter dem Antriebsrad angeflanscht. Es war sehr anfällig gegen stoßartige Belastungen, was vor allem beim »Jagdtiger« ein Problem darstellte, da dieser seine Kanone grob mit dem Fahrzeug auf das Ziel einrichten musste. Dass das Seitenvorgelege eines der wichtigsten Ersatzteile des Panzerjägers war, zeigt sich in dem letzten Bataillonsbefehl vom 02. Mai 1945, in dem Major Fromme, Chef der schweren Panzerjäger-Abteilung 653, u. a. schreibt, dass drei Instandsetzungsgruppen und ein Kfz 100 (Drehkran-Fahrzeug) *mit Summierungsgetrieben* zusammen mit den letzten zwei »Jagdtigern« in ein neues Gebiet fahren. [41]

Noch am 23. Januar 1945 wurde bei der letzten Sitzung der Panzerkommission u. a. festgestellt, dass *»von der Front ... nunmehr von sämtlichen Fahrzeugtypen schwere Beanstandungen über Seitenvorgelegeschäden vor*(liegen – d. Verf.) ... *Die Truppe verliere das Vertrauen und gebe unter Umständen das ganze Fahrzeug preis, nur wegen dieser Schwierigkeit.«* Dieses Problem könnte laut Hersteller MAN statt durch ein Stirnradvorgelege nur durch das schon früher vorgeschlagene Umlaufseitenvorgelege (auch als »Planetenseitenvorgelege« bekannt) dauerhaft gelöst werden. [42]

Das Antriebsrad übertrug die Kraft über zwei auswechselbare Zahnkränze auf die Kette. Beim Jagdtiger kamen zwei verschiedene Zahnkränze zum Einsatz, anfänglich mit achtzehn Zähnen, in der späteren Ausführung mit neun Zähnen. Die Zahl der Antriebszähne hing mit den verschiedenen Kettentypen zusammen. Die erste Kette mit dem 18-er Zahnkranz war die Gg 24/800/300, die aus einem Hauptglied und einem mehrteiligen, geschmiedeten Zwischenglied bestand. Der markanteste Unterschied zwischen der für das »Porsche«- und »Henschel«-Laufwerk montierten »Henschel«-Kette des »Jagdtigers« war, dass bei der »Porsche«-Ausführung der innere Führungszahn bis auf einen Stummel entfernt wurde (s. auch die Bilder der 305 004 in Bovington). Bei der zweiten Kettenart der Gg 24/800/300 bestand das Zwischenglied aus einem gegossenen Stück. Der Zahnkranz hatte jetzt neun Zähne. Allerdings war wegen des Kettenmangels auch ein Mischbetrieb zu beobachten.

[41] Jagdtiger – Der stärkste König. Einsatz – Kampf – Technik.
[42] Protokoll vom 31.01.1945.

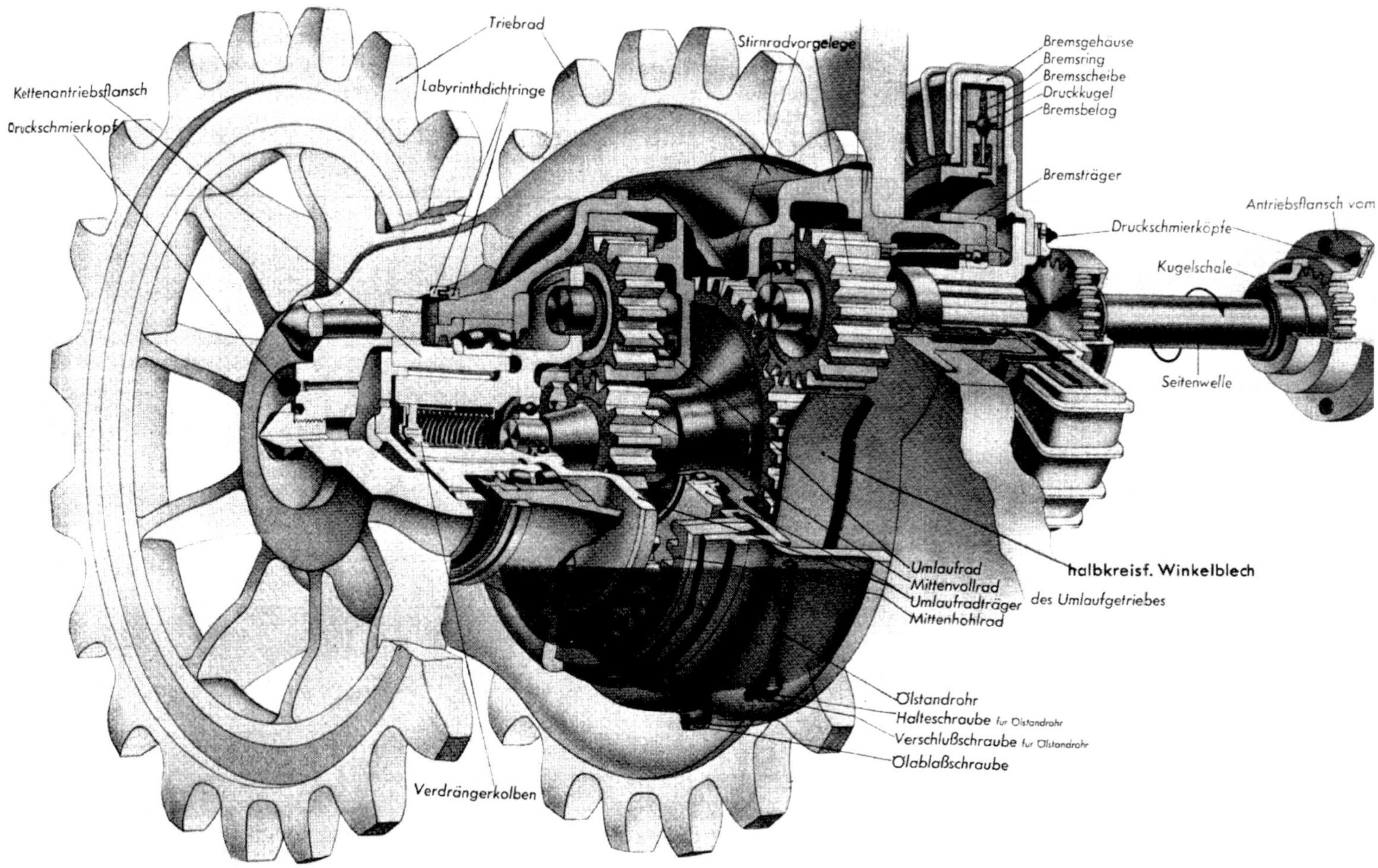

Die Ansichten des kompletten Seitenantriebs vom »Tiger« I.

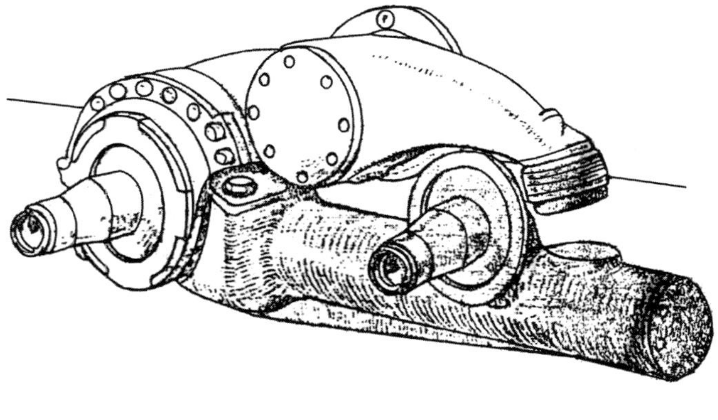

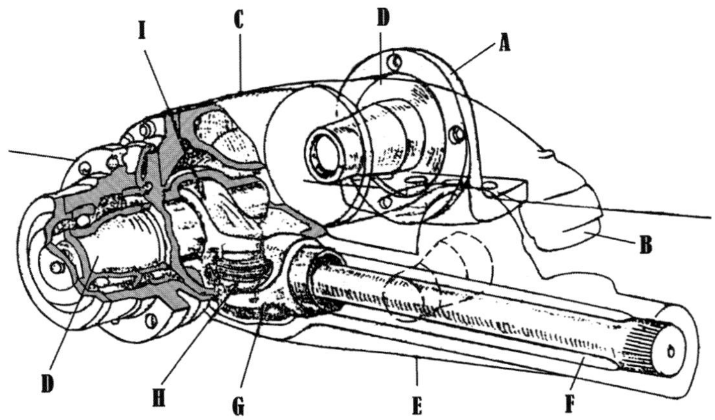

A = *Befestigung*
B = *Anschlag*
C = *Tragarm*
D = *Laufzapfen*
E = *Federarm*
F = *Federstab*
G = *Stützring*
H = *Gelenkstütze*
K = *Kettenabstützung*

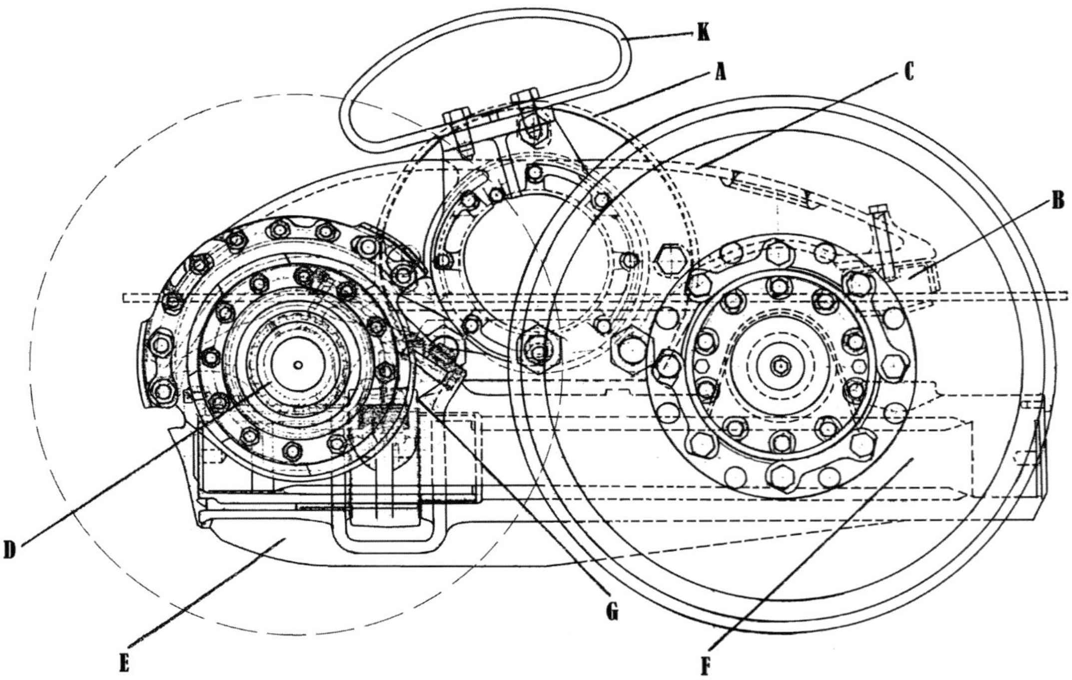

Das vereinfachte Porsche-Laufwerk war unter der Bezeichnung »Porsche Typ 258« als ein »Einheitslaufwerk für die Fahrzeuge Tiger und Panther« in Auftrag gegeben worden.

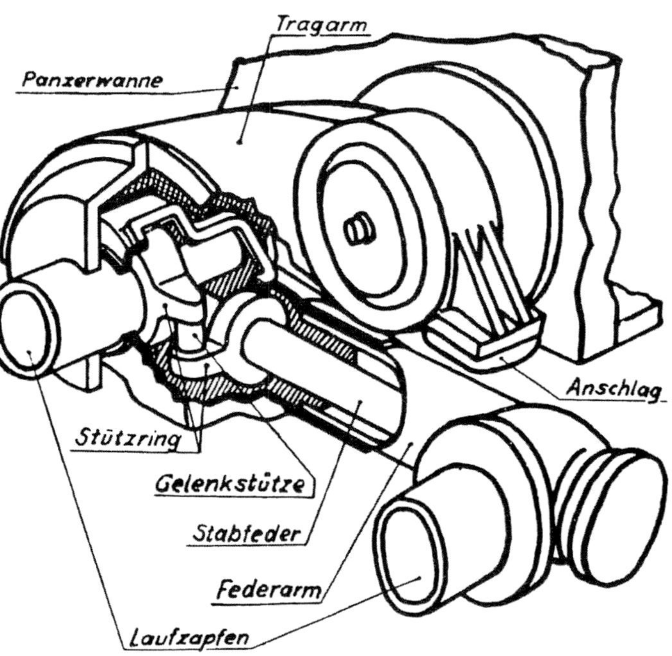

Porsche-Kniehebel.

Oben das Porsche-Laufwerk der 305 004 mit »Henschel«-Kette Gg 24/800/300 mit nur einem Führungszahn und dem 18-er Zahnkranz, unten das Henschel-Laufwerk der 305 020 mit Kette Gg 24/800/300 mit dem 9-er Zahnkranz.

Links die Kette Gg 24/800/300 der ersten Ausführung mit dem mehrteiligen Zwischenglied und 18-er Zahnkranz am »Jagdtiger« 305 004 in Bovington. Rechts die Kette Gg 24/800/300 der neueren Ausführung mit dem einteiligen Zwischenglied und 9-er Zahnkranz am »Jagdtiger« 305 083 in Kubinka.

Die letzte Ausführung war die Kette Kgs 73/800/152 als einteilige Ausführung, also ohne Zwischenglied, am »Tiger« B mit Porsche-Turm (Nr. 300) in Bovington. Dafür wurde wieder der alte 18-er Zahnkranz benötigt.

Die schmale, nur 660 mm breite Verladekette des »Tiger« B auf dem »Jagdtiger«, die Gg 24/660/300. Beide Arten von Zahnkränzen konnten verwendet werden (s. a. Bild der 305 001 in Kummersdorf).

Die spätere »Elefant«-Kette Kgs 64/640/130 von Porsche bei den weiter oben beschriebenen Versuchen an den »Jagdtigern« 305 003 und der 305 001. Diese feingliedrigere Kette war für den Gelände-Einsatz des »Jagdtigers« mit seinem 72-t-Gewicht zu schmal (640 mm statt 800 mm) und hatte zu einem überhöhten Bodendruck geführt.

Die Dräger-Schutzlüftungsanlage

1944 forderte das Heereswaffenamt eine Gasschutzanlage für den Panzerkampfwagen »Panther« und den »Tiger« B. Hersteller war die Firma Dräger aus Lübeck. Die als »Schutzlüftungsgerät 4,6-1« bezeichnete Anlage im »Tiger« B sollte bei einer kontaminierten Außenluft der Besatzung des Panzers das Tragen der Schutzmasken im Panzer unnötig machen, indem die Luft für den Innenraum gefiltert werden sollte. Des Weiteren war der entstehende Überdruck im Kampfraum von Vorteil bei Unterwasserfahrten.
Um ein Eindringen der Außenluft zu verhindern, erzeugte die Anlage einen Überdruck im Kampfraum von 7,4 mm bis 15 mm Wassersäule (WS) bei einer Motordrehzahl von 1900–2500 U/min. Dadurch entstand im Panzerwagen eine grundsätzliche Gassicherheit. Eine einwandfreie Funktion der Anlage setzte allerdings ein völliges Abdichten aller Öffnungen voraus, was in der Praxis immer wieder Probleme bereitete.
Die Filter-Leistung betrug bei der Funktion »Schutzlüftung« 0,7 m³/min. in der Funktion »Normallüftung« 1 m³/min. Der Antrieb erfolgte von einer gesonderten Kardanwelle des Getriebes (s. Bild vom »Jagdtiger« 305 004). Die Lüfterdrehzahl änderte sich entsprechend der Motordrehzahl. Zwischen 800 und 2200 U/min stiegen die Drücke am stärksten an. Im Normalzustand nutzte die Mannschaft die Anlage nur zur Lüftung. Versuchsweise erprobten die Entwickler die Anlage in einzelnen Testfahrzeugen vom Typ »Panther«, »Tiger« B, »Jagdtiger« sowie auch in der »Maus«. Beim Panzerkampfwagen »Maus« erfolgte der Antrieb allerdings mittels Elektromotor mit einer konstanten Drehzahl. Bei den drei anderen Panzertypen wurde die Anlage hinter dem Getriebe eingebaut, also zwischen Fahrer- und Funkersitz. Die Außenluft reinigte die Anlage mit Hilfe eines Vorfilters sowie zwei Kohlefilter (R 2,3). Für die Kontrolle der Druckwerte wurde ein Askania-Druckmesser verwendet. Speziell beim »Jagdtiger« gab es immer wieder Probleme mit der Abdichtung der Stoffblende zwischen Geschütz und Geschützpanzer, denn die Dichtheit war Voraussetzung einer effektiven Kampfraum-Reinheit.
Die Wirksamkeit überprüfte man mit Hilfe von Nebel, Staub, aber auch Gas. Der Test, speziell beim »Jagdtiger« 305 004, erfolgte bei der Firma Henschel in Haustenbeck i.L. und umfasste verschiedene Prüf-Gruppen. Die Messungen wurden zum einen durchgeführt mit offenem und geschlossenem Waffenverschluss, den Ladezuständen geladen und ungeladen, mit der Turmluke offen und geschlossen sowie der Nahverteidigungswaffe im offenen, geschlossenen und geladenen Zustand. Man hatte noch für »Jagdtiger«, »Tiger« B und »Panther« G geplant, einen Umschaltmechanismus für die Lichtmaschinenkühlung zu entwickeln, damit die Lichtmaschine bei der Schutzlüftung die Kühl-Luft nicht aus dem Kampfraum sondern aus dem Motorraum saugen konnte.
Die Funktion der Anlage konnte zufriedenstellend getestet werden, allerdings war der Platzbedarf im engen Kampfraum enorm und rechtfertigte nicht den Einsatz dieser Anlage zum damaligen Zeitpunkt. Sie ähnelte den heutigen ABC-Schutzanlagen, wobei diese Anlage der Firma Drägerwerk AG Lübeck heute wesentlich kompakter und leistungsfähiger ist (z. B. 3 m³/min Filterleistung und nur 97 x 49 x 45 cm groß).

Die beiden Kohlefilterkästen, nach vorn in Richtung der Funkgerätehalterung auf dem Getriebekasten gesehen.

Die Stelleinrichtung der Anlage hinter dem Fahrersitz rechts. Die Rückenlehne ist umgelegt. Die beiden Filterkästen waren in diesem Fall quer hinter dem Getriebekasten montiert.

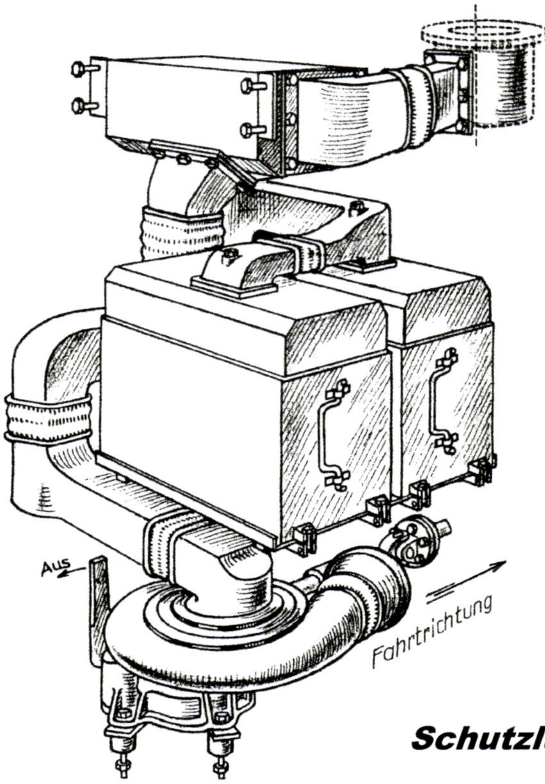

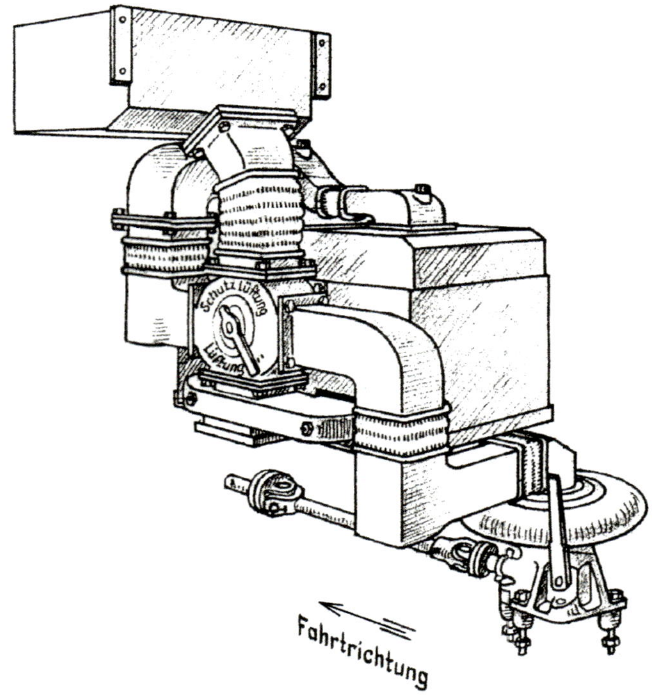

Schutzlüftungsgerät 4,6 - 1

Stellung des Lüftungsschalters auf „Lüftung"

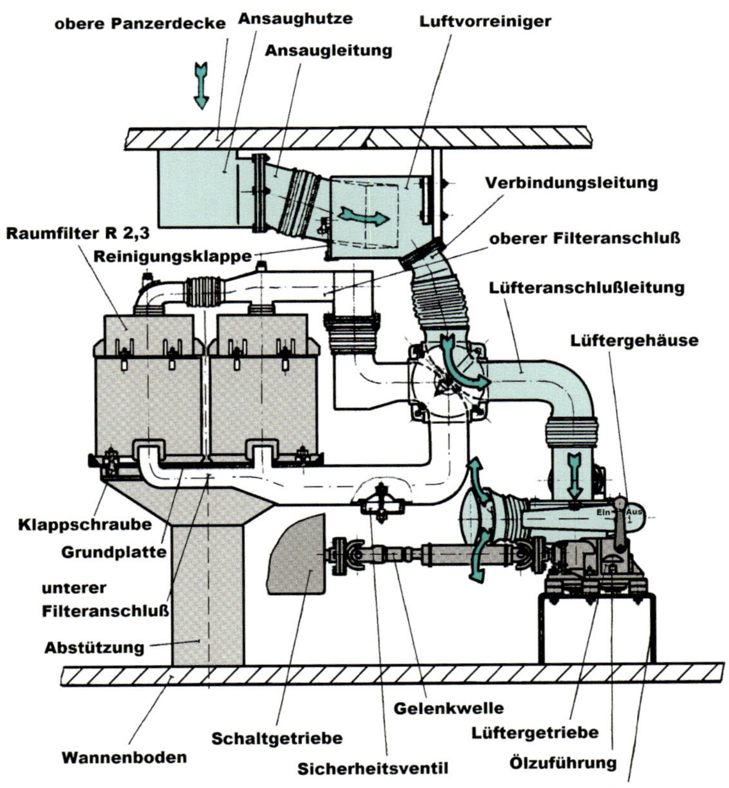

= ungefilterte bzw. durch Staubfilter vom Staub gereinigte Luft

Stellung des Lüftungsschalters auf „Schutzlüftung"

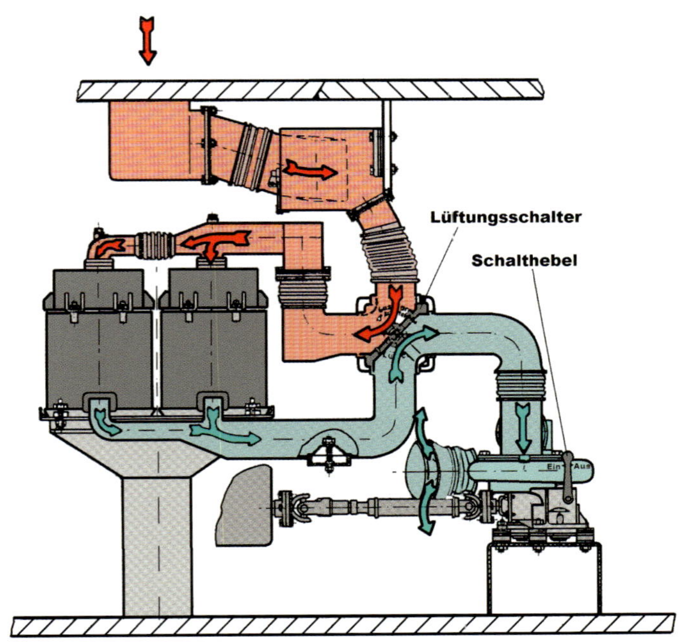

= Konterminierte Luft
= Durch Raumfilter vom Kampfstoff befreite Luft

Dräger-Anlage.

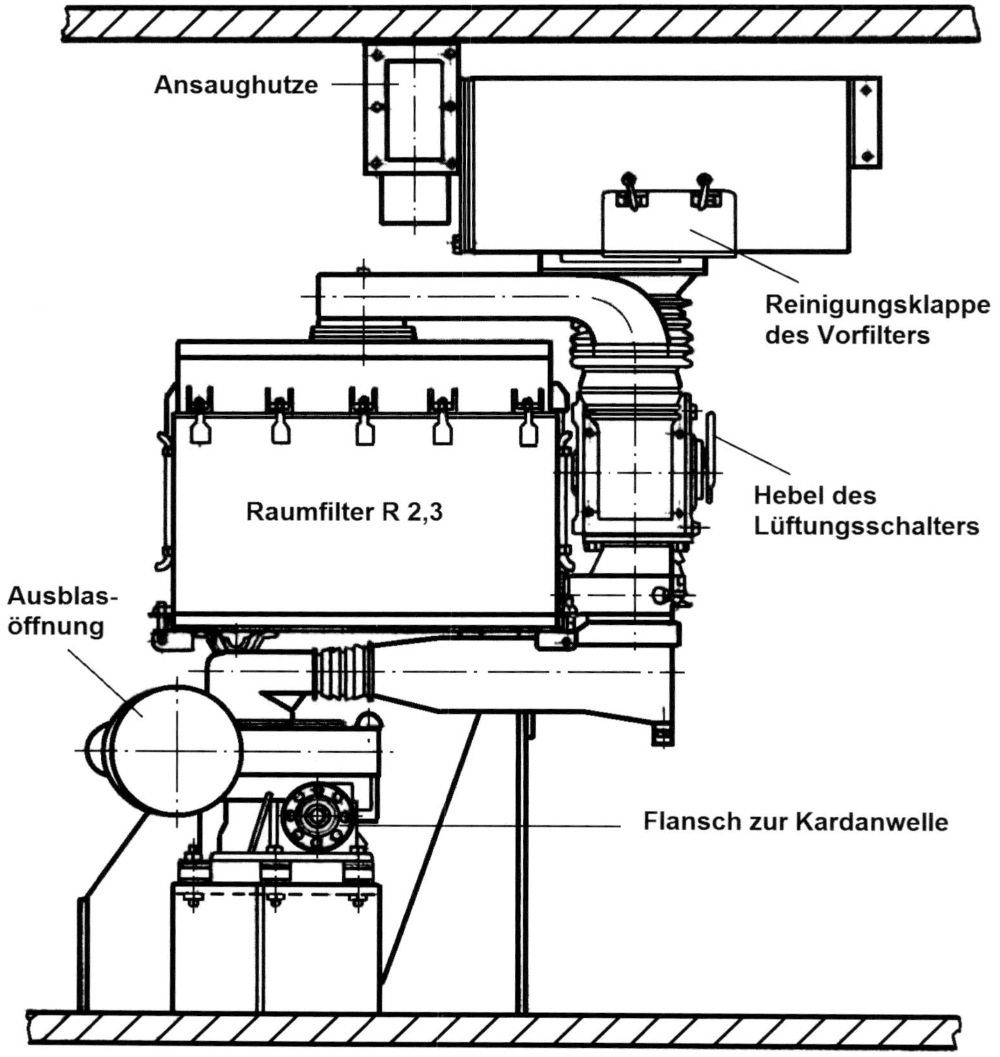

Der Blick vom Getriebe in Richtung Kampfraum am Beispiel der querstehenden Filterkästen.

Der Luftaustritt hinter dem Getriebekasten mit Blick vom Funkersitz in Richtung Kampfraum. In diesem Beispiel montierte man die zwei Filterkästen in Längsrichtung hinter dem Fahrer. Der Lüftungsschalter befand sich in diesem Fall oben auf dem Getriebekasten.

Normalbelüftung

für staubfreie Belüftung des Kampfraumes

(Lüfter des Schutzlüftungsgerätes eingeschaltet.
Lüftungsschalter auf "Lüftung".)

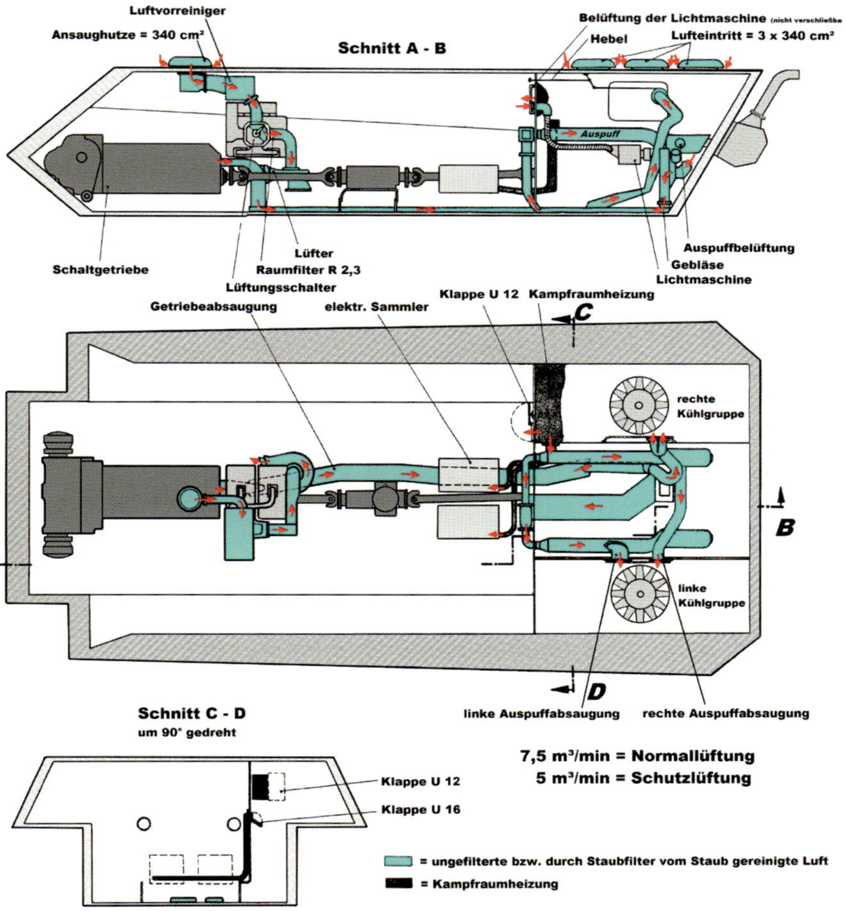

Erläuterung zur Normalbelüftung

Die Getriebeabsaugung ist an die rechte Lüftergruppe angeschlossen.
Klappe U 8 ist offen, bei Heizung im Winter geschlossen.

Die Zeichnungen zeigen die Belüftungsarten am Beispiel des Panzerkampfwagens »Tiger« B.

Schutzlüftung

bei Gasgefahr

Lüftungsschalter auf "Schutzlüftung"

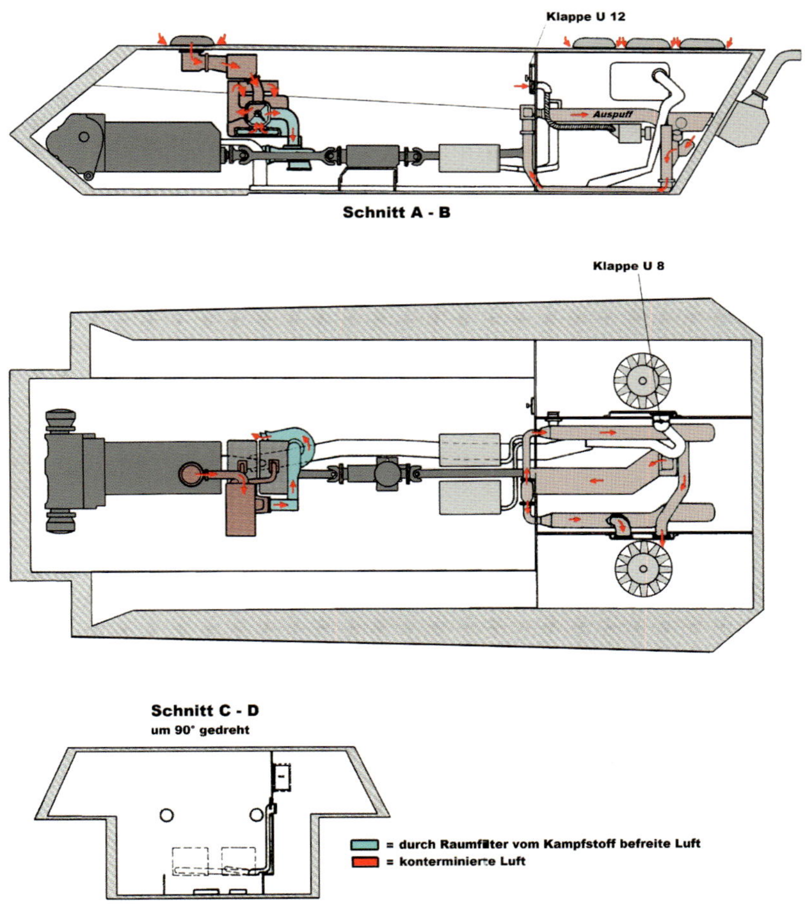

Erläuterung zur Schutzlüftung

Getriebebelüftung und Kampfraumheizung unbedingt ausschalten.
Folgende Maßnahmen sind zu treffen:

1) Getriebebelüftung: Klappe U 8 durch Bedienung des Hebels an der Zwischenwand verschließen.
2) Klappe U 12 und Klappe U 16 verschließen.
3) Belüftung der Lichtmaschine ist unverschließbar und muß auch offen bleiben.

Die Kampfraumheizung darf bei Schutzlüftung nicht in Betrieb genommen werden !

Glossar

A.K. = Krupp-Abteilung für Artillerie-Konstruktion (»Kruppaka« bei Fernschreiben)
A.K.P. = s.o. – Unterabteilung Panzerkonstruktion/ leichte Artillerie
A.Z. = Aufschlagzünder
Bd.Z. = Bodenzünder
Bl.gef. = blind gefüllt
Br. = Brandgeschoss
BrSchrGr. = Brandschrapnellgeschoss
Br.Spr.G. = Brandsprenggeschoss
(D) = Daimler-Mercedes-Benz
C 32 = Konstruktionsjahr
DL = Drehhaubenlafette
D.Z. = Doppelzünder
Digl.Bl.P. = Diglykol-Blättchenpulver und deren Abmessungen
Digl.R.P. = Diglykol-Röhrenpulver und deren Abmessungen
Einh.G. = Einheitsgeschoss
Fes = Geschossführungsringe aus Sintereisen
Few = Geschossführungsringe aus Weicheisen
Fp. 60/40 = Füllpulver, 60 % Sprengstoff TNT mit 40 % Ammoniumnitrat gemischt
Gu.R.P. = Gudol-Röhrenpulver
Gu.Rg.P. = Gudol-Ringpulver
(H) = Henschel
H.Dv. = Heeresdienstvorschrift
(HK) = Hartkern
Hl = Hohlladungsgeschoss Typ C
HL = Hochleistungsmotor
HWA = Heereswaffenamt
In 6 = Inspektion der Verkehrstruppen
K = Kanone
(K) = Krupp
Kgs 64/640/130:
- K = schnellläufige Kette
- g = Stahlguss
- s = schwimmende Kettenbolzen
- 64 = Bauform,
- 640 = Kettenbreite in mm
- 130 = Teilung in mm

KPS = Geschossführungsringe aus mit Kupfer eingewalztem Stahl
KwK = Kampfwagenkanone
L/5 = Geschosslänge beträgt das Fünffache des Kalibers
L/55 = Kanonenrohrlänge beträgt das Fünfundfünfzigfache des Kalibers
Lafette = Untergestell des Geschützes
Lh. = Leuchtspurhülse
M = Marineausführung
Man. = Manöverkartusche
Ngl. = Nitroglyzerinpulver
Nz.Man.N.P. = Nitrozellulose-Manöver-Nudelpulver
(P) = Porsche
Pivot = Schwenkzapfen
Pjk = Panzerjägerkanone (in Dokumenten oft als Pik bez.)
Pz. Sfl. = Panzerselbstfahrlafette
PzK. = Panzerkuppel
Pzgr. = Panzergranate
RAL = Reichsausschuss für Lieferbedingungen
R = Granate mit Raketenzusatzantrieb
(Rh) = Rheinmetall
R.P. = Röhrenpulver
s.F.H. = schwere Feldhaubitze
S.K. = Schnellladekanone
Sd. Ldg. = Sonderladung
Simulaker = Nachbildung, Übungs-Attrappe
Sprgr. = Sprenggranate
StK = Stahlkern
Stg. = Stahlguss
TS = Treibspiegel
Üb.R. = Übungsgranate, rote Sprengwolke
Üb.W. = Übungsgranate, weiße Sprengwolke
VK 65 01 = Versuchskonstruktion mit geplantem Einsatzgewicht und Versionsnummer
Vo = Anfangsgeschwindigkeit der Granate nach dem Verlassen des Rohres
Wa Prüf = Heereswaffenamt, Amtsgruppe für Entwicklung und Prüfung
Wa Prüf 1 = s.o., Ballistische- und Munitionsabteilung mit vier Waffengattungen
Wa Prüf 2 = s.o., Infanterieabteilung, kleinkalibrige Waffen bis 2 cm
Wa Prüf 4 = s.o., Artillerieabteilung, großkalibrige Waffen ab 2 cm
Wa Prüf 5 = s.o., Pionier- und Eisenbahnpionierabteilung
Wa Prüf 6 = s.o., Kraftfahr- und Motorisierungsabteilung, Fahrzeuge, Panzer und Motorisierung
Wa Prüf 7 = s.o., Nachrichtenabteilung
Wa Prüf 8 = s.o., Abteilung für Optik, Messwesen, Heereswetterdienst, Feuerleitung und Kartendruck
Wa Prüf 9 = s.o., Gasschutzabteilung, Gasabwehr, Nebel und Kampfstoffe

Wa Prüf 10	= s.o., Abteilung für kleinkalibrige Raketen, bis 12-cm-Kaliber
Wa Prüf 11	= s.o., Abteilung für Sondergeräte, Großraketen
Wa Prüf 12	= s.o., Abteilung für die Versuchsplätze und Wirtschaft der Wa Prüf
Zt.Z. S/...	= Zeitzünder mit Laufzeit

Literatur- und Bildernachweis

Literaturnachweis:

- Ca. 200 Dokumente aus dem Bundes-Militärarchiv Freiburg
- Dokumente der Dr. Ing. h. c. F. Porsche AG, Historisches Archiv
- Dokumente der Daimler AG, Mercedes Benz Classic Archive
- »Deutschlands Rüstung im Zweiten Weltkrieg« von Willi A. Boelke, Akademische Verlagsgesellschaft Athenaion von 1969
- »Das Nibelungenwerk – OKH Spielwaren: Die Panzerfabrik in St. Valentin« von Michael Winninger, History Facts von 2011
- »Hochleistungsmotoren – Karl Maybach und sein Werk« von Wilhelm Treue & Stefan Zima, 1992
- »Schwere Jagdpanzer« von Walter J. Spielberger, Motorbuch-Verlag von 2011
- »Der Panzer-Kampfwagen Tiger und seine Abarten« von Walter J. Spielberger, Motorbuch-Verlag von 2003
- »Jagdtiger – der stärkste König« von Andrew Devey, Podzun-Pallas-Verlag von 2001
- »Deutsche Artillerie-Geschütze 1933–1945« von Alexander Lüdecke, Motorbuch-Verlag von 2010
- »Schwere Flak 1933–1945« von Werner Müller, Podzun-Pallas von 1998
- »Einsatzgeschichte der schweren Panzerjäger – Abteilung 653« von K.H. Münch, 1996
- »Panzerketten« von Dr. Peter Schwarzmann, Brandenburgisches Verlagshaus 2013
- »Panzerfertigung im Zweiten Weltkrieg« von Hartmut H. Knittel, Verlag E.S. Mittler & Sohn GmbH von 1988
- »Die deutschen Truppen bis 1945« von Oskar Munzel, Maximilian-Verlag von 1965
- »Die soldatische Tat – Der Kampf im Osten 1942/1943« von Erhard Wittek, Deutscher Verlag von 1943
- »Panther, Meilenstein der Panzertechnik« von Frank Köhler, Schneider Armour Research-Verlag von 2014

Bildernachweis:

Dr. Ing. h. c. F. Porsche AG, Historisches Archiv: 18
Daimler AG, Mercedes Benz Classic Archive: 5
Firma ECS. Steyr: 7
Tankmuseum Bovington: 3
Deutsches Militärarchiv: 7
Deutsches Bundesarchiv: 2
BAAINBw Koblenz: 1
Sammlung Hoffmann: 2
Sammlung Ullstein: 1
Sammlung Spielberger: 56
Heiner Duske: 92
Wolfgang Fleischer 4
Michael Winninger: 3
Dierk Hensel: 9
Alexander Lüdeke: 9
Rolf Hilmes: 1

Zum Weiterlesen aus dem Motorbuch Verlag

Walter J. Spielberger
Panzer I + II und ihre Abarten

160 Seiten,
216 Abbildungen
Format 230 x 265,
gebunden
ISBN
978-3-613-03651-2
Preis 19.95 € / CHF
27.90 / € (A) 20.60

Technische Gesamtdokumentation des Panzerkampfwagen I und II. Walter Spielberger schildert in dieser Zusammenfassung alles, was mit den Panzern I und II zusammenhängt:
Ihre Entstehung, ihre Varianten und akribisch genau alle Details zu Technik, Bewaffnung und Ausstattung.

Walter J. Spielberger /
Hilary Louis Doyle
Panzer VI Tiger und seine Abarten

216 Seiten,
589 Abbildungen
Format 230 x 265,
gebunden
ISBN
978-3-613-03164-7
Preis 19.95 € / CHF
27.90 / € (A) 20.60

Der Tiger im Detail! Maßstabsgerechte Zeichnungen, technische Daten und alle Tiger-Versionen zeigt diese reich bebilderte Dokumentation von Walter J. Spielberger. Er ist führender Experte auf dem Gebiet von Militärfahrzeugen im Zweiten Weltkrieg.

Walter J. Spielberger /
Thomas L. Jentz /
Hilary Louis Doyle
Panzer IV und seine Abarten

304 Seiten,
471 Abbildungen
Format 230 x 265,
gebunden
ISBN
978-3-613-03231-6
Preis 19.95 € / CHF
27.90 / € (A) 20.60

Gute Nachrichten für alle Militärfahrzeug-Freunde:
Die Großdokumentationen über Panzer und Gerät der deutschen Wehrmacht von Walter J. Spielberger werden einem breiteren Leserkreis zugänglich gemacht. Dieser Band hat den Panzerkampfwagen IV und seine Abarten zum Thema, der von Beginn des Zweiten Weltkriegs bis zu seinem Ende durchgängig im Einsatz war.

Walter J. Spielberger
Panzer III und seine Abarten

168 Seiten,
201 Abbildungen
Format 230 x 265,
gebunden
ISBN
978-3-613-03550-8
Preis 19.95 € / CHF
27.90 / € (A) 20,60

Die detaillierte Entwicklung des Panzerkampfwagen III und seine Abarten. Walter Spielberger berichtet umfassend über die Geschichte und die Technik des mittleren deutschen Panzers, der zwischen 1941 und 1942 noch überlegen war, dann allerdings den leistungsfähigeren gegnerischen Panzern nichts mehr entgegensetzen konnte.

Motor buch Verlag

Überall, wo es Bücher gibt, oder unter
www.motorbuch.de
Service-Telefon: 0711/78992044

Stand Juli 2015
Änderungen in Preis und Lieferfähigkeit vorbehalten.